高等学校规划教材

空间遥科与技术

刘正雄　黄攀峰　编著

西北工业大学出版社

西　安

【内容简介】 本书主要介绍了遥科学基础知识和关键技术问题,同时对当前遥科学领域的研究前沿、热点问题进行了分析。首先介绍遥科学与遥操作的发展由来和典型应用案例;其次对遥操作的定义、特点、基本模式、解决原理以及预测仿真技术和人机交互技术等进行了分析总结;最后介绍遥科学的支撑技术,即遥科学地面验证技术、航天测控技术及航天测控网等。

本书可作为普通高校航空航天类专业相关课程的教学用书,也可供从事空间机器人和遥科学技术研究的工程技术人员阅读参考。

图书在版编目(CIP)数据

空间遥科学技术 / 刘正雄,黄攀峰编著 . — 西安:西北工业大学出版社,2022.7
ISBN 978 - 7 - 5612 - 8261 - 8

Ⅰ.①空… Ⅱ.①刘… ②黄… Ⅲ.①遥感技术 Ⅳ.①TP7

中国版本图书馆 CIP 数据核字(2022)第 120679 号

KONGJIAN YAOKEXUE JISHU
空 间 遥 科 学 技 术
刘正雄 黄攀峰 编著

责任编辑:王玉玲		策划编辑:杨 军	
责任校对:曹 江		装帧设计:李 飞	

出版发行:西北工业大学出版社
通信地址:西安市友谊西路 127 号   邮编:710072
电　　话:(029)88491757,88493844
网　　址:www.nwpup.com
印 刷 者:陕西向阳印务有限公司
开　　本:787 mm×1 092 mm   1/16
印　　张:13.75
字　　数:361 千字
版　　次:2022 年 7 月第 1 版   2022 年 7 月第 1 次印刷
书　　号:ISBN 978 - 7 - 5612 - 8261 - 8
定　　价:58.00 元

前　言

　　遥科学的基本含义是，在航天科学实验或空间军事活动中，用户（或操作者）在远离太空活动现场的地面或其他控制站内对太空活动进行监控和操作。

　　随着2022年4月16日我国神舟十三号载人飞船返回舱成功着陆，执行飞行任务的三名航天员翟志刚、王亚平、叶光富安全顺利出舱，神舟十三号载人飞行任务取得圆满成功，标志着我国空间站关键技术验证阶段圆满收官，即将进入到空间站工程的建造和运行阶段。越来越长的空间活动时间、更多的实验设备、无限制的空间微重力环境，给人类提供了科学实验和生产太空产品的良好条件。空间站时代能够提供的乘员资源有限，要充分利用空间站提供的良好条件，最大化地实现在轨服务任务，空间遥科学技术将发挥至关重要的作用。

　　本书是笔者在近年来给航空航天工程专业方向高年级本科生和研究生授课经验的基础上，结合所在课题组的研究成果以及国内外的研究进展编著而成的。本书在介绍遥科学基础知识和关键技术问题的同时，对当前遥科学领域的研究前沿、热点问题也进行了分析。期望通过本书的介绍，读者能够熟悉、了解遥科学领域的研究现状。本书可作为普通高校航空航天类专业的专业课教学用书，也可作为从事空间机器人以及遥科学技术研究的工程技术人员的参考书。

　　本书介绍了空间遥科学技术领域的相关概念、原理和关键技术，总结了近年来空间遥科学在相关领域的典型应用案例。同时，也系统介绍了近年来在技术领域研究中比较热门的人工智能、虚拟现实、人机交互和机器人技术在遥科学中的应用等。

　　本书分为6章。第1章介绍了机器人的发展历程、遥科学与遥操作的发展由来，以及遥科学的典型应用案例和面临的挑战。第2章介绍了大时延空间遥操作技术，系统总结了遥操作的概念、特点、基本模式、基本原理、关键技术等。第3,4章讲述了遥科学技术的两个关键技术，即预测仿真技术和人机交互技术。第5,6章分别讲述了遥科学的支撑技术，即遥科学地面验证技术、航天测控技术和航天测控网。

　　本书的出版得到了西北工业大学教材出版基金的大力支持和帮助，笔者在此表示衷心的感谢。本书是集体智慧的结果，在编撰过程中，程瑞洲、武曦、孙驰、徐永佳、张宝琛等研究生做了大量的整理工作。同时，感谢常海涛、马志强、刘星，以及中国科学院力学研究所李文皓等的大力支持。

　　编写本书曾参阅了相关文献、资料，在此，谨向其作者深致谢忱。

　　近年来，空间机器人及在轨服务技术的研究与应用突飞猛进，一系列的重要成果不断涌现,特别是我国空间站工程已经进入到了建造和运行阶段,空间遥科学技术必然得到广泛应用。笔者虽然力图在本书中充分体现空间遥科学技术的主要进展,然而由于该技术一直处于不断发展之中,加之笔者水平有限,难以全面、完整地对当前研究前沿和热点问题一一进行探讨,本书难免存在不足之处,敬请读者批评指正。

编著者

2022 年 4 月

目　　录

第1章 绪 论

1.1 机器人的发展历程

1.1.1 机器人的定义

机器人是高级整合了控制论、机械电子、计算机、材料和仿生学等多学科交叉的产物,集成了运动学与动力学、机械设计与制造、计算机硬件与软件、控制与传感器、模式识别与人工智能等学科领域的先进理论与技术。同时,它又是一类典型的自动化机器,是专用自动机器、数控机器的延伸与发展。

机器人问世已有数十年的时间了,对机器人的定义仍然没有统一的意见。国际上关于机器人的定义主要有以下几种:

(1)英国牛津字典的定义:"机器人是貌似人的自动机,具有智力的和顺从于人的但不具人格的机器。"

(2)美国机器人工业协会(Robotics Industry Association,RIA)的定义:"机器人是一种用于移动各种材料、零件、工具或专用装置的,通过可编程序动作来执行种种任务的,并具有编程能力的多功能机械手(Manipulator)。"

(3)日本工业机器人协会(Japan Industrial Robot Association,JIRA)的定义:"工业机器人是一种装备有记忆装置和末端执行器(End Effector)的,能够转动并通过自动完成各种移动来代替人类劳动的通用机器。"

(4)美国国家标准局(National Bureau of Standards,NSB)的定义:"机器人是一种能够进行编程并在自动控制下执行某些操作和移动作业任务的机械装置。"

(5)国际标准化组织(International Organization for Standardization,ISO)的定义:"机器人是一种自动的、位置可控的、具有编程能力的多功能机械手,这种机械手有几个轴,能够借助可编程操作来处理各种材料、零件、工具和专用装置,以执行各种任务。"

(6)我国科学家认为,"机器人是一种自动化的机器,所不同的是该机器具备一些与人或生物相似的智能能力,如感知能力、规划能力和协同能力,是一种具有高度灵活性的自动化机器。"

机器人定义的多样化,原因之一是机器人还在发展,新的机型、新的功能不断涌现,如图1-1所示,根本原因是机器人涉及人的概念,成为一个难以回答的哲学问题。就像机器人一词最早诞生于科幻小说之中一样,人们对机器人充满了幻想。也许正是由于机器人定义的模糊,才给了人们充分的想象和创造空间。

随着机器人技术的飞速发展和信息时代的到来,机器人所涵盖的内容越来越丰富,机器人的定义也在不断充实和创新。尽管对机器人的定义各不相同,意见不一,但是一般来说,人们普遍接受"机器人是靠自身动力和控制能力来实现各种功能的一种机器"这种说法。

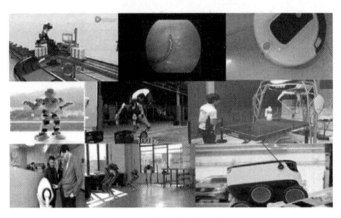

图 1-1 形态各异的机器人

1.1.2 机器人的发展历史

自 20 世纪初叶提出机器人概念以来,机器人技术就发展迅猛。1920 年,捷克斯洛伐克作家卡雷尔·恰佩克在他的科幻小说《罗萨姆的万能机器人》(*Rossum's Universal Robots*)中,根据 Robota(捷克文,原意为"劳役、苦工")和 Robotnik(波兰文,原意为"工人"),创造出新词汇"Robot"。后来,这个词便拥有了"机器人"的意思。剧中,罗萨姆公司生产的机器人,不是纯金属制成的,而是生化机器人。它们外表和人类无异,寿命 20 年,刚出厂时由公司教导相关技能,此后日复一日从事繁重的工作,形同奴隶(Robota),如图 1-2 所示。"人道联盟"主席海伦娜认为,机器人也应该有"人权",在她的启发下,有一个机器人逐渐觉悟,对自己的被奴役非常不满,于是带头反抗人类,最后导致人类灭亡。近百年来,许多科幻片常套用其中情节,机器人造反的预言也让世人戒惧。

图 1-2 《罗萨姆的万能机器人》剧中一幕(右方三者为机器人)

1939 年,美国纽约世博会上展出了西屋电气公司制造的家用机器人 Elektro,如图 1-3 所示。它由电缆控制,可以行走,可以像一个经验老道的舞台喜剧演员那样,吹气球,讲笑话,会说 77 个字,甚至可以抽烟。它也可以动胳膊,并且它的电子眼可以分辨红绿色,虽然离真正干家务活还差得远,但它让人们对家用机器人的憧憬变得更加具体。

图 1-3　家用机器人 Elektro 在纽约世博会上展出

1942 年,美国科幻巨匠阿西莫夫在"转圈圈"(Runaround,《我,机器人》中的一个短篇)提出了著名的"机器人三定律":

(1)第一定律,机器人不得伤害人,也不得见人受到伤害而袖手旁观;

(2)第二定律,机器人应服从人的一切命令,但不得违反第一定律;

(3)第三定律,机器人应保护自身的安全,但不得违反第一、第二定律。

虽然这只是科幻小说里给机器人赋予的伦理性纲领,但是它并不是一个严密、科学的定律,内部各法则之间也有对抗性,现实中在人工智能安全研究和机器人伦理学领域的很多专家并不认可它。然而,"机器人三定律"仍然在媒体、网络和科幻爱好者群体中产生了广泛的影响,很多人对机器人最初的认识都是伴随着"机器人三定律"而来的。

1948 年,诺伯特·维纳发表了《控制论(或关于在动物和机器中控制和通信的科学)》,如图1-4 所示。该书阐述了机器中的通信和控制机能与人的神经、感觉机能的共同规律,率先提出以计算机为核心的自动化工厂。

图 1-4　维纳和《控制论(或关于在动物和机器中控制和通信的科学)》

1954年,美国人乔治·德沃尔制造出世界上第一台可编程的机器人,也是世界上第一台真正的机器人,如图1-5所示,并注册了专利。这种机器人能按照不同的程序从事不同的工作,因此具有通用性和灵活性。1959年,乔治·德沃尔与美国发明家约瑟夫·英格伯格(见图1-6),联手制造出第一台工业机器人,随后,成立了世界上第一家机器人制造工厂——Unimation公司。由于英格伯格对工业机器人研发和宣传的重要贡献,他被称为"工业机器人之父"。

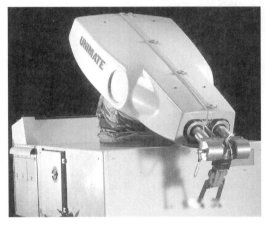

图1-5 Unimate机器人

图1-6 乔治·德沃尔与约瑟夫·英格伯格

1962—1963年,传感器的应用提高了机器人的可操作性。人们试着在机器人上安装各种各样的传感器,包括1961年恩斯特采用的触觉传感器。此外,托莫维奇和博尼1962年在世界上最早的"灵巧手"上使用了压力传感器,如图1-7所示。人工智能之父麦卡锡1963年开始在机器人中加入视觉传感系统,并在1964年帮助MIT推出了世界上第一个带有视觉传感器、能识别并定位积木的机器人系统。1965年,约翰·霍普金斯大学应用物理实验室研制出Beast机器人,如图1-8所示。它能通过声纳系统、光电管等装置,根据环境校正自己的位置。1968年,美国斯坦福大学研发成功机器人Shakey,它带有视觉传感器,能根据人的指令发现并抓取积木,是世界第一台智能机器人,如图1-9所示。

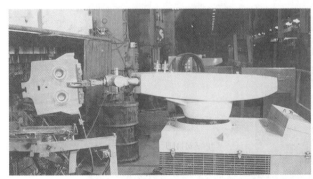

图1-7 美国AMF公司1962年生产的"VERSTRAN"机器人

图1-8 约翰·霍普金斯大学1965年研制的Beast机器人

图 1-9　美国斯坦福大学研制的能够定位并识别积木的 Shakey 机器人系统

　　20 世纪 60 年代中期开始,美国麻省理工学院、斯坦福大学及英国爱丁堡大学等陆续成立了机器人实验室。美国兴起研究第二代带传感器、"有感觉"的机器人,并向人工智能进发。

　　1973 年,世界上第一次机器人和小型计算机的携手合作诞生了美国 Cincinnati Milacron 公司的机器人 T3。1978 年,美国 Unimation 公司推出通用工业机器人 PUMA,如图 1-10 所示,这标志着工业机器人技术已经完全成熟,PUMA 至今仍然工作在工厂第一线。

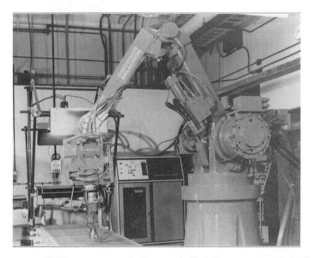

图 1-10　美国 Unimation 公司 1978 年推出的 PUMA 工业机器人

工业机器人的显著特点如下：

(1)可编程。工业机器人随其工作环境变化的需要而编程,因此它在小批量、多品种、具有均衡高效率的柔性制造过程中能发挥很好的功用,是柔性制造系统中的一个重要组成部分。

(2)拟人化。工业机器人在机械结构上有类似人的行走、腰转及大臂、小臂、手腕、手爪等部分,在控制上有计算机。此外,还有许多类似人类的"生物传感器",如皮肤型接触传感器、力传感器、负载传感器、视觉传感器、声觉传感器等,提高了工业机器人对周围环境的适应能力。

(3)通用性。除专门设计的专用工业机器人外,一般工业机器人在执行不同的作业任务时具有较好的通用性。比如,更换工业机器人手部末端操作器(手爪、工具等)便可执行不同的作业任务。

1.1.3 特种机器人的典型应用

20世纪八九十年代,在新技术革命的推动下,特别是计算机技术、人工智能(Artificial Intelligence,AI)、微电子技术和网络技术迅速发展的支持下,机器人技术得到了快速发展。与此同时,随着人们对机器人技术的本质是感知、决策、行动和交互技术结合的认识加深,机器人开始源源不断地向人类活动的多个领域渗透。结合不同领域的应用特点,针对不同任务和环境的适应性特点,人们发展了各式各样的具有感知、决策、行动和交互能力的智能机器和特种机器人,从而为机器人开辟出更加广阔的发展空间,这一时期以特种机器人为发展主流。机器人的应用范围从工业制造领域扩展到宇宙探测、海洋开发、采掘、建筑、医疗、农林、家庭服务和娱乐等领域。

(1)水下机器人:美国的AUSS(见图1-11)、俄罗斯的MT-88(见图1-12)、法国的EPAVLARD等水下机器人已用于海洋石油开采、海底勘查、救捞作业、管道敷设和检查、电缆敷设和维护以及大坝检查等方面,形成了有缆水下机器人和无缆水下机器人两大类。

图1-11　美国AUSS无缆水下机器人　　　　图1-12　俄罗斯模块化水下机器人MT-88

(2)空间机器人:空间机器人一直是先进机器人的重要研究领域。目前中国、美国、俄罗斯、加拿大等国家已研制出多种空间机器人。1993年,德国宇航局将ROTEX(Robot Technology Experiment)空间机器人安装在航天飞机上,如图1-13所示,利用空间遥操作技术实现了对空间机器人的远程控制;1997年美国航空航天局(National Aeronautics and Space Administration,NASA)发射的"火星探路者"航天飞船成功登陆火星,并释放出火星车"索杰纳"(见图1-14),对火星进行了数月的考察;2004年1月,美国航空航天局的"勇气"号和"机遇"号火星车相继随火星探测器的登陆舱着陆火星,对火星进行科学考察并向地球发回大量资料,标志着机器人成功应用于空间探测活动,引起了全世界的关注。此外,加拿大研制的加拿大臂 Canadarm 和 Canadarm 2(见图 1-15)在国际空间站上发挥了重要作用,实现了空间在轨维护、补给和操作等在轨服务任务;同样地,日本工程试验卫星七号(Engineering Test Satellite-Ⅶ,ETS-Ⅶ),如图 1-16 所示,验证了空间在轨交会对接技术,利用空间机械臂完成了在轨燃料加注等任务,具有重要的空间科学现实意义。

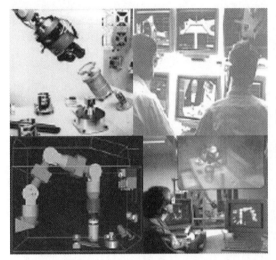

图 1-13 ROTEX 遥操作机器人系统

图 1-14 火星车"索杰纳"

图 1-15 国际空间站上的 Canadarm 2

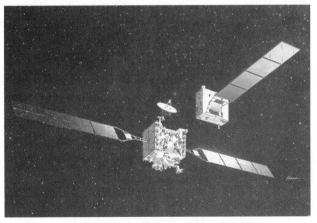

图 1-16 ETS-Ⅶ卫星交会对接

(3)核工业用机器人:国外的研究主要集中在机构灵巧、动作准确可靠、反应快、重量轻、刚度好、便于装卸与维修的高性能伺服手,以及半自主和自主移动机器人。用于评估切尔诺贝利核电站内石棺结构完整性的 Pioneer 1 号机器人,如图 1-17 所示,它可实现生成该设施的 3D 地图、监测温度和湿度,以及清理碎片等操作任务;在德国格赖夫斯瓦尔德核电站退役期间,使用安装在六轴机器人末端的激光碎甲装置,如图 1-18 所示,可以实现对地板、墙壁和天花板表面的核物质残留除污处理;盲孔检测机器人(Robot of Inspection pour Cellules Aveugles, RICA)平台如图 1 - 19 所示,它是一种用于核领域放射性检测采样和辐射表征的履带式机器人。

图 1 - 17　Pioneer 1 号机器人

图 1 - 18　六轴机器人手臂上的激光碎甲装置

图 1 - 19　RICA 机器人平台(左:伽马相机;右:Romain 50 机械手)

(4)地下机器人:主要包括采掘机器人和地下管道检修机器人两种。该机器人的主要研究内容包括机械结构、行走系统、传感器及定位系统、控制系统、通信及遥控技术。目前日本、美国、德国等发达国家已研制出了地下管道和石油、天然气等大型管道检修用的机器人,各种采掘机器人及自动化系统正在研制中。比如:针对地下开采中可能发生的地质形变(冒顶/塌落)、淹没和瓦斯爆炸等事故,美国矿山安全与健康管理局(The Mine Safety and Health Administration,MSHA)采用 Wolverine V2 机器人(见图 1 - 20),协助救援人员在无法直接进入危险区域时,与被困人员进行交互。此外,桑迪(Sandia)实验室为美国国家职业安全与健康研究所(National Institute for Occupational Safety and Health,NIOSH)研制的双子星侦察机器人(见图 1 - 21),配备了气体传感器、热感照相机和高架云台,能够在危险矿山环境中作业。

图 1-20 Wolverine V2 机器人

图 1-21 双子星侦察机器人

(5)医用机器人:其主要研究内容包括医疗外科手术的规划与仿真、机器人辅助外科手术、最小损伤外科、临场感外科手术等。美国已开展了临场感外科的研究,用于战场模拟、手术培训和解剖教学等。法国、英国、意大利、德国等国家联合开展了图像引导型矫形外科计划、袖珍机器人计划以及用于外科手术的机电手术工具等项目的研究,并已取得了一些卓有成效的结果,比如,图 1-22 所示的神经外科手术机器人、图 1-23 所示的矫正手术机器人、图 1-24 所示的达芬奇手术机器人以及图 1-25 所示的放射科手术机器人等。

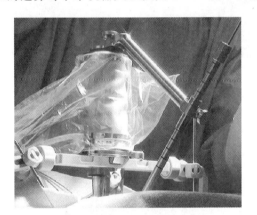

图 1-22 Mazor 神经外科手术机器人

图 1-23 Stanmore Sculptor 矫正手术机器人

图 1-24 达芬奇手术机器人

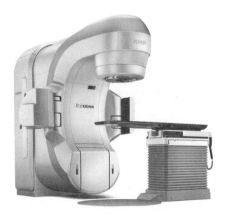

图 1-25 放射科手术机器人

(6)建筑机器人:目前,日本已研制出 20 多种建筑机器人,如高层建筑抹灰机器人、预制件安装机器人、室内装修机器人、地面抛光机器人、擦玻璃机器人等,并已开始应用。美国卡内基梅隆大学、麻省理工学院等都在进行管道挖掘和埋设机器人、内墙安装机器人等的研制,并开展了传感器、移动技术和系统自动化施工方法等基础研究。英国、德国、法国等国家也在开展这方面的研究。比如:由麻省理工学院(Massachusetts Institute of Technology,MIT)开发的数字建设平台(Digital Construction Platform,DCP),通过在图 1-26 所示的移动底座上放置机器人手臂,进行相关部件的建造,具有增加建筑空间、避免与结构碰撞的优点;此外,由乔里斯·拉尔曼(Joris Laarman)实验室设计开发的 MX3D 打印机,如图 1-27 所示,它由气体金属弧焊机和 6 轴工业机器人组成,可以用于金属部件的打印和焊接等任务;同时,图 1-28 所示的美国橡树岭国家实验室(Oak Ridge National Laboratory,ORNL)开发的一种大面积增材制造技术(Big Area Additive Manufacturing,BAAM),可将熔融的物料沿刀具轨迹进行沉积,使原材料成本降低 20 倍,且在沉积方向上表现出较好的拉伸强度和刚度。

图 1-26　数字建设平台(DCP)

图 1-27　MX3D 打印机

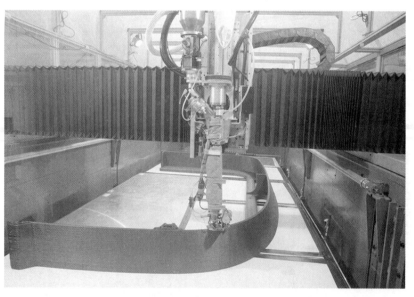

图 1-28　建筑组件的打印

(7)军用机器人:近年来,美国、英国、法国、德国、俄罗斯等国家已研制出第二代军用智能机器人。其特点是采用自主控制方式,完成侦察、作战和后勤支援等任务,在战场上具有看、嗅和触摸能力,能够自动跟踪地形和选择道路,并且具有自动搜索、识别和消灭敌方目标的功能,如美国的斯坦福大学导航与自动化车辆(Navigation and Autonomous Vehicles,NAV)实验室自主导航车、SSV 半自主地面战车、德国 MV4 爆炸物处理机器人等。目前美国橡树岭国家实验室正在研制和开发艾布拉姆斯(Abrams)坦克、爱国者导弹装电池用机器人等各种用途的军用机器人。此外,俄罗斯研制的"天王星 9"机器人战车(见图 1-29)和"旋风"机器人战车(见图 1-30),具有很好的战场协同打击作用,能够自主探测敌人武器、确定目标和发动攻击。

图 1-29 "天王星 9"机器人战车

图 1-30 "旋风"机器人战车

上述这些行业与工业制造相比,其主要特点是工作环境的非结构化和不确定性,因而对机器人的要求更高。这些机器人从外观上来看,已不是最初仿人形机器人和工业机器人所具有的形状,更加符合各种不同应用领域的特殊要求,其功能和智能程度也大大增强。因此,智能化是机器人技术的一个重要发展方向。

1.1.4 人工智能与机器人

1.1.4.1 人工智能的概念与发展历程

如同蒸汽时代的蒸汽机、电气时代的发电机、信息时代的计算机和互联网,人工智能正成为推动人类进入智能时代的决定性力量。全球产业界充分认识到人工智能技术引领新一轮产业变革的重大意义,纷纷转型发展,抢滩布局人工智能创新生态。世界主要发达国家均把发展人工智能作为提升国家竞争力、维护国家安全的重大战略,力图在国际科技竞争中掌握主导权。习近平总书记在十九届中央政治局第九次集体学习时深刻指出,加快发展新一代人工智能是事关我国能否抓住新一轮科技革命和产业变革机遇的战略问题。

了解人工智能向何处去,首先要知道人工智能从何处来。1956 年夏,麦卡锡、明斯基等科学家在美国达特茅斯学院开会研讨"如何用机器模拟人的智能",首次提出"人工智能"这一概念,标志着人工智能学科的诞生。

人工智能是研究开发能够模拟、延伸和扩展人类智能的理论、方法、技术及应用系统的一门新的技术科学,研究目的是促使智能机器会听(语音识别、机器翻译等)、会看(图像识别、文字识别等)、会说(语音合成、人机对话等)、会思考(人机对弈、定理证明等)、会学习(机器学习、知识表示等)、会行动(机器人、自动驾驶汽车等)。

人工智能充满未知的探索道路曲折起伏。如何描述人工智能自 1956 年以来 60 余年的发展历程,学术界可谓仁者见仁、智者见智。人工智能的发展经历了以下 6 个阶段。

(1)起步发展期:1956 年至 20 世纪 60 年代初。人工智能概念提出后,相继取得了一批令人瞩目的研究成果,如机器定理证明、跳棋程序等,掀起人工智能发展的第一个高潮。

(2)反思发展期:20 世纪 60 年代至 70 年代初。人工智能发展初期的突破性进展大大提升了人们对人工智能的期望,人们开始尝试更具挑战性的任务,并提出了一些不切实际的研发目标。然而,接二连三的失败和预期目标的落空(例如无法用机器证明两个连续函数之和还是连续函数、机器翻译闹出笑话等),使人工智能的发展走入低谷。

(3)应用发展期:20 世纪 70 年代初至 80 年代中。20 世纪 70 年代出现的专家系统,通过模拟人类专家的知识和经验解决特定领域的问题,实现了人工智能从理论研究走向实际应用、从一般推理策略探讨转向运用专门知识的重大突破。专家系统在医疗、化学、地质等领域取得成功,推动人工智能走入应用发展的新高潮。

(4)低迷发展期:20 世纪 80 年代中至 90 年代中。随着人工智能的应用规模不断扩大,专家系统存在的应用领域狭窄、缺乏常识性知识、知识获取困难、推理方法单一、缺乏分布式功能、难以与现有数据库兼容等问题逐渐暴露出来。

(5)稳步发展期:20 世纪 90 年代中至 2010 年。网络技术特别是互联网技术的发展,加速了人工智能的创新研究,促使人工智能技术进一步走向实用化。1997 年国际商业机器(International Business Machines,IBM)公司的深蓝(Deep Blue)超级计算机战胜了国际象棋世界冠军卡斯帕罗夫;2006 年杰弗里辛顿发表了《一种深度置信网络的快速学习算法》,其他重要的深度学习学术文章也在这一年发布,在基本理论层面取得了若干重大突破;2008 年IBM 提出"智慧地球"的概念。以上都是这一时期的标志性事件。

(6)蓬勃发展期:2011 年至今。随着大数据、云计算、互联网和物联网等信息技术的发展,泛在感知数据和图形处理器等计算平台推动以深度神经网络为代表的人工智能技术飞速发展,大幅跨越了科学与应用之间的"技术鸿沟",诸如图像分类、语音识别、知识问答、人机对弈、无人驾驶等人工智能技术实现了从"不能用""不好用"到"可以用"的技术突破,迎来爆发式增长的新高潮。

2016 年 3 月,谷歌(Google)的 AlphaGo 在首尔以 4∶1 的比分战胜了围棋世界冠军李世石九段。从此以后人工智能这个词语就深深地印入人们脑海,成为当年热度最高的科技话题,引发了人工智能将如何改变人类社会生活形态的话题。2017 年 12 月 7 日,DeepMind 的研究组宣布已经开发出一个更为广泛的 AlphaZero 系统,它可以训练自己在棋盘、将棋和其他规则化游戏中实现"超人"技能,所有这些都在一天之内完成,并且无需其他干预,战绩斐然:它 4 个小时成为了世界级的国际象棋冠军,2 个小时在将棋上达到世界级水平,8 个小时战胜 DeepMind引以为傲的围棋选手 AlphaGo Zero。目前随着人工智能技术的飞快发展,我们已经可以在日常生活中看到许许多多关于人工智能的产品,比如扫地机器人、智能音箱、人脸识别支付系统、无人超市等,为我们带来更加便利的生活方式。

1.1.4.2　人工智能现状与影响

对于人工智能的发展现状,社会上存在一些"炒作"。比如说,认为人工智能系统的智能水平即将全面超越人类水平,30 年内机器人将统治世界,人类将成为人工智能的奴隶,等等。这些有意无意的"炒作"和错误认识会给人工智能的发展带来不利影响。

人工智能经过 60 多年的发展,理论、技术和应用都取得了重要突破,已成为推动新一轮科技和产业革命的驱动力,深刻影响着世界经济、政治、军事和社会发展,日益得到各国政府、产业界和学术界的高度关注。从技术维度来看,人工智能技术突破集中在专用智能,但是通用智能发展水平仍处于起步阶段;从产业维度来看,人工智能创新创业如火如荼,技术和商业生态已见雏形;从社会维度来看,世界主要国家纷纷将发展人工智能上升为国家战略,人工智能的社会影响日益凸显。

(1)专用人工智能取得重要突破。从可应用性看,人工智能大体可分为专用人工智能和通用人工智能。面向特定领域的人工智能技术(即专用人工智能)由于任务单一、需求明确、应用边界清晰、领域知识丰富、建模相对简单,因此形成了人工智能领域的单点突破,在局部智能水平的单项测试中可以超越人类智能。人工智能的近期进展主要集中在专用智能领域,统计学习是专用人工智能走向实用的理论基础。深度学习、强化学习、对抗学习等统计机器学习理论在计算机视觉、语音识别、自然语言理解、人机博弈等方面取得成功应用。例如,AlphaGo 在围棋比赛中战胜了人类冠军,人工智能程序在大规模图像识别和人脸识别中达到了超越人类的水平,语音识别系统 5.1% 的错误率比肩专业速记员,人工智能系统诊断皮肤癌达到专业医生水平,等等。

(2)通用人工智能尚处于起步阶段。人的大脑是一个通用的智能系统,能举一反三、融会贯通,可处理视觉、听觉、判断、推理、学习、思考、规划、设计等各类问题,可谓"一脑万用"。真正意义上完备的人工智能系统应该是一个通用的智能系统。虽然包括图像识别、语音识别、自动驾驶等在内的专用人工智能领域已取得突破性进展,但是通用智能系统的研究与应用仍然任重而道远,人工智能总体发展仍处于起步阶段。美国国防高级研究计划局(Defense Advanced Research Projects Agency,DARPA)把人工智能发展分为规则智能、统计智能和自主智能三个阶段,并认为当前国际主流人工智能水平仍然处于第二阶段,核心技术依赖于深度学习、强化学习、对抗学习等统计机器学习,AI 系统在信息感知(Perceiving)、机器学习(Learning)等维度智能水平进步显著,但是在概念抽象(Abstracting)和推理决策(Reasoning)等方面的能力还很薄弱。总体上看,目前的人工智能系统可谓有智能没智慧、有智商没情商、会计算不会"算计"、有专才无通才。因此,人工智能依旧存在明显的局限性,依然有很多"不能",与人类智慧还相差甚远。

(3)人工智能创新创业如火如荼。全球产业界充分认识到人工智能技术引领新一轮产业变革的重大意义,纷纷调整发展战略。比如,在其 2017 年的年度开发者大会上,谷歌明确提出发展战略从"Mobile First"(移动优先)转向"AI First"(AI 优先);微软 2017 财年年报首次将人工智能作为公司发展愿景。人工智能领域处于创新创业的前沿,麦肯锡报告 2016 年全球人工智能研发投入超 300 亿美元并处于高速增长,全球知名风投调研机构 CB Insights 的报告显示,2017 年全球新成立人工智能创业公司 1 100 家,人工智能领域共获得投资 152 亿美元,同比增长 141%。

(4)创新生态布局成为人工智能产业发展的战略高地。信息技术(Information Technology,IT)和产业的发展史就是新老 IT 巨头抢滩布局 IT 创新生态的更替史。例如,传统信息产业 IT 的代表企业有微软、英特尔、IBM、甲骨文等,互联网和移动互联网 IT(Internet Technology)的代表企业有谷歌、苹果、脸书、亚马逊、阿里巴巴、腾讯、百度等,目前智能科技

IT(Intelligent Technology)的产业格局还没有形成垄断,因此全球科技产业巨头都在积极推动 AI 技术生态的研发布局,全力抢占人工智能相关产业的制高点。人工智能创新生态包括纵向的数据平台、开源算法、计算芯片、基础软件、图形处理(Graphics Processing Unit,GPU)服务器等技术生态系统和横向的智能制造、智能医疗、智能安防、智能零售、智能家居等商业和应用生态系统。在技术生态方面,人工智能算法、数据、图形处理器/张量处理器(Tensor Processing Unit,TPU)/神经网络处理器(Neural Network Processing Unit,NPU)计算、运行/编译/管理等基础软件已有大量开源资源,例如谷歌的 TensorFlow 第二代人工智能学习系统、脸书的 PyTorch 深度学习框架、微软的 DMTK 分布式学习工具包、IBM 的 SystemML 开源机器学习系统等;此外,谷歌、IBM、英伟达、英特尔、苹果、华为、中国科学院等积极布局人工智能领域的计算芯片。在人工智能商业和应用生态布局方面,"智能+X"成为创新范式,例如"智能+制造""智能+医疗""智能+安防"等,人工智能技术向创新性的消费场景和不同行业快速渗透融合并重塑整个社会发展,这是人工智能作为第四次技术革命关键驱动力的最主要表现形式。人工智能商业生态竞争进入白热化,例如智能驾驶汽车领域的参与者既有通用、福特、奔驰、丰田等传统龙头车企,又有互联网造车者如谷歌、特斯拉、优步、苹果、百度等新贵。

(5)人工智能上升为世界主要国家的重大发展战略。人工智能正在成为新一轮产业变革的引擎,必将深刻影响国际产业竞争格局和一个国家的国际竞争力。世界主要发达国家纷纷把发展人工智能作为提升国际竞争力、维护国家安全的重大战略,加紧积极谋划政策,围绕核心技术、顶尖人才、标准规范等强化部署,力图在新一轮国际科技竞争中掌握主导权。无论是德国的"工业 4.0"、美国的"工业互联网"、日本的"超智能社会",还是我国的"中国制造 2025"等重大国家战略,人工智能都是其中的核心关键技术。2017 年 7 月,国务院发布了《新一代人工智能发展规划》,开启了我国人工智能快速创新发展的新征程。

(6)人工智能的社会影响日益凸显。人工智能的社会影响是多元的,既有拉动经济、服务民生、造福社会的正面效应,又可能出现安全失控、法律失准、道德失范、伦理失常、隐私失密等社会问题,以及利用人工智能热点进行投机炒作从而存在泡沫风险。首先,人工智能作为新一轮科技革命和产业变革的核心力量,促进社会生产力的整体跃升,推动传统产业升级换代,驱动"无人经济"快速发展,在智能交通、智能家居、智能医疗等民生领域发挥积极、正面影响。与此同时,我们也要看到人工智能引发的法律、伦理等问题日益凸显,对当下的社会秩序及公共管理体制带来了前所未有的新挑战。例如,2016 年欧盟委员会法律事务委员会提交一项将最先进的自动化机器人身份定位为"电子人(Electronic Persons)"的动议,2017 年沙特阿拉伯授予机器人"索菲亚"公民身份,这些显然冲击了传统的民事主体制度。那么,是否应该赋予人工智能系统法律主体资格,以及在人工智能新时代,个人信息和隐私保护、人工智能创作内容的知识产权、人工智能歧视和偏见、无人驾驶系统的交通法规、脑机接口和人机共生的科技伦理等问题,都需要我们从法律法规、道德伦理、社会管理等多个角度提供解决方案。

1.1.4.3　人工智能发展趋势与展望

经过 60 多年的发展,人工智能在算法、算力(计算能力)和算料(数据)等"三算"方面取得了重要突破,正处于从"不能用"到"可以用"的技术拐点,但是距离"很好用"还有诸多瓶颈。那么在可以预见的未来,人工智能发展将会出现怎样的趋势与特征呢?

(1)从专用智能向通用智能发展。实现从专用人工智能向通用人工智能的跨越式发展,既是下一代人工智能发展的必然趋势,也是研究与应用领域的重大挑战。2016 年 10 月,美国国家科学技术委员会发布《国家人工智能研究与发展战略计划》,提出在美国的人工智能中长期发展策略中要着重研究通用人工智能。AlphaGo 系统开发团队创始人戴密斯·哈萨比斯提出朝着"创造解决世界上一切问题的通用人工智能"这一目标前进。微软在 2017 年成立了通用人工智能实验室,众多感知、学习、推理、自然语言理解等方面的科学家参与其中。

(2)从人工智能向人机混合智能发展。借鉴脑科学和认知科学的研究成果是人工智能的一个重要研究方向。人机混合智能旨在将人的作用或认知模型引入人工智能系统中,提升人工智能系统的性能,使人工智能成为人类智能的自然延伸和拓展,通过人机协同,更加高效地解决复杂问题。在我国新一代人工智能规划和美国脑计划中,人机混合智能都是重要的研发方向。

(3)从"人工＋智能"向自主智能系统发展。当前人工智能领域的大量研究集中在深度学习,但是深度学习的局限是需要大量人工干预,比如人工设计深度神经网络模型、人工设定应用场景、人工采集和标注大量训练数据、用户需要人工适配智能系统等,非常费时、费力。因此,科研人员开始关注减少人工干预的自主智能方法,提高机器智能对环境的自主学习能力。例如,AlphaGo 系统的后续版本 AlphaGo Zero 从零开始,通过自我对弈强化学习实现围棋、国际象棋、日本将棋的"通用棋类人工智能"。在人工智能系统的自动化设计方面,2017 年谷歌提出的自动化学习系统(AutoML)试图通过自动创建机器学习系统来降低人员成本。

(4)人工智能将加速与其他学科领域交叉渗透。人工智能本身是一门综合性的前沿学科和高度交叉的复合型学科,研究范畴广泛而又异常复杂,其发展需要与计算机科学、数学、认知科学、神经科学和社会科学等学科深度融合。随着超分辨率光学成像、光遗传学调控、透明脑、体细胞克隆等技术的突破,脑科学与认知科学的发展开启了新时代,能够大规模、更精细解析智力的神经环路基础和机制,人工智能将进入生物启发的智能阶段,依赖于生物学、脑科学、生命科学和心理学等学科的发现,将机理变为可计算的模型,同时人工智能也会促进脑科学、认知科学、生命科学甚至化学、物理、天文学等传统科学的发展。

(5)人工智能产业将蓬勃发展。随着人工智能技术的进一步成熟以及政府和产业界投入的日益增长,人工智能应用的云端化将不断加速,全球人工智能产业规模在未来 10 年将进入高速增长期。例如,2016 年 9 月,咨询公司埃森哲发布报告指出,人工智能技术的应用将为经济发展注入新动力,可在现有基础上将劳动生产率提高 40%;到 2035 年,美、日、英、德、法等 12 个发达国家的年均经济增长率可以翻一番。2018 年麦肯锡公司的研究报告预测,到 2030 年,约 70% 的公司将采用至少一种形式的人工智能,人工智能新增经济规模将达到 13 万亿美元。

(6)人工智能将推动人类进入普惠型智能社会。"人工智能＋X"的创新模式将随着技术和产业的发展日趋成熟,对生产力和产业结构产生革命性影响,并推动人类进入普惠型智能社会。2017 年国际数据公司 IDC 在《信息流引领人工智能新时代》白皮书中指出,未来 5 年,人工智能将提升各行业的运转效率。我国经济社会转型升级对人工智能有重大需求,在消费场景和行业应用的需求牵引下,需要打破人工智能的感知瓶颈、交互瓶颈和决策瓶颈,促进人工智能技术与社会各行各业的融合提升,进行若干标杆性的应用场景创新,实现低成本、高效益、广范围的普惠型智能社会。

（7）人工智能领域的国际竞争将日益激烈。当前，人工智能领域的国际竞赛已经拉开帷幕，并且将日趋白热化。2018年4月，欧盟委员会计划2018—2020年在人工智能领域投资240亿美元；法国总统在2018年5月宣布《法国人工智能战略》，目的是迎接人工智能发展的新时代，使法国成为人工智能强国；2018年6月，日本《未来投资战略2018》重点推动物联网建设和人工智能的应用。世界军事强国也已逐步形成以加速发展智能化武器装备为核心的竞争态势，例如，美国政府发布的首份《国防战略报告》即谋求通过人工智能等技术创新保持军事优势，确保美国打赢未来战争；俄罗斯2017年提出军工拥抱"智能化"，以此让导弹和无人机这样的"传统"兵器威力倍增。

（8）人工智能的社会学将提上议程。为了确保人工智能的健康可持续发展，使其发展成果造福于民，需要从社会学的角度系统全面地研究人工智能对人类社会的影响，制定完善人工智能法律法规，规避可能的风险。2017年9月，联合国犯罪和司法研究所（United Nations Interregional Crime and Justice Research Institute，UNICRI）决定在海牙成立第一个联合国人工智能和机器人中心，规范人工智能的发展。2018年4月，欧洲25个国家签署了《人工智能合作宣言》，从国家战略合作层面来推动人工智能发展，提升欧洲人工智能研发的竞争力，共同面对人工智能在社会、经济、伦理及法律等方面的机遇和挑战。美国白宫多次组织人工智能领域法律法规问题的研讨会、咨询会。特斯拉等产业巨头牵头成立OpenAI等机构，旨在"以有利于整个人类的方式促进和发展友好的人工智能"。

人工智能的体系非常庞大，它所涉及的学科也是非常多的，其中包括数学、认知学、行为学、心理学、生理学和语言学等。人工智能技术层面的基础则主要分为计算机视觉、自然语言处理和语音识别三个部分。因为要让机器理解人类的行为，首先要让它能看得懂，听得懂，这样才能让人工智能精准地执行人类的指令。

人工智能的应用领域非常广泛，几乎可以应用于各行各业。从应用方向上来看，现在比较常见的有以下4种。

（1）医疗健康：医疗涉及人的健康，是人们非常重视的问题，目前我国正在大力推动智能医疗产业，2015年以来在人工智能方向就陆续出台了许多相关的政策，2017年国务院更是指明了智能医疗未来的发展方向。现在人工智能在医疗上的应用主要存在于影像诊断技术、电子病历查阅、智能问诊系统这三大方面。国内外也对此研究出了相关的产品——针对帕金森病运动功能智能评估系统、基于人工智能技术的眼病筛选指导系统、儿童自闭症的人工智能诊断决策支持系统、电子病历管理系统等。智能医疗不管对患者还是医生，都能起到非常大的帮助作用。

（2）无人驾驶汽车：无人驾驶汽车是智能汽车的一种，其工作原理主要是通过智能操纵系统和车载传感器感知当前路况、天气和周围车辆情况等来自动调整汽车的速度和方向，实现无人驾驶。无人驾驶技术的出现可以代替手动驾驶、减少交通事故的发生、降低大气污染等。目前许多主流的车企和互联网公司都进军了无人驾驶汽车领域，如奔驰、特斯拉、丰田、奥迪、谷歌、百度等大型企业。根据国内案例，百度公司研发的无人驾驶汽车在2015年就完成了高速公路、环路、城市道路等混合路况下的自动行驶。2016年10月，我国对此发布了无人驾驶技术路线图，中国汽车工程协会也指出在2026—2030年要实现每辆车都应用到无人驾驶或辅助驾驶系统，可见无人驾驶技术在汽车行业的发展已势不可当。

（3）教育发展：教育是提高人类发展水平的重要途径，但如何教育却是现在许多家长和教师们都头疼的问题,为了减轻教师们的负担和家长们的焦虑,许多科技公司研发了一系列基于人工智能的教学系统。如科大讯飞的"畅言智慧校园"、北京贞观雨科技有限公司的"小猿搜题"、北京词网科技有限公司的"批改网"、日本东京理科大学的"Saya 老师(教育机器人)"等,这些人性化的教学工具,可以很好地帮助学生,比如在线解答、同步辅导和巩固学习;同时也能减轻教师的负担,比如自动批改作业试卷、记录学生成绩和辅导教学,让家长们放心。智能教学系统的出现改变了当前的教育方式,提高了学生的学习兴趣,让学生在学习的同时进行自我反省,探究式地解决问题,大大提高了教学的效率。

(4)武器装备:随着智能技术的快速发展与应用,智能战争是未来战争的必然形态,智能武器将在智能战争中发挥越来越重要的作用。世界各个大国,都开始研制相关的武器装备,尤其是在无人机(Unmanned Aerial Vehicle,UAV)、无人地面作战平台、智能弹药和无人航行器等主要智能武器上开始应用人工智能技术。

1.1.4.4　人工智能的局限性

在探寻人工智能的边界时,可以先简单地把人工智能分为弱人工智能、强人工智能和超人工智能等 3 类。

弱人工智能也称限制领域人工智能(Narrow AI)或应用型人工智能(Applied AI),指的是专注于且只能解决特定领域问题的人工智能,例如 AlphaGo、Siri、FaceID 等。

强人工智能又称通用人工智能(Artificial General Intelligence)或完全人工智能(Full AI),指的是可以胜任人类所有工作的人工智能。强人工智能具备以下能力:

(1)存在不确定性因素时进行推理,使用策略,解决问题,制定决策的能力;

(2)知识表示的能力,包括常识性知识的表示能力;

(3)规划能力;

(4)学习能力;

(5)使用自然语言进行交流沟通的能力;

(6)将上述能力整合起来实现既定目标的能力。

超人工智能假设计算机程序通过不断发展,可以比世界上最聪明、最有天赋的人类还聪明,那么,由此产生的人工智能系统就可以被称为超人工智能。

我们当前所处的阶段是弱人工智能阶段,强人工智能还没有实现(甚至差距较远),而超人工智能更是连影子都看不到,所以"特定领域"目前还是人工智能无法逾越的边界。人工智能未来的边界是什么?图灵在 20 世纪 30 年代中期,就在思考 3 个问题:

(1)世界上所有数学问题是否都有明确的答案?

(2)如果有明确的答案,是否可以通过有限的步骤计算出来?

(3)对于那些有可能在有限步骤计算出来的数学问题,能否有一种假想的机械,让它不断运动,最后当机器停下来的时候,那个数学问题就解决了?

图灵据此设计出来一套方法,后人称它为图灵机。今天所有的计算机,包括全世界正在设计的新的计算机,从解决问题的能力来讲,都没有超出图灵机的范畴。通过上面的 3 个问题,图灵已经划出了界限,这个界限不但适用于今天的人工智能,也适用于未来的人工智能。世界上有很多问题,只有一小部分是数学问题;在数学问题里,只有一小部分是有解的;在有解的问题中,只有一部分是理想状态的图灵机可以解决的;在图灵机可解决的部分,又只有一部分是今天的计算机可以解决的;而人工智能可以解决的问题,又只是计算机可以解决问题的一部分,如图 1-31 所示。

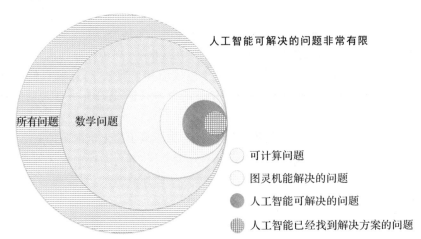

图 1-31　人工智能可解决的问题非常有限

人工智能的基本的工作机理有符号主义、联结主义和行为主义等 3 种。这 3 种基本工作机理,可以不同的方式相互组合、相互渗透、相互补充,共同促进人工智能向深度和广度发展。

1. 符号主义机理及其局限性

符号主义(Symbolicism)又可称为逻辑主义(Logicism)、心理学派(Psychologism)或计算机学派(Computerism)。人工智能符号主义具有三大特点:一是思维模式上的还原论理性主义;二是方法论上的演绎逻辑主义;三是理念上的强计算主义。

符号主义的代表性成果有启发式程序 LT 逻辑理论家——机器定理证明,它证明了 38 条数学定理,后来又发展出了启发式算法、专家系统以及知识工程理论与技术,并在 20 世纪 80 年代取得很大发展。

人工智能符号主义自 1956 年提出以后的较长一段时期曾经一枝独秀、风光无限,但因其无法成功地处理"常识问题"等内在的局限性,从 20 世纪 80 年代末期开始逐渐走向衰落,代之而起的是人工智能联结主义和行为主义。人工智能符号主义工作机理的局限性可从其三大特点来阐述:一是还原论理性主义思维模式的局限性;二是演绎逻辑方法的局限性;三是强计算主义理念的局限性。

(1)人工智能符号主义的还原论理性主义思维模式,采用简单的线性分解法会使得系统复杂性遭到破坏,因而无法有效地解决复杂性问题。

(2)演绎逻辑方法的局限性至少表现在三方面。一是就逻辑学本身而言,逻辑既包括形式逻辑,也包括辩证逻辑。形式逻辑包括演绎逻辑和归纳逻辑。人工智能符号主义着重于演绎逻辑方法,其局限性不言而喻。二是逻辑系统本身存在难以克服的局限性。仅就演绎逻辑方法本身的有效性而言,它依赖于演绎的前提——规则或公理的完备性。哥德尔不完备性定理指出,不论给出什么公理系统,我们总是能找到一个命题,这个命题在这个公理系统中既不能被证真也不能被证伪,即永远都会有公理以外的东西。换言之,在一个系统内不管列出多少条规则,总有内容不能被囊括其中。人类和人工智能都可以视为一种形式系统。根据哥德尔不完备性定理,人工智能作为一种形式系统,其完备性的阶位比人类这种形式系统更低。因此,其演绎逻辑的内涵不可能比人类更丰富。三是确定性思维的局限性。笛卡尔依据传统逻辑思维,认为:"任何科学都是一种确定的、明确的认识"。随着近代自然科学的发展,混沌理论的内在随机性、量子力学的测不准原理、概率论中的贝叶斯定理等成果都显示出客观世界的线性确定性是有限的,而非线性的不确定性更为根本。对于不确定性,通常有两种理解:其一是原因与结果之间缺乏一一对应关系;其二是不能确切预言某事件或者现象的必然结果。前者是从事物自身的特性来把握不确定性的,表明不确定性是事物的本质,是客观存在的,原因与结果之间的多重可能性是平权和对等的;后者是从人的认知能力上来把握不确定性的,这种不确定性是由于人的认识能力不足造成了信息的缺乏,导致后果的不可预知。

人工智能符号主义的基础是数理逻辑,具有形式化与确定性的特点。为了模拟人类智能,主要采取两种策略:一是尽可能地完善逻辑规则,根据逻辑规则从公理开始进行符号演算;二是尽可能地完善数据库,提供各种可能的问题及其解决方法,采用穷举法来提供可能的答案。由此会导致两大问题:一是为了更好地模拟现实和解决问题,驱使人工智能有效运行的模型会越来越复杂,并呈爆炸式发展趋势,导致计算机运算量越来越大,不堪重负;二是为了解决人工智能机器翻译的不准确性问题,需要构建巨大数据库以对付"语义障碍",导致数据库不断膨胀,人工智能运行效率下降。事实上,人的思维不完全依赖于逻辑思维,还依赖于经验积淀和具身体验。逻辑思维只是人类解决问题的方法之一,人类还大量地依赖非逻辑思维,依赖非逻辑思维能够轻易地对常识加以判断,而人工智能依赖逻辑思维对常识问题的处理困难重重。

(3)强计算主义理念的局限性主要表现在,坚信世界可数字化,认为世间万事万物皆是可计算的,因而也是可以被模拟而再现的。然而,根据哥德尔不完备性定理、图灵机和"判定问题"以及约翰·塞尔提出的"中文屋"思想实验等理论和思想,可以证明"强计算主义"不正确。

2. 联结主义机理及其局限性

由于符号主义存在诸多的局限性,难以处理大量的常识问题,因而从 20 世纪 80 年代末开始,联结主义逐渐兴起并走向兴盛。联结主义(Connectionism)又称为仿生学派(Bionicsism)或生理学派(Physiologism),其主要原理为神经网络及神经网络间的联结机制与学习算法。联结主义认为,智能产生于人脑的结构,通过对人脑结构的模仿,可以使人工智能获得与人类一样的智能。联结主义提出结构主义的大脑工作模式,用于取代符号主义的符号操作的电脑工作模式。

计算机芯片性能的大幅度提升,特别是 GPU 的迅猛发展,为人工神经网络深度学习提供了强有力的硬件支持。数据越多、越广、越全,越有利于深度学习水平的提高。互联网的广泛普及以及智能手机的广泛使用,使得规模庞大的结构化数据、半结构化数据与非结构化数据能够被广泛地采集上传到云端,集中存储并加以处理。这为深度学习提供了坚实的大数据基础。

人工神经网络深度学习可分为有监督的学习和无监督的学习两种方式。有监督的深度学习是根据输出结果与理想输出之间的偏差程度,调节神经网络中各个神经元的权重,促使输出结果逐渐接近于理想输出。经有监督的学习训练出来的人工智能属于"专家型"的人工智能,具有专用性,不能解决其他领域的问题,不具有推理能力和通用性。无监督的深度学习是预先赋予人工智能一定的能力,然后使它在与环境的互动中进行自主学习。研究者开发出了无监督深度学习算法、强化深度学习、进化计算、深化算法等,在此基础上又开发出了基于神经网络的多目标演化优化算法。这些学习算法旨在让机器学习技能而不是学习知识,从而使人工智能拥有一定的解决未知问题的能力,具有一定的通用性。

　　人工神经网络深度学习的进展与三方面的因素有关。一是需要大数据的支撑,二是深度学习网络初始化的选择。传统神经网络采取随机初始化网络的方法,学习过程漫长而且容易陷入局部最优而难以实现全局最优。当前前沿的深度学习采用非监督数据来训练深度神经网络模型以实现自动提取特征,有选择性地初始化网络,促进了学习过程的快速收敛,提高了学习效率。三是优化方法的改进。深度学习技术不断改进优化方法,当前随机梯度下降方法的应用有效地提高了收敛速度和系统的稳定性,而且新的更有效的优化方法仍在不断涌现。

　　联结主义至今主要在四个方面取得了成就。一是图像识别。微软亚洲研究院利用其开发的深度残余学习模型,使头部 5 个类别的识别错误率创造出了 3.57% 的新低,低于一个正常人的错误率(大约 5%)。二是语音识别。百度开发的汉语语音识别机器,识别错误率只有 3.7%,低于一个 5 人小组的集体 4% 的识别错误率。三是艺术创作。在视觉艺术领域,人工神经网络可以将一幅作品的内容和风格区别开来,一方面向艺术家学习艺术风格,另一方面把艺术风格转移到其他作品中,综合不同艺术家的风格刻画同样的内容。四是游戏和棋类。谷歌 DeepMind 团队开发的深度 Q-学习(Deep Q-learning,DQN)在 49 种 Atrari 像素游戏中,有 29 种达到乃至超过人类职业选手的水平,该团队开发的 AlphaGo 也屡次战胜人类围棋顶级高手。

　　如果说人工智能符号主义主张"认知就是计算",那么人工智能联结主义就是主张"认知是脑神经元运动的经验结果"。联结主义认为,智能产生于大量单一处理单元的相互作用。单一处理单元依据一定的结构组成网络,形成输入层、隐藏处理层和输出层 3 个基本层次。这三个基本层次间的相互作用产生了智能。由于联结主义的成效依赖于人类对大脑神经系统的认识程度,目前人类对大脑神经系统的认识十分有限。联结主义只能通过有限程度地模拟人类神经系统的结构与功能来实现对人类智能行为的模拟,其方法是设定信息传递规则、基本层次间连接权重以及阈值进行运算,动态调整连接权重以及阈值,通过不断训练,逐步提高对情境的认知效率。因此,"深度学习对人来说依然是不能解释的黑箱"。况且,人类对事物的认知不仅仅是依赖于人脑的神经网络,还与身体的其他器官相关。

　　目前包括无监督的学习在内的联结主义仍然是功能性的模拟,而不是机制性的模拟,要实现对人类智能的完全模拟还任重道远。

　　3. 行为主义机理及其局限性

　　行为主义(Actionism)又称为进化主义(Evolutionism)或控制论学派(Cyberneticsism),其原理为"刺激—反应"型或"感知—行为"型控制论系统。20 世纪末期,行为主义正式提出了智能取决于感知与行为,以及智能取决于对外界环境的自适应能力的观点。

　　人工智能行为主义的思想源于控制论。人工智能行为主义根据"感知—行为"型控制系统模拟人对行为的控制与实现,认为只要有相同的行为表现就具有相同的智能水平,并不需要知识、演绎与推理,所以对于认知活动,人工智能行为主义采取对外界环境"感知—行为"的反应模式。

　　行为主义主张行为模拟利用感应器对外部情景进行信息感知,然后模拟生物体在同样情景条件下的行为反应,从而探索从感知到行为的映射规律。行为主义本质上是经验主义的,它对智能的模仿,不会出现符号主义那样的遭遇无限形式系统的尴尬,以及面对非逻辑问题的无奈,也不会面临像联结主义那样难以模拟人体结构的局限性,以及缺乏休伯特·德雷弗斯所说的"身体—情景—心智"的整体性观念。它只需要智能体通过"感知—行为"型控制系统,采取进化计算或强化学习的方法,通过对外部感知作出相应的行为反应进行学习和改进,同时寻找恰当的协调机制对智能体内部各模块进行自我协调与主体间协调,避免主体间发生死锁或活锁现象,促使智能体自适应并逐步进化。

如果说人工智能联结主义是依赖"功能—结构"对人类大脑思维的模拟,"对人来说依然是不能解释的黑箱",那么可以说人工智能行为主义依赖"感知—行为"型控制系统模拟人类的行为。其工作的原理是经验主义的,而不是机制性的,同样"对人来说依然是不能解释的黑箱"。

人工智能行为主义的局限性还表现在,感知与行为之间往往不是直接对应的:由于人类行为的复杂性和多样性,一方面对于同样的来自外部情景的感知,不同的人可能会产生不同的行为;另一方面同样的行为,可能是不同的外部情景的感知带来的。因此,人工智能行为主义要完全模拟人类智能还有很长的路要走。

上述对符号主义、联结主义和行为主义三大工作机理及其局限性的分析,可以归纳成表1-1,以便直观对比。

表 1-1　符号主义、联结主义、行为主义的工作机理对比

	符号主义	联结主义	行为主义
哲学基础	理性主义 还原论 演绎原理 强计算主义	心理学 现象学 仿生学 归纳逻辑	具身哲学 控制论
基本方法	演绎逻辑	归纳逻辑	感知-行为
智能来源	对符号的逻辑演绎与推理	通过学习算法调节神经网络的层次及其相互间的结构	对"感知-行为"的系统控制
认知对象	经验知识	规范知识	常识
成功案例	机器定理证明、专家系统	图像识别、语音识别、AlphaGo	人类语言翻译、智能机器人
局限性	难以应对非逻辑思维及常识问题	难以应对经验及常识问题	难以建立复杂系统,心理状态不能还原行为

人工智能三大工作机理各有优劣,为了促进人工智能的健康发展必须取长补短。从理论角度而言,有两种理论试图弥合三大工作机理之间的裂隙,一是机制主义,二是基于唯识心理学的智能模型(Agent-Object-Relationship Model Based on Consciousness-Only,AORBCO)。机制主义认为,智能的生成都遵循"信息—知识—智能"的转换原则,通过这一转换机制,符号主义、联结主义和行为主义三大工作机理可以实现完美的互补与统一,即经验性知识经过验证生成规范性知识,规范性知识经过普及生成常识性知识。在AORBCO模型中,主要包括具有主观能动性的事物(Agent)、被动事物(Object)以及事物间互相的联系性(Relationship)。首先,AORBCO模型能够描述Agent、Object以及Agent与Object之间的Relationship组成。通过对关系的搜索来完成推理,因此具有符号主义所需的知识表达能力,即AORBCO模型包括了符号主义。其次,Agent、Object和Relationship随着系统的演化而变化,从而引起整个系统的功能改变。Agent、Object和Relationship的变化与神经网络的演化具有相同的特性。因此,AORBCO模型包括了联结主义的思路。最后,Agent间的相互作用、Agent对Object的操作,对应于行为主义的"感知—行为"观点。Agent与Object的作用可以认为是与周围环境的交互作用,因而具有行为主义的特点。但目前机制主义和AORBCO模型仍不尽如人意,

处于发展和完善之中。

从实践角度而言,符号主义、联结主义和行为主义三大工作机理之间的界线正在被打破,正在努力实现相互之间的融合。譬如,人机接口技术,通过将人脑神经细胞的"碳基"同人工智能的"硅基"联结从而实现"人机合一",延展了人类的认知,这可以视为是行为主义与联结主义融合的成果。模糊逻辑算法与遗传神经网络算法的融合获得了比原来各自单个算法更好的性能,这可以视为符号主义与联结主义融合的成果。

同时我们必须清醒地认识到,即便可以有效地弥合符号主义、联结主义和行为主义三大工作机理之间的界线和裂隙,人工智能与人类的智能仍然会存在显著的区别。正如潘云鹤院士指出的,"如果讲,60 年前的人工智能是用计算机去模拟人的智能行为,那么经过 60 年的发展,越来越多的人工智能专家已经认识到,机器的智能和人的自然智能是不同的,它们是两种本质上完全不同的智能,机器的智能在有些方面可以比人更聪明,比如 AlphaGo,但人的智能在某些方面是机器智能很难替代的。"人类研究人工智能不是为了完全替代人类,而是为了帮助人类解决在劳动和生活过程中遇到的问题和困难,从而造福人类。譬如,人类研究人工智能的视觉,是为了让人工智能看得见、看得准,解决人类不能持续地看,有时或有些场景看不见、看不准的实际问题,而不是替代人类的眼睛。研究表明,人工智能不可能完全替代人类,人类的主体性地位在可预见的未来都是不可替代的。

1.1.4.5 智能机器人

纵观机器人的发展不难发现,智能化程度的不断加深一直是其发展的重要方向。多年来,机器人特别是工业机器人从依靠固定编程实现特定任务,发展到利用与传感视觉等技术的结合,对执行工件和外部环境能够进行一定的反馈,大大提高了应用的灵活性。其中,波士顿动力公司(Boston Dynamics)致力于开发具有高机动性、灵活性和快速移动的智能机器人。它充分利用传感器和动力学控制,开发了用于全地形货物运输的大狗(Big Dog)、超高平衡能力的双支腿结构机器人阿特拉斯(Atlas),以及具有轮腿和超强跳跃能力的 Handle,如图 1-32 所示。

图 1-32　波士顿动力公司历代机器人

不论何种机器人,一旦进入人类的生活范畴,与人类不分边界地共处,其安全性、智能性必将得到更加苛刻的要求,如图 1-33 所示。

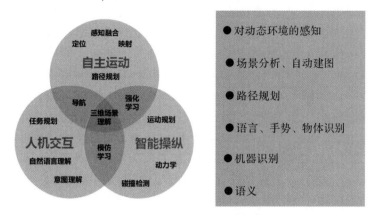

图 1-33　对机器人的智能化需求

人类是天生对比人类肉体更强壮的物体心生恐惧的,特别是当这些物体自身具备一定的意识以及活动能力的时候。为了消减人类自身的恐惧,人类对跟自身亲密合作的机器人提出了更多的需求,譬如要求机器人能够更具体地感知周围环境的动态变化,更确切地理解人类的意图,更智能地分析场景,对机器人自己的运动做更完美的规划并有能力做动态调整等。

与传统的机器人相比,智能化的机器人已经不能依靠预先编译的程序顺序执行确定动作了。它们必须利用它们的感觉系统(各种传感器)对与它相关的世界做世界观重塑。基于它对世界的感知,与世界做更完美的互动。世界模型是将世界通过数学或物理的方法所获得的数据规则化,并无歧义地为机器人各模块的协同建立标准。世界观是在选择世界模型时所使用的策略与抽象意义。

智能机器人需要具备感知型世界模型。智能机器人对世界的认知需要基于从各种传感器输入的对周围环境的实时感知,而不是预先写好的动作步骤;同时,由控制器来完成确定的动作,该动作是对认知世界的理解、推理并最终决策出来的。这些动作无法预知,但都必须符合所建立的世界模型。这个观测的过程常常依赖于多种传感器的融合,来获得对世界更准确的描述,如图 1-34 所示。

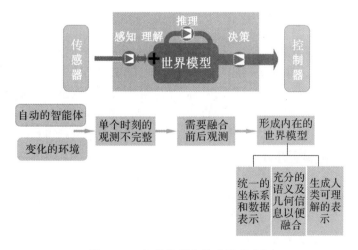

图 1-34　智能机器人的世界观重塑

绝大多数专家和学者认为,智能机器人至少要具备三个要素:一是感觉要素,用来认识周围环境状态;二是运动要素,对外界做出反应性动作;三是思考要素,根据感觉要素所得到的信息,思考出采用什么样的动作。感觉要素包括能感知视觉、接近、距离等的非接触型传感器和能感知力、压觉、触觉等的接触型传感器。对运动要素来说,智能机器人需要有一个无轨道型的移动机构,以适应诸如平地、台阶、墙壁、楼梯、坡道等不同的地理环境。它们的功能可以借助轮子、履带、支脚、吸盘、气垫等移动机构来完成。在运动过程中要对移动机构进行实时控制,这种控制不仅包括位置控制,而且还有力控制、位置与力混合控制、伸缩率控制等。智能机器人的思考要素是三个要素中的关键,也是人们要赋予智能机器人必备的要素。思考要素包括判断、逻辑分析、理解等方面的智力活动。这些智力活动实质上是信息处理过程,而计算机则是完成这个处理过程的主要手段。

智能机器人根据其智能程度的不同,可分为三种:

(1)传感型机器人,又称外部受控机器人。机器人本体上没有智能单元,只有执行机构和感应机构,它具有利用传感信息(包括视觉、听觉、触觉、接近觉、力觉与红外、超声及激光等)进行传感信息处理、实现控制与操作的能力。它受控于外部计算机,在外部计算机上具有智能处理单元,处理由受控机器人采集的各种信息以及机器人本身的各种姿态和轨迹等信息,然后发出控制指令指挥机器人的动作。

(2)交互型机器人。机器人通过计算机系统与操作员或程序员进行人-机对话,实现对机器人的控制与操作。它虽然具有了部分处理和决策功能,能够独立地实现一些诸如轨迹规划、简单的避障等功能,但还受到外部控制。

(3)自主型机器人。在设计制作之后,机器人无需人的干预,能够在各种环境下自动完成各项拟人任务。自主型机器人的本体上具有感知、处理、决策、执行等模块,可以像自主的人一样独立地活动和处理问题。全自主机器人最重要的特点在于它的自主性和适应性。自主性是指它可以在一定的环境中,不依赖任何外部控制,完全自主地执行一定的任务。适应性是指它可以实时识别和测量周围的物体,根据环境的变化调节自身的参数、调整动作策略以及处理紧急情况。交互性也是自主机器人的一个重要特点,自主机器人可以与人、外部环境以及与其他机器人进行信息的交流。

1.1.5 机器人技术的未来

随着智能机器人的应用越来越广泛,机器人的作业环境越来越复杂,执行任务的精细度和复杂度也越来越高。到20世纪80年代末90年代初,智能机器人技术虽然经过了30多年的大规模研究,但一直没有达到人们预期的目标,于是机器人领域专家对智能机器人的研究进行了深刻的反思。反思结果表明,由于受到机构、控制、人工智能和传感技术水平的限制,发展能在未知或复杂环境下工作的全自主式智能机器人是当前乃至今后相当长的时间内难以达到的目标。究其原因主要有以下几方面:

(1)工作环境趋向复杂和非结构化,并且是动态的和不可预测的。

(2)环境感知能力有限。传感器技术的局限使得机器人对工作环境的感知不透明,与环境交互过程中产生不确定性,对外界环境的适应能力不高。

(3)处理突发事件能力有限。人类活动范围的延伸,要求机器人不仅能从事一些简单的重复工作,而且能够适应复杂多变的工作环境,具有较强的环境适应能力和学习能力,代替人类处理更加复杂的任务。

然而,随着原子能技术、空间技术及海洋探索技术的发展,迫切需要大量工作在危险或有害环境下的高级机器人。许多机器人学研究者认为,机器人技术的研究重点应从全自主方式转向交互方式,尤其对于在未知环境中作业的机器人,采用遥操作的方式来控制机器人完成复杂任务应当是当前比较现实的选择。因此,遥操作机器人技术在 20 世纪 90 年代中期开始受到人们的广泛关注和研究。

1.2 遥科学与遥操作

1.2.1 遥科学溯源

20 世纪 80 年代以来,随着航天飞机、载人飞船和空间站技术的发展,人类空间活动已经进入了一个新时代——空间站时代(The Space Station Era)。越来越长的空间活动时间、更多的实验设备、无限制的空间微重力环境,给人类提供了科学实验和生产太空产品的良好条件。然而,以人类现有的技术经验和手段,在空间站时代可提供的乘员(包括人力、时间、知识、技能等)资源条件有限,还无法充分利用空间站提供的良好条件实现一定的在轨服务任务,为了解决这一矛盾,空间站遥科学诞生了。

空间站遥科学的提出基于两个主要原因。一是空间站和空间平台一旦入轨,就将提供较长时间的微重力环境,因而就要提出对这一较长微重力时间充分利用的问题。如果充分利用空间站遥科学,用户就可进行如同地面实验室一样的长期研究,最大限度利用空间站的微重力环境。二是空间站上的有效载荷有限。由于在轨时间和可进行的有效载荷试验项目总是有限的,为扩大空间站的试验成果,地面就应有一个相当规模的、可模拟空间站环境的大系统。有了这样的系统,所容许的地面试验科学家可比空间站的有效载荷专家多得多,相关设备的规模也可比空间站的有效载荷大得多,这样不仅可以进行空间站实时比对试验研究,而且规模更大,试验项目和产品更多,这就是天地一体的空间站遥科学系统。

空间站遥科学是一个用户概念。遥科学系统可使大量分散用户直接和空间站、空间平台的有效载荷进行对话式控制和实验研究。从用户角度来说,遥科学可向用户提供进行天基科学实验的时间和手段,使用户具有能对位于天基实验室的科学实验进行运行、观测、控制、分析和再运行的能力。遥科学为地面上的用户提供了一个透明的、灵活的操作环境,以便最有效地操作天基实验,并充分发挥天基和地基人员的作用。

遥科学这一概念最早是在 20 世纪 80 年代中期由美国"空间站科学应用工作组"(The Task Force for Scientific Uses of Space Station,TFSUSS)提出的,并定义为"遥现场与遥操作的整合"(Integration of Telepresence and Teleoperations),其基本含义是:在航天科学实验或空间军事活动中,用户(或操作者)在远离太空活动现场的地面或其他控制站内对其太空活动进行监控和操作。在 1988 年国际宇航联合会上,更多的研究人员充实了遥科学的概念,肯定了其对空间站时代的重要性。

尽管空间站遥科学一词的词根是"科学"二字,但由于在空间站远距离所完成的试验活动,其许多方案都可以更好地用于未来的地面生产活动,为了和空间处理过程进行对比,地面试验仍需很好地利用模拟空间微重力环境,因此确切地说,空间站遥科学是一个工程概念。

　　遥科学技术实际上是人、自动化与机器人密切结合的产物,其目的是进一步提高空间活动的工作效率,缩短工作周期和节省昂贵的航天费用,使空间活动更好地满足用户的多种复杂需要,其已在实际的航天活动中得到应用:①使用空间机械臂施放或回收卫星的操作(见图1-35);②利用空间机械臂辅助航天员实施舱外行走(见图1-36);③空间科学试验的观察和监控(例如,航天员舱外修复哈勃望远镜,见图1-37)。

图1-35　航天员使用空间机械臂施放或回收卫星的操作

图1-36　利用空间机械臂辅助航天员实施舱外行走

图 1-37　航天员舱外修复哈勃望远镜

1.2.2　遥科学相关概念

　　研究者们对遥科学的认识是多样化的。法国马特拉(Matra)航天公司与欧洲航天技术中心(European Space Research and Technology Centre,ESTEC)的研究人员在论及遥科学的概念时认为:遥科学将通过给地面研究人员在轨实验载荷提供相互访问辅助手段,使空间实验对地面研究人员"透明",从而提高地面研究人员和太空宇航员的工作效率。在完成诸如材料科学、生命科学和流体物理学之类的微重力实验时,系统的复杂性对地面研究人员是隐藏起来的,他们感觉不到自己与空间实验设备之间存在复杂界面,可以广泛应用交互式载荷操作方法管理实验进程,实时评估实验结果,采取相应对策,并实施相应操作和服务。

　　意大利那波利斯大学的研究人员在讨论遥科学用于各种空间微重力平台上的流体科学实验时,谈到遥科学的目的是"实现这种实验过程,在此过程中,研究人员(Principal Investigator)舒适地坐在自己家中,自行完成在太空平台上进行的实验"。同时,其认为"由于对遥科学的知识缺乏周密的认知,人们对遥科学的认识常常不准确。有时,人们将遥科学与放在危险环境的生产设备的遥操作(Teleoperation)、遥控(Telecommanding)和遥操纵(Telemanipulation)混淆起来使用,实际上,这些需要重复性动作的操作,与旨在取得新科学成就的实验活动是十分不同的"。

　　通过分析各种有关遥科学的论述和相关研究的发展情况可以看到:遥科学原意是"远程科学实验",是一种空间科学实验工作模式,即用户如何来使用这个系统,如何与系统发生交互作用以及如何使系统发挥更高的效益。具体说来,遥科学通过高效远距离通信,使空间实验室与地面设备、宇航员和科学家之间建立实时联系,在大时延及传输频带有限的条件下,实现有效的人机控制。其特点是对用户的透明,地面上的实验者可在"家"中交互式地实时参加实验,快速联机评价实验结果,并据此对实验方案做出调整和修改。通过远程交互方式,遥科学直接将位于空间站或空间飞行器内的实验装置与地面控制及研究人员连接在一个回路中,从而能够在线地控制实验或其他应用的进程。显而易见,这种操作手段对于提高空间应用效率、增加空间各系统的安全系数与可靠性和降低系统成本都大有好处。

从目前发展情况看,遥科学正在变成一门通用工程技术。这门工程技术研究人类与机器如何合作,使人类能在远离活动现场的地点,完成和参与现场的活动。如何集成和运用遥现、虚拟现实、遥操作和遥信等基础技术,使人类能够远离那些不利于、不允许人类在其中生存和工作的环境(现场),远距离地完成和参与在那些环境(现场)中举行的各种活动。

通过遥操作可开展的活动包括基础科学实验,航空航天工程,核工业,武器弹药的生产、仓储与运输,陆、海、空、天作战与侦察,地下、海底与远洋作业,水泥、钢铁、纺织品、化工原料和农药生产,超大规模集成电路、药品与食品的超净生产,以及边远地区乃至月球基地的医疗救助,等等。

遥科学是一种工作模式,必然有其实现上的技术内涵。无论在空间环境亦或是在地面情形下,以往对于一项科学实验进程的控制从常规上讲都无外乎有以下几种方法:①预先设计的操作,如固化的程序控制;②自动化操作,如闭环自动控制;③人在现场参与的操作,如对于实验设备的人工操作。与这些操作手段相比,适用于"遥远"环境及人机交互的特点无疑决定了遥科学属于新的一类工作模式。首先,人的参与是在人与实验终端设备相距遥远的前提下体现;其次,这一参与还表现为操作决策的实施与设备动作响应之间具有明显的时间同步性;再者,人的操作决策并不仅仅决定于其预先的设想,而且还将会依据实验响应的状况加以修改。这表明人的操作与实验进程之间具有明显的互动特征,可称之为实时交互性。

尽管遥科学模式的介入可以使人比以往更充分地与实验设备进行交互,但这并不意味着实验进程的控制必须由人来事无巨细地操作。相反,遥远空间距离导致的信息传输延迟的限制,以及实际操作中的自动化、可靠性与简捷性要求,都决定了遥科学模式的操作是依赖于各分解的自动化动作的集合,并由人来科学地加以组合而实现的。在某种意义上说,这意味着遥科学在空间实验中更为现实的作用是对将由操作对象自动进行的实验操作进行宏观组合。相比之下,在修改实验条件亦或是处理意外情况时,它的完全透明的交互性质才会变得更有价值。

遥科学系统中存在的时间延迟效应也是应当避免在正常情况下更大限度地利用交互性的一个理由。过大的信息延迟与过快的决策控制出现在一个系统回路中时,完全有可能引发不可靠的结果。因此,遥科学在实际应用中,针对正常的实验进程应以人的最少介入为好。当非正常或非理想情形出现时,则需要充分运用遥科学的交互能力,最有效地利用人的知识、经验与设想加以最大限度的干预。

遥科学以人为中心,试图增强人的感知能力和行为能力。在遥科学的辅助下,人完成不在现场的工作时,就与人位于工作现场一样,而且避免了可能与现场共生的危险性。要达到这个目标,首先要延伸人们的感知能力。人类的感觉包括视觉、听觉(高级感觉)、力觉、嗅觉、触觉、滑觉、热觉(低级感觉)等。人类对事物的了解总是由感觉过程开始,随之以认知过程。对于高级感觉器官,感觉过程与认知过程几乎是密不可分的。显然,人们可通过身边的电视或收音机知道世界每个角落的事情。有了遥科学,我们的鼻子会嗅到千里之外工作现场突然出现的焦糊味,而采取应急措施。我们戴上智能手套可以控制远方机械手的精细动作,而机械手的细微感觉则由手套传递到我们的手上,就仿佛我们的手在远方灵活自由地操作。这种延伸人类感知能力的技术称作遥现场(Telepresence)技术,它是遥科学的第一个基本部分,而人类行为能力的延伸(Extension of Human's Behavior)则是遥科学的第二个基本部分,称为遥操作(Teleoperation)。

人类的行为是以改造行为对象为目的的,当对象处于人手所及范围之外时,可以两种方式完成任务:发出命令,启动位于对象附近的自动设备,称为遥控(Telecontrol);假想对象就在眼前,通过对虚拟对象(Virtual Target)的操作,控制远方机械手对真实对象完成操作。前者并不新鲜,但自动设备的智能程度限制了其应用范围。对于后者,为了减轻人的负担,需要辅助机器提供虚拟现实(Virtual Reality)的功能,而且虚拟现实技术是目前唯一有效消除时延对遥操作影响的方法。

如图 1-38 所示,人的感知和行为能力分别由遥科学的基本成分(遥现场和遥操作)延伸。这里的延伸指的是在空间范围方面的延伸,与蒸汽机对行为能力的延伸和显微镜对感知能力的延伸不同,但却是相辅相承和互为促进的。对人类思维能力的延伸是人工智能学科的范畴,实践表明,这项工作极为艰巨。

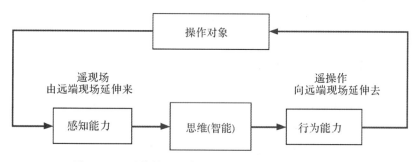

图 1-38　遥科学(遥现场+遥操作)对人类能力的延伸

遥科学是立足于现实的,没有超越当代科学技术的发展水平,因而是可行的。同时,遥科学符合人类由近及远的认识方法,增强了人们认识世界和改造世界的能力,必将对生产力的发展和人类文明的进步发挥巨大的作用。

遥科学与一般的远距离操作/控制或者对处于恶劣环境中的设备的远距离操纵有着根本的区别。后者只要求重复性动作,简单、成熟而有规律;遥科学活动的最终目标旨在获得科学研究的新成就,其复杂性是无止境的。另外,遥科学过程对作用距离、时间延迟、联机数据处理、软硬件设备复杂性和图像显示等提出了更严格的要求,以帮助地面主要研究者在其实验中作出准确判断。

1.2.3　空间技术与遥科学

1970 年 4 月 13 日,阿波罗 13 号飞船搭载三位宇航员在飞行离地球已达 30 万千米时发生了服务舱第二号液氧贮箱电路短路导致的爆炸事故,宇航员只得躲进登月舱,并向地面发出求救信号。地面人员立刻利用与登月舱一模一样的现有模型,在地面上仿真实际的登月舱,并把最佳应急控制措施以命令的方式,一条一条地发向实际的登月舱,由其执行。最后,登月舱内的宇航员均安全返回地面。这可以算得上是最早的一次简单遥科学实验了。

传统空间搭载实验中,多数情况下,实验者将预先研制的实验装置安装在发射前的航天器上,然后等待航天器返回地面,并取回自己的实验装置。在航天器的飞行过程中,实验者无法介入自己的实验。也可能有少数实验者在地面测控中心,通过飞行遥测信号了解航天器本身及其有效载荷的状态,并据此信息及已知的实验设计向航天器发出指令。指令的执行情况及结果,需要在实验完成后由遥测传回地面,而且只是代表实验结果的某些工程量,地面人员无法知晓位于空间的实验运行过程。

空间科学技术已经迈入空间商业化时代,比如建立永久性空间设施,具有为科学研究、技术发展和国家安全提供长期连续空间服务的功能。对于以往的空间项目(如空间探测器、卫星、飞船、航天飞机等),设计和开发系统本身就是最终目标,不需要具有长期日常作业的能力。但是,如果一个系统的主要目标是最终供用户使用,并要求其具有很高的使用效率,则传统的研制方法对于这样的系统研制就不适用。

1.2.3.1　空间搭载科学实验

作为空间开发与应用过程不可缺少的一个环节,空间搭载科学实验具有下述特点:

(1)相对于逐渐增多的空间实验而言,空间设施上可用于实验的物资缺乏,这包括设备、材料、人力、时间和技能。

(2)空间实验的深入思考与结果优化都需要实验提出者的紧密参与,初期的"排好实验程序,上天运行,带回结果"过程太原始,因为实验结果原则上是未知的,应该密切注意实验过程中各种因素的变化,随时采取对策。科学研究是一个认识与再认识的往复循环过程,科研人员通过每次实验观察得到新的知识,修正最初的概念、实验仪器、实验材料、实验方法和观察方法。科学进步就是在这种循环的过程中实现的,而提高这种循环的速度,不但提高了工作效率,同时也提供了通过稍瞬即逝的现象揭示本质的可能性,其意义不言自明。实际上,相当一部分空间搭载实验属观察型实验,进行实验的目的正是观察实验过程中的变化情况,而不是(或不仅仅是)得到实验结束后的产物,显然,这类实验只有在遥科学方式下才能进行。

(3)相对于返回式卫星和探空火箭的短暂时间和狭小空间而言,未来的空间设施具有几乎无限长的运行时间和宽敞的空间。但其价值只有在地面上的科研人员能够方便地参与各自提出的实验时,才能体现出来。

1.2.3.2　遥科学实验

随着空间搭载科学实验活动由盲目无计划的冲动转入理性的思考,人们提出了遥科学概念,用以取代原始的实验手段,并进行了深入研究和具体实施。遥科学是一种成熟的空间工作模式:①高效远距离通信,使得空间实验室及航天员与地面设备及实验者之间建立实时联系;②在大时延和通信误差及频带有限的条件下,实施有效的人机控制,其目的是为空间研究提供灵活、方便和高效的环境;③其特点是对用户透明,地面上的实验者可在其驻地交互式地参加实验,自治地进行实验,快速联机评价实验结果,并据此对实验作出调整和修改遥科学系统,该系统既可以为用户提供方便的应用接口,又可以保证空间设施的安全,保证用户之间互不干扰,同时保证用户合法任务的快速执行。

遥科学保证了天地之间、用户和实验之间的实时交互性,可使实验者更好地了解实验进展,可对意外突发事件作出近乎实时的反应,可调节实验参数和步骤使实验结果最优化。

在遥科学方式下,实验者能够以交互方式介入实验,监视和控制实验进行的全过程。通过遥现场功能,对位于空间的各种传感器信息进行编码以保证信息不失真和抗干扰,对这些信息进行压缩,以解决传输信道狭窄与传感器数据量大的矛盾,地面设施将收到的信息进行复原,呈现于实验者面前,并且尽量减小时延。实验者在了解实验进展之后,可据此对实验进行控制操作,改变实验进程,优化实验结果。遥科学系统利用基于模型预测的虚拟现实技术,消除信号传输时延对遥操作的影响,如图 1-39 所示。通过图 1-38 中的回路循环,实验者进行遥科学实验就像实验者在自己的地面实验室中进行实验一样。

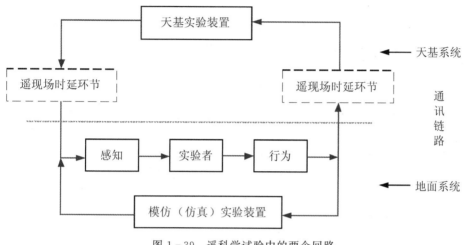

图 1-39 遥科学试验中的两个回路

理想情况下,用户通过遥科学方式进行空间搭载实验,就像是在自己的实验室中进行实验一样,与遥控机器人技术相似,适用于遥远或危险环境科学研究的遥科学技术已得到实践的初步确认。

从系统研制的角度来说,遥科学代表一种工程技术,利用这种技术可以把用户的需求转变成系统要求,并根据这种要求研制出高效率的系统。从系统应用方面而言,遥科学表示一种工作方式,即用户将如何使用系统,如何与系统发生交互作用,以及如何利用系统做出富有成效工作的方式。

1.2.3.3 遥科学发展及其特点

根据遥现场和遥操作的技术水平,可将遥科学研究分为下述两个阶段:

(1)基础阶段。遥现场技术具有将命令、数据、声音、图像信息进行天地间同步往返传输的功能,时延应在任务允许的范围之内。遥操作完成对天上设备和传感器的启动和关闭,以及选择预先确定的执行程序;地面人员能够以声音、图像媒介与天上人员进行交互作用,且能够得到天上航天器传回的数据,并向天上航天器发出遥控命令。

(2)成熟阶段。通过遥现场技术,地面人员犹如置身于天上的工作现场。就视觉而言,仅有不具备三维景物深度信息的二维图像信息是不够的。另外,人眼在观察景物时,即使其与景物之间存在不小的相对运动,也不觉得景物在摇摆或晃动,但是从摄相机给出的图像则会摇晃,使人们难以观察。关于力觉、听觉、嗅觉、触觉、热觉等还存在不少有待研究的课题。遥操作能够完成各种精细操作,使得地面人员犹如在天上现场一样。在这个阶段,时延是关键因素,必须利用技术手段消除时延带来的不利影响。

遥科学将系统用户与系统研制者联系起来,是一种设计和开发日常应用型空间系统的工程方法。与一般的空间系统不同,遥科学系统将天地这两个系统结合成更为紧密的一个整体,其运行过程对应于天地紧密耦合回路,其组成部分可分为两方面:①天基实验室;②地面支持设施。

天基实验室可由低地(球)轨道/地球静止轨道(Low Earth Orbit /Geostationary Orbit, LEO/GEO)、无人/载人、短期/长期等特性来描述;地面支持设施包括地面测控中心、用户服务中心和用户实验室,反映了用户利用遥科学进行实验的方便性。当天基实验室位于GEO轨道时,最小单边信号传输延迟恒定为 0.1 s 左右;位于 LEO 轨道时,如果飞临用户上空,则最小信号传输延迟很小(0.001 s 量级),否则需用中继卫星,可能会导致信号传输延迟达到秒量级。

进行空间搭载实验需要考虑许多因素,如实验所需的空间、设备、安全性等,但与遥科学关系最大的是时间因素,包括实验持续时间、实验响应时间、用户响应时间、信号延迟时间及通信中断期(可用中继卫星弥补)。实验持续时间指的是一项实验从开始到结束的时间。实验响应时间指的是,在一项实验的进行过程中,必须由外界进行干预的最短时间间隔(否则会出事故,或者得不到有用的结果)。用户响应时间,指的是从用户观察到实验现象开始,再经过推理判断得出结论,直到发出动作命令所花费的时间。一般而言,实验持续时间与实验响应时间成正比。根据实验响应时间和用户响应时间可将实验分为以下 4 种类型。

(1)实时型:二者均小于数秒,实验者必须根据实验情况实时地进行干预;

(2)短期型:二者均在 10 秒至数分钟之间;

(3)中期型:二者均在数分钟至数小时之间;

(4)长期型:在天的量级上。

信号延迟时间及通信中断期在地面实验中不存在,但在遥科学实验中必须予以考虑。由于信号远距离传输总要消耗时间,因此遥科学系统的时延越小,可进行实验的类型越多。此外,实验本身对实验操作和观察方法等的要求不尽相同。一类实验只需要将固定摄相机的图像传回地面,并根据地面遥控指令完成实验设备上各开关的启闭即可。基础阶段的遥科学系统就能满足这一类实验的需要。另一类实验不但要求下行的图像、实验数据等,还要求根据实验运行状况移动摄相机,改变观察角度,甚至改变实验材料或实验过程。基础阶段的遥科学系统无法满足这类实验的需要,必须在包括虚拟现实技术、遥控主从机器人技术和计算机视觉技术等的成熟阶段遥科学系统的辅助下,才能完成这类实验。

事实上,遥科学系统中存在的延迟效应也应当避免。在正常情况下,为更大限度地利用交互性,要最大限度地减少延迟。过大的信息延迟与过快的决策控制出现在一个系统回路中时,完全有可能引发不可靠的结果。1997 年,美国"火星探路者"着陆火星时曾经遇到过意外,当着陆舱打开,火星车开下平台时,其被降落伞的绳子绊住了,地面控制室鞭长莫及,亿万公里之遥,按光速计算,地面指令打一个来回就得 20 min 左右,稍微不慎,火星车摔个跟斗,四脚朝天,就前功尽弃。庆幸的是,聪明的"火星探路者"找到了陷入困境的缘由,以退退进进的自我控制,走下了登陆舱的平台。

1.2.4 遥操作的由来

火钳戳火可能是人类历史上最早的广义遥操作任务之一。准确地说,戳火是一种远程操作,这是最原始的遥操作类型。戳火这项任务也能很好地表明遥操作和工具利用之间的区别。通常未烧的柴火是用手放在壁炉里的,因此人手是放置柴火的完美工具。当火被点燃后,高温是一种危险环境,为了防止手被火焰烧灼伤害,必须使用更合适的工具。使用工具可以使得危险任务得以完成,如拿刀切割之类的任务;也可以使得工作效率得到改进,如拿铲子进行挖掘之类的任务。

20 世纪 40 年代,著名物理学家费米(Fermi)领导他的团队在美国阿贡国家实验室(Argonne National Laboratory,ANL)进行核试验,由于核材料放射性强,对人体危害大,如何既保护好工人免遭辐射危害,同时又能精细处理核材料令他们头痛不已。为解决这个问题,1948 年雷蒙德·C. 戈尔茨(Raymond C. Goertz)在 ANL 研制成功了世界上第一个遥操作机器人系统。当时采用的是主-从机械臂的方式,系统由两个对称的机械臂构成。主机械臂和人在安全的地方,从机械臂放置在需要完成任务的危险地带,如图 1-40 所示。操作者对主机械臂进行操作,从机械臂跟随主机械臂运动,从而完成核辐射环境下的操作任务。在这个系统中,主-从机械臂之间完全通过机械装置连接,主-从臂均分别具有 3 个转动和 3 个平动自由度,外加 1 个夹子的开闭自由度,其中主-从臂的转动自由度操作通过齿轮进行传递,平动自由度操作通过弹簧进行传递。

这套主-从遥操作机械臂系统具有很大的局限性:一是主、从距离相距很近,各自工作空间有限;二是由于都是机械连接,操作惯性和摩擦较大,同时还有机械运动带来的震荡影响操作,导致跟踪性能不是很好。尽管这套主-从机械臂没有任何的感知反馈(力觉、触觉或视觉等),工作速度很慢,而且难以控制,但是它的出现标志着现代遥操作思想的诞生。1954 年,戈尔茨又开发出第一个带伺服反馈的机电遥操作系统,其操作性能得到了很大改善,如图 1-40 右上所示。戈尔茨应用遥操作方式处理核材料的成功,极大地激发了人们对遥操作相关技术的研究热情。自此之后,遥操作机器人也得到了极大发展。

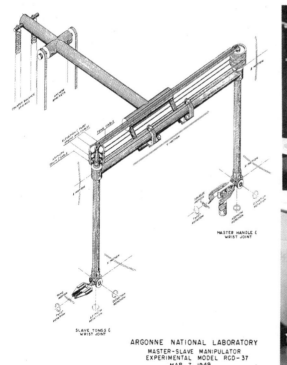

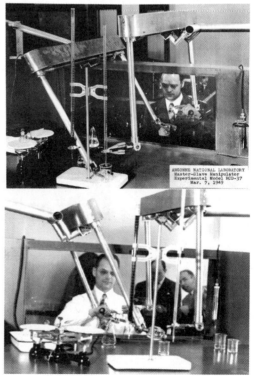

图 1-40　ANL 核材料处理主-从机器人

深远海探测是遥操作技术最早得到应用的领域之一。即便在今天,深远海探测活动对人类来说也是充满危险的,以至于大多数深海作业是采用遥操作潜水艇进行的。这些潜艇如今被称为远程操控潜水器(Remote Operated Vehicles,ROV)。为了执行水下作业任务,ROV通常配备遥操作机械手臂。1966年,美军一架装有4枚核武器的B-52G轰炸机和一架KC-135加油机在一次常规的空中加油中相撞解体,该空域位于西班牙南部一个村庄上空,此次事故导致轰炸机上的4枚氢弹遗落。其中有1枚完好无损地坠落在海岸附近;另有2枚氢弹的高爆物在弹体撞击地面时已经爆炸,弹体像破碎的南瓜一样裂开了,核弹芯崩出了弹体,原子裂变反应并没有发生,虽然没有释放出核能和核爆炸所产生的致命物质,但也发生了核泄漏事故;第4枚落入附近的海洋中,美国海军动用大规模力量,历时将近三个月才最终定位该枚落水氢弹的位置,最后美国"阿尔文"号深潜器和世界上第一台ROV-CURV1机器人配合进行深水作业,成功将掉入深海765 m的氢弹打捞上来,这一举动引起了世界各国的关注。执行这一任务的CURV1机器人于1956年由美国海军研制,在服役期间曾执行数百次任务,从海底回收了100多枚鱼雷。

20世纪80年代,随着计算机技术的飞速发展,计算机逐渐介入遥操作机器人系统中,使得一些先进的控制算法得以实现,这使遥操作机器人系统的性能发生了质的飞跃,其应用领域也越来越广。90年代以来,随着空间技术、海洋技术和原子能技术的迅速发展,迫切需要研制出能在危险和未知环境中工作的机器人,因此工作在交互方式下的遥操作机器人开始受到广泛关注和研究。特别是近20年来,计算机网络技术的飞速发展给交互式远程遥操作机器人技术的发展提供了广阔的应用空间。

1993年,美国卡内基梅隆大学一台名为但丁(Dante)的八脚机器人试图探索南极洲的埃里伯斯活火山。粗糙的地形、寒冷崎岖的南极行进道路环境,如图1-41所示。这一具有里程碑意义的行动,当中许多任务是由研究人员在美国戈达德远程遥操作系统下完成的。自此,人类开辟了远程遥操作机器人探索恶劣气候危险环境的新纪元。

图1-41 "但丁"机器人在埃里伯斯的外坑壁上

2011 年 2 月,美国国家航空航天局利用"发现号"航天飞机的最后一项太空任务向国际空间站发送了机器人宇航员 Robonaut2,它全身装备各种各样的感应器,并有一双灵活的手,可以与人类宇航员协作或代替人完成如太空行走等危险作业,如图 1-42 所示。

图 1-42　在国际空间站上执行任务的 Robonaut2

遥操作是指在人与机器人之间具有远距离跨度的约束下,为实现人与机器人同步交互操作的需求,从而帮助人类实现感知能力与行为能力延伸的一种操作方式。应用遥操作技术的机器人系统是遥操作机器人系统,其工作原理是:操作者处于安全处对主机器人发送控制指令,通过传输媒介(如无线电波、计算机网络等)传送至远端从机器人处,从机器人按照接收到的指令在复杂、危险或者人类不可触及的工作环境中作业,同时向主机器人反馈工作状态,操作者根据反馈信息作出决策,如图 1-43 所示。

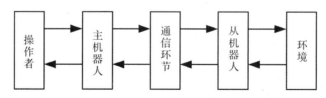

图 1-43　遥操作机器人系统原理图

遥操作是机器人领域最具挑战性的研究方向之一,它需要多学科知识的结合,如电子、计算机、人工智能、机械工程、控制理论、认知科学等。遥操作机器人系统与自主型机器人系统的最大区别在于:前者需要人机结合;而人在后者中的作用仅仅是维护和让机器人开始或结束工作。机器人系统的柔性较差,它往往无法在未知环境下工作;而遥操作机器人系统在人的创造力和智慧的协调下,能完成未知环境下的复杂任务。当然,机器人系统和遥操作机器人系统可相互转换,机器人系统可改装成遥操作机器人操作系统,而遥操作机器人系统在自主模式工作时,其功能相当于机器人系统。

1.3 遥操作的典型应用

利用遥操作方式,人们可以将自己的智慧和技术与机器人的适应能力相结合而完成有害环境或远距离下的作业任务:①完成人类无法到达或危险环境下的任务,世界上存在很多人类不便到达或危险的地方,如海底、太空、核场所等,但有很多任务需要在这些地方完成,通常使用遥操作机器人系统来完成这些任务;②通过遥操作机器人系统来提高任务的执行效率和精度,并降低成本。

在过去的几十年中,遥操作机器人系统主要应用于空间技术、海底探测、军事、矿物开采、核材料和有毒物质处理、废物处理、远程医疗、远程实验等方面,现在逐渐延伸到了教育、娱乐等方面,如图1-44所示。

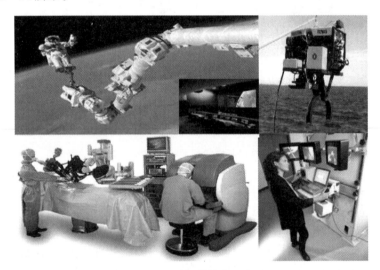

图 1-44 遥操作技术的应用

1.3.1 空间维护中的遥操作

在过去的数十年中,空间机器人在空间任务中扮演了越来越重要的角色。利用空间机器人对失效或者即将失效的飞行器执行在轨服务(On-Orbit Service,OOS)是未来的发展趋势。为加快在轨服务任务认可度和降低操作费用,世界上的空间应用强国已经开展了一些新技术演示验证任务。其中空间遥操作技术作为空间机器人实现的基础核心技术在一些飞行任务中进行了技术验证。

1.3.1.1 ROTEX 上的遥操作

著名的 ROTEX(Robot Technology Experiment)项目是德国宇航中心(Deutschen Zentrum für Luft-und Raumfahrt,DLR)于 1986 年启动的一个技术验证计划,1993 年 4 月 26 日至 5 月 6 日间,随哥伦比亚号航天飞机成功地进行了空间飞行演示(空间实验室 D2 任务,STS55 飞行航次),它是世界上第一个具有地面遥操作能力和空间站航天员操作能力的空间机器人系统,可工作于自主模式、航天员操作模式和各种地面遥操作模式。ROTEX 是一个小型的、六轴机器人系统(见图 1-45),工作空间约 1 m³,位于空间实验室的桁架上。其手爪上装有多个传感器,包括 2 个六维腕力传感器、触觉阵列(4×8 个传感器单元,占据 32 mm×16 mm 的空间)、抓取力感器、由 9 个基于三角测量的激光测距仪组成的阵列(一个几乎占据适配盒一半大的传感器用于 3～35 cm 距离的测量、位于每个手指头上较小的传感器用于 0～3 cm 的测量)、一对用来提供手爪周围立体图像的小型立体视觉相机以及一对固定的用于提供机器人工作区域立体图像的立体视觉相机。

ROTEX 演示并验证的关键技术有:①图 1-46 所示的多传感器手爪技术,该手爪具有 16 个传感器和 1 000 多个电子元件,ROTEX 手爪是当时最复杂的,在整个试验中工作良好,手眼相机和工作间相机的立体图像都非常清晰,使人印象深刻;②局部(共享自主)感知反馈控制思想,通过智能的感知信号处理,自动地对原始指令进行提炼;③大时延下的遥操作技术,其试验场景如图 1-47 所示;④强大的具有时延补偿能力的三维图像仿真技术,包括机器人的感知技术和预测立体图像仿真技术。

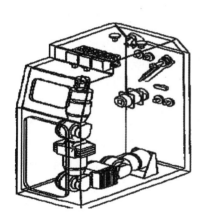

图 1-45　位于空间实验室的桁架中的 ROTEX

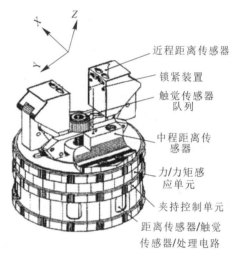

近程距离传感器
锁紧装置
触觉传感器队列
中程距离传感器
力/力矩感应单元
夹持控制单元
距离传感器/触觉传感器/处理电路

图 1-46　ROTEX 多传感器手爪

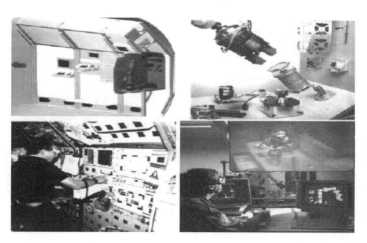

图 1-47　ROTEX 上开展遥操作试验场景

ROTEX 的工作间如图 1-48 所示,为演示验证空间机器人的服务能力,完成了桁架结构装配、在轨可更换单元(Orbital Replaceable Unit,ORU)操作(见图 1-49)、漂浮物体捕获(见图 1-50 和图 1-51)三类基本的任务试验。

图 1-48　ROTEX 的工作间(含 ORU 和桁架结构)

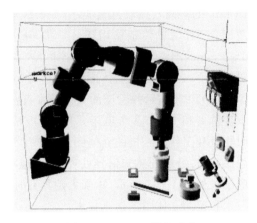

图 1-49　ORU 操作试验

在 ROTEX 论证阶段尚没有通过空间验证的图像处理硬件,因而把"从地面抓取漂浮物体"作为一个真正的挑战。与装配操作中必有的接触操作相比,在该试验中可以采用近乎完美的世界模型,因为零重力环境下漂浮物体的动力学特性是已知的。手眼相机的信息传送到地面,地面通过图像处理算法,提供漂浮目标相对于手眼相机的位姿信息。在成功的抓取操作中,使用基于"动态视觉"的方法,该方法仅用一对相机中的一个,另一个用于在多变送器系统中实现完整的立体图像。目标的位姿测量值与通过扩展卡尔曼滤波器(考虑并仿真了上传和下行的时延,以及机器人和漂浮物体的模型)估计的数据进行比较。卡尔曼滤波器预测并显示图像数据上传后时延的影响,以确定是否允许闭合手爪抓取目标(不论是纯粹的操作员控制还是纯粹的自主模式)。尽管时延有 6.5 s 左右,ROTEX 仍然通过地面控制成功地抓取了漂浮物体。另外,德国的航天员施莱格尔(Hans Wilhelm Schlegel)还通过航天飞机上的控制球完成了空间六自由度的控制,多次成功抓取漂浮物体,如图 1-50 和图 1-51 所示。

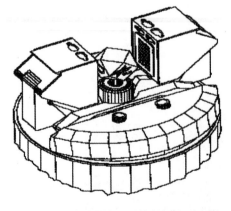

图 1-50　漂浮的十二面体的抓取示意图

图 1-51　漂浮物体的捕获(手眼相机所拍)

ROTEX 的操作模式有:①自主模式,实际是一种地面预编程模式;②在轨遥操作模式,航天员借助立体电视监视器对 ROTEX 进行遥操作;③基于预测图像仿真的地面遥操作模式,地面操作员在机器智能的支持下对 ROTEX 进行遥操作;④基于传感器的离线编程模式,即遥感知编程模式,通过在地面的仿真环境中进行示教和学习,之后在轨执行基于感知的任务。

ROTEX 遥操作控制结构和局部闭环思想分别如图 1-52 和图 1-53 所示,基于局部反馈的共享控制如图 1-54 所示,其中图(a)表示在轨局部感知反馈的情况(比如触觉感知),图(b)表示通过地面站的感知反馈(抓漂浮物体时)。ROTEX 遥操作原理如图 1-55 所示,ROTEX 预测估计算法框图如图 1-56 所示,ROTEX 整个通信设计如图 1-57 所示。

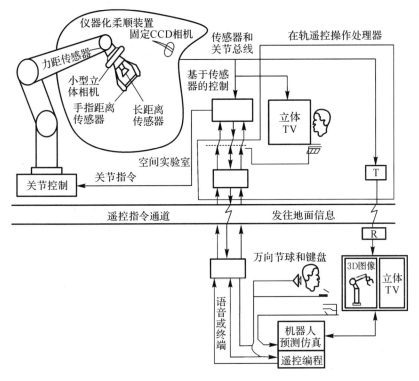

图 1-52 ROTEX 遥操作控制结构

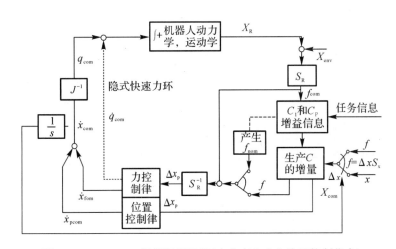

图 1-53 ROTEX 局部闭环思想(自主产生力和位置控制指令)

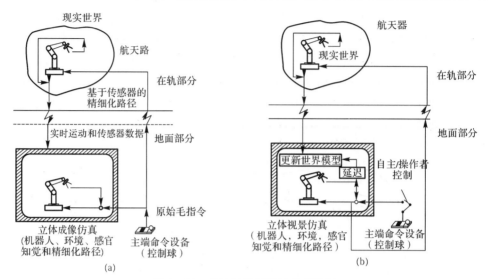

图 1-54　基于局部反馈的共享控制

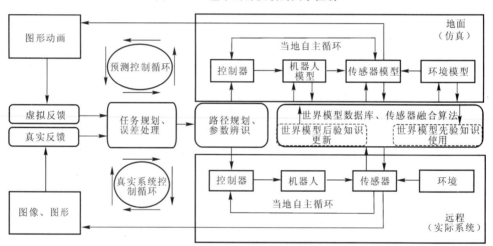

图 1-55　ROTEX遥操作原理

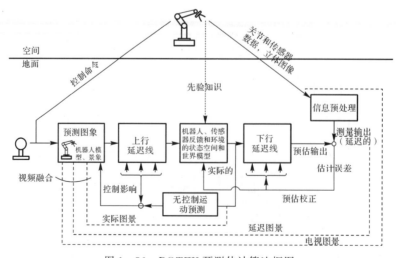

图 1-56　ROTEX预测估计算法框图

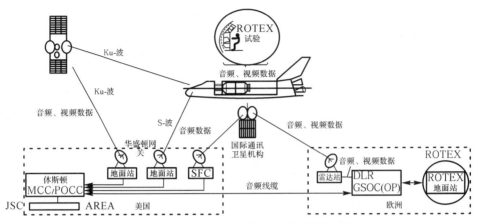

图 1-57 ROTEX 整个通信设计(信号传输环节)

1.3.1.2 国际空间站上的遥操作

ROKVISS(Robotics Component Verification on International Space Station)项目由 DLR 于 2004 年底在国际空间站上实施,目的是试验并验证 DLR 轻型机械臂(Light Weight Robot,LWR)的关键技术。LWR 与 DLR 最新的 4 指关节式机器人手都是"机器航天员"(Robonaut)系统的基础。DLR 的轻型机械臂和手爪如图 1-58 所示。

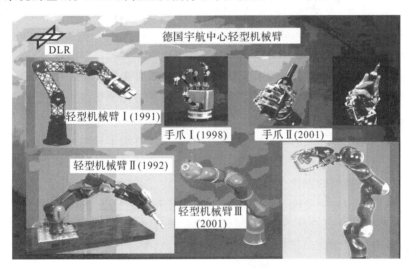

图 1-58 DLR 的轻型机械臂和手爪

ROKVISS 试验设备由一个安装在通用工作台(Universal Work Plate,UWP)上的两关节机器人、控制器、照明系统、立体成像系统、电源系统和周线设备组成,用于验证机器人的功能和性能。通过重复、自主地执行预先定义的任务来测试机器人关节,为未来空间的进一步运用奠定基础。

在试验过程中,立体图像和关节角位置、电机电流、关节力矩及温度等信息一同传输到地面站,同时地面站的指令实时通过 S-波段通信链接传送到空间机器人(自主模式除外)。不同的试验中,ROKVISS 机器人将分别工作在不同的工作模式下。

（1）自主模式。在每个轨道周期内，虽然 ISS 与 DLR 地面站的通信时间限制在几分钟之内，却可以通过自主模式在此操作窗之外验证 LWR 的可操作性，将预先确定的关节轨迹上传到星载系统，由空间机器人执行选择出的、预先定义的运动序列，关节角的测量值先存储在星上，再与地面通信将这些数据下传。

自主模式试验的主要目的：①空间操作下关节行为（性能）的长期验证；②整体动力学行为验证，包括关节参数辨识和极端外空间环境下的碰撞动力学验证。这些试验对获得可比较的关节参数的数据序列而言是非常好的方法，因而在整个任务中同样的试验做了好几次。试验数据（机器人路径和控制模式）在执行前预先上传，自主模式试验通过任务时间线自动激励，与直接的射频通信无关（即不在地面直接测控弧段）。所有的关节参数存储在星载存储设备中，根据需要在下一个直接测控段下传。

自主模式下完成的试验有：①无力接触下预定义的轨迹跟踪试验，用于关节动力学参数辨识；②有力接触下预定义的轨迹跟踪试验，即周线跟踪或抵抗弹簧载荷的运动，类似遥现场模式部分所描述的（力控制、笛卡儿空间阻抗控制）；③从非接触条件变化到接触条件下的预定轨迹跟踪试验。

（2）遥现场模式。遥现场模式包括对地面操作者的同步直接力反馈和立体视觉反馈，试验中将一个立体摄像机安装在第二个关节，视频图像连同当前的关节角和力矩的数据作为当前的状态反馈给地面站的操作者，操作者通过力反馈控制设备控制远距离的从机器人，将产生的力和位置作为指令上传，驱动机器人关节到期望的状态。由于使用了高速的上传和下行通道，操作者将直接包含于控制环中。遥现场模式可用时间最多为 7 min，系统经过德国空间操作中心（The German Space Operations Center，GSOC）地面站的测控时间，对该模式的要求主要是整个数据的时延不超过 500 ms。由于有些任务不是靠地面离线能提前准备好的，因此人在控制环内的操作任务内容是不可避免的，这样就需要提供特定的遥现场模式，这种模式使得操作者对实时完成远端的工作有沉浸体验。

遥现场模式最大的问题是时延，人们已经尝试了很多方法来补偿或解决这些问题。比如，利用基于信号的方法可以处理变化的时延，如果存在远端环境的精确的几何和动力学模型，则采用预测图像的基于模型的方法非常有帮助。然而，为了获得一个好的沉浸感，最好的方法是减少时延和消除数据传输中的波动。采用高速的上传和下行通道，操作者直接包含于控制环内，由于存在数据的波动以及整个环节中存在时延，因而对数据通信的要求非常高。操作者获得对远端场景高质量沉浸感的关键因素是高速、低延迟、无波动的力/位置数据，以及高质量的最新的立体视频信息的传输。为了验证时延的影响，该项目执行了多个时延下的遥现场试验。

为补偿闭环遥现场操作模式中不可忽略的通信时延，该项目还设计并验证了不同的控制策略。这些时延补偿控制策略的主要目的是获得主-从机器人系统的全局稳定性能。依赖于测量出的闭环时延，采取的控制策略有：①如果通信时延小，采用直接位置-力或者力-位置耦合（依赖于接触条件）的方法，通过混合的控制机制，在每个子域（自由运动/接触）和整个任务空间内可获得稳定性。地面操纵杆处于力控制模式，而空间机器人处于位置控制模式，不论是机器人处于自由运动还是接触运动的情况都如此。②对于大的通信时延，采用虚拟阻尼器的位置-位置耦合模式，正如横滨（Yokokohji）在 ETS-Ⅶ上演示的一样，对于这种耦合情况，主、从系统的稳定性即使在接触阶段也能得到保证。但这是一种非常保守的方法，它明显降低了操作者的沉浸感。这种控制策略可以与横滨获得的试验数据进行比较验证,不同的是,ROKVISS 的通信时延小于 ETS－Ⅶ。另外,还开展了基于能量波控制的验证试验,在基于能量波控制方法中,力和位置数据转化为能量波(依据网络理论),能量波通过通信通道进行传输。采用网络理论的方法把通信通道转换为低损耗、无源通信元素,补偿了通信时延。在该方法中,操纵杆和机器人都处于力矩控制模式,稳定性通过整个控制环(操作杆、通信、机器人)的无源性得到保证。

(3)遥控机器人模式。运用直接的无线电信号,远端的机器人系统可被操作者通过监督控制技术在 MARCO(Modular Architecture for Robot Control)遥控机器人地面控制站的人机接口来实现操控,反馈信息通过在轨相机系统和遥测数据提供。所有的上文中提到的力控制相关任务通过发送预定义的路径到在轨系统的方式来实施,与自主模式试验不同的是,这些试验是通过操作者直接交互的方式进行的(这与遥现场模式的实时介入控制回路有所区别),而不是通过激活过程控制命令的方式进行的。这意味着,在链路覆盖时间段内所有的试验,都可以通过遥控机器人的方式进行。

1.3.1.3　ETS－Ⅶ上的遥操作

工程试验卫星七号(Engineering Test Satellite-Ⅶ,ETS-Ⅶ)是以日本宇宙事业开发集团(National Space Development Agency of Japan,NASDA)为主研制的试验卫星,于 1997 年 11 月 28 日发射,主要进行自主交会对接和空间机器人遥操作试验,由跟踪星(称牛郎星,Hikoboshi)和目标星(称织女星,Orihime)组成,卫星总质量 3.0 t。其中:跟踪星 2.5 t,尺寸为 2 m×2.3 m×1.8 m;目标星 0.5 t,尺寸为 1.5 m×1.7 m×0.7 m。两星的惯量比为 0.3~0.4。在 ETS Ⅶ的跟踪星上装有两套机器人试验系统,一套是 NASDA 研制的 2 m 长、六自由度的机械臂(简称长臂),它装有单自由度的末端执行器,用于对具有标准捕获接口的 ORU 等的操作;另一套是日本通产省(Ministry of International Trade and Industry,MITI)研制的由五自由度机械臂(简称短臂)和三指、多传感器末端执行器组成的先进机械手(Advanced Robot Hand,ARH),总长为 0.7 m。ETS－Ⅶ的机器人试验系统如图 1－59 所示。

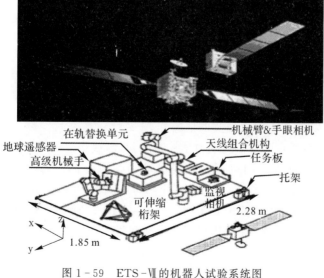

图 1－59　ETS－Ⅶ的机器人试验系统图

ETS-Ⅶ中遥操作有程序控制和遥操纵两种模式。程序控制模式中,地面指令以诸如"以速度 C ,加速度 D ,柔顺控制参数 E ……从 A 运动到 B "的代码形式上传,机器人控制系统对这些指令进行译码并产生机械臂末端轨迹,接着通过逆运动学计算关节角度,并进行关节伺服控制。这种模式中,指令可以预先准备好,在实际操作前先进行仿真验证,操作者只需调用必要的程序就可以启动相应的操作,该模式具有简单、操作安全的特点。遥操纵模式中,地面指令以机器人末端位姿数据的形式,每隔 250 ms 上传一次,这些数据通过两个三自由度的操纵杆产生,左边的操纵杆输入位置数据,右边的操纵杆输入姿态数据。

日本科学家做了 3 个遥操作试验:①在任务板上的曲面划线,机械臂末端以 20 N 固定力划过任务板上的曲面;②用手眼相机对任务板进行视觉监测;③对日本国家航空航天实验室(National Aerospace Laboratory of Japan,NAL)的桁架结构进行展开和恢复。虽然只花费了两天的时间训练,还是非常顺利地完成了任务,这表明,ETS-Ⅶ的机器人遥操作系统是用户友好的,易学、易操作的。

NASDA 还与欧洲航天局(European Space Agency,ESA)和 DLR 开展了联合试验。NASDA/ESA 的联合试验有两个,即机器人交互式自主(Interactive Autonomy,IA)控制试验和基于视觉的机器人控制(The Vision Based Robot Control,VBRC)试验。机器人交互式自主控制试验中,机器人的操作分解为模块化和分级的行为及相关参数序列,以使灵活性和有效性最大化。通过预编程和仿真验证,保证机器人操作的安全性和可靠性。当用户想要改变机器人的操作,或者操作中发生了异常情况时,用户可以重新选择机器人的行为和相关的参数,即机器人-用户发生交互。这种控制模式对操作人员的技能要求不高,可由非机器人专家完成。VBRC 试验中,演示了机器人自主控制和地面遥操作控制两种模式下的销钉插孔试验,与 NASDA 的试验不同,它不是对特征光标成像,而是对目标成像,成功地演示了非合作目标的机器人遥操作技术。

NASDA 与 DLR/IRF 联合机器人试验的主要目的是:①验证基于 MARCO 的遥机器人地面控制站对自由飞行空间机器人的控制能力,特别是采用虚拟现实技术和"视觉/力"控制策略完成插孔(Peg-in-Hole)试验,直接在轨(力)和通过地面(视觉)将传感器控制闭环,证明 MARCO 的基于传感器的自主特点;②检验由多特蒙德大学机器人研究中心(Institute of Robotics Research at the University of Dortmund,IRF)开发的基于虚拟现实的遥操作

图 1-60　虚拟世界下的任务级编程

技术,如图1-60所示;③空间机器人动力学控制试验,以获得空间机器人系统的动力学特性,检验 DLR 开发的用于仿真空间机器人和卫星动力学行为的动力学运动模拟器(Dynamic Motion Simulator,DMS),并通过试验数据验证空间机器人系统的动力学建模和仿真策略。遥操作试验中,首先通过手眼相机的真实图像对 DLR/IRF 所建的世界模型进行更新,然后操作者借助数据手套和数据头盔,将操作指令传给空间机器人。

DLR 邀请了 NASDA 的首席科学家小田光寿(Mitsushige Oda)博士使用戴数据手套和数据头盔的虚拟现实技术遥操作空间机器人,抓取任务板操作工具(Task Board handling

Tool,TBTL)并安装好钳子,完成简单的装配任务(Peg-in-Hole 试验),如图 1-61～图 1-64 所示;还邀请 IRF 的主管高野(YutakaTakano)使用虚拟现实技术遥操作空间机器人执行简单的装配任务(步骤与第一个不同)并放回钳子。IRF 还遥操作机器人移动任务板上的滑块,完成了避障试验。

图 1-61 基于虚拟现实技术的遥操作试验

图 1-62 遥操作臂地面工作站仿真

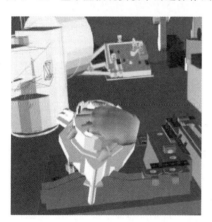

图 1-63 抓取任务板操作工具

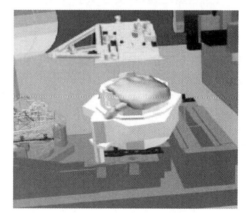

图 1-64 放下任务板操作工具,销钉插入孔中

在扩展试验中,日本东北大学还做了通过六自由度触觉接口设备完成遥操作的试验,这种遥操作系统的特点是对建模误差不敏感,其在 ETS-Ⅶ上做了曲面划线和销钉插孔试验。京都大学做了基于直接力感知的双向力反馈控制的机械臂遥操作试验,检验了横滨等人提出的理论,据称是第一个大时延下通过直接双边控制实现的地面-空间遥操作控制。

这些试验成功地将实验室的遥操作研究理论在空间机器人系统上进行了验证,为原有理论的完善和推进以及新理论的提出奠定了坚实的基础。

1.3.2 远程医疗及远程手术中的遥操作

从广义上讲,远程医疗是指使用远程通信技术、全息影像技术、新电子技术和计算机多媒体技术,通过发挥大型医学中心医疗技术和设备优势,对医疗卫生条件较差的及特殊环境提供远距离医学信息和服务,包括远程诊断、远程会诊及护理、远程教育、远程医疗信息服务等所有医学活动。从狭义上讲,远程医疗包括远程影像学、远程诊断及会诊、远程护理等医疗活动。

20世纪50年代末,美国学者沃森(Wittson CL)首先将双向电视系统用于医疗,同年,朱特拉斯(Albert Jutras)等人创立了远程放射医学。此后,美国不断有人利用通信和电子技术进行医学活动,并出现了"Telemedicine"这一词汇。远程医疗的应用可以极大地减少病人接受医疗的障碍,地理上的隔绝不再是医疗上不可克服的障碍。

20世纪60年代初到80年代中期,远程医疗主要通过电话网与有线电视网传送文字和视频图像信息,供医生间交流,或向专家进行病案咨询作辅助诊断。由于信息技术不够发达,信息传送量极为有限,这一时期远程医疗受到通信条件的制约发展较慢。80年代后期,随着现代通信技术水平的不断提高,相继启动了一大批有价值的项目。在远程医疗系统的实施过程中,美国和西欧国家发展速度最快,联系方式多是通过卫星和综合业务数据网(Integrated Services Digital Network,ISDN),在远程咨询、远程会诊、医学图像的远距离传输、远程会议和军事医学方面取得了较大进展。1988年美国提出远程医疗系统应作为一个开放的分布式系统的概念。从广义上讲,远程医疗应包括现代信息技术,特别是双向视听通信技术、计算机及遥感技术,向远方病人传送医学服务或医生之间的信息交流。同时澳大利亚、南非、日本、中国香港等国家和地区也相继开展了各种形式的远程医疗活动。1988年12月,苏联南部亚美尼亚地区发生强烈地震,在美苏太空生理联合工作组的支持下,NASA首次进行了国际间远程医疗,使亚美尼亚的一家医院与美国四家医院联通会诊。这表明,远程医疗能够跨越国际间政治、文化、社会以及经济的界限。

21世纪,随着通信、网络、计算机等技术的迅猛发展,远程医疗也逐步走进社区,走向家庭,更多地面向个人提供定向、个性的服务。随着智能手机、物联网技术的普及与发展,远程医疗也开始与云计算、云服务结合起来,众多的智能健康医疗产品逐渐面世,远程血压仪、远程心电仪甚至远程胎心仪的出现,给广大的用户提供了更方便、更贴心的日常医疗预防、医疗监控服务,远程医疗也从疾病救治发展到疾病预防的阶段。

实施远程医疗的意义有:①在恰当的场所和家庭医疗保健中使用远程医疗可以极大地减少运送病人的时间和成本;②通过将照片等关键检查信息传送到关键的医务中心来更好地管理和分配偏远地区的紧急医疗服务;③医生突破了地理范围的限制,共享病人的病历和诊断照片,从而有利于临床研究的发展;④可以为偏远地区的医务人员提供更好的医学教育。

手术机器人技术已经成为国际机器人领域的一个研究热点。先进机器人技术在外科手术规划模拟、微损伤精确定位操作、无损伤诊断与检测、新型手术医学治疗方法等方面得到了广泛的应用,这不仅促进了传统医学的革命,也带动了新技术、新理论的发展。手术机器人是目前国外机器人研究领域中最活跃、投资最多的方向之一,投资者对其发展前景非常看好。20世纪90年代起,国际先进机器人计划(International Advanced Robotics Programme,IARP)已召开过多届外科手术机器人研讨会。美国DARPA已经立项开展基于遥操作的外科研究,用于战伤模拟手术、手术培训、解剖教学。欧盟各成员国、法国国家科学研究中心将机器人辅助外科手术以及虚拟外科手术仿真系统作为重点研究发展项目之一。从这个时期开始,手术机器人的研制取得了飞跃性的发展,目前国内外已有许多手术机器人问世,其中有些机器人已经代替医生完成某些手术操作。美国的"宙斯"(Zeus)和"达芬奇"(Da Vinci)是国际上最具有代表性的医疗机器人。2000年7月,美国食品药品监督管理局(Food and Drug Administration,FDA)首次批准"达芬奇"手术机器人的临床应用,机器人外科手术技术得以迅猛发展,图 1-65 所示为一种力反馈式远程手术系统的主端。

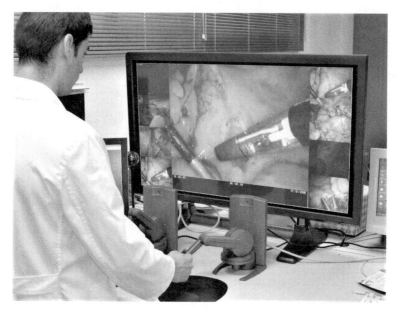

图 1-65　一种力反馈式远程手术系统的主端

　　当前,机器人在医学方面主要应用于辅助腹腔镜手术,这显示了机器人在外科领域的优势与魅力。辅助腹腔镜是一种微创手术,因其切口小、创伤轻、痛苦少、恢复快而发展迅速。与普通腹腔镜手术项目相比,手术机器人系统的优点有:①能消除外科医师操作时不同程度的手颤抖,而使手术解剖更加精细和平稳,提高外科操作的稳定性和精确性,这对于高精度的手术,如心脏和脑部手术以及长时间的复杂手术尤其重要。它是通过震颤过滤系统和动作缩减系统来实现的,计算机系统将医生在操作台上易于完成的大幅动作通过缩小传输到机器人双臂上,同时将医生的动作进行高频波过滤,消除器械的抖动和震颤,动作缩减系统能成比例(5∶1)缩减外科医生的动作幅度,外科医生移动操作杆 5 mm,患者体内的器械末端仅移动 1 mm,从而提高了外科操作的平稳精确性。②手术机器人增强了外科医生的灵巧性。通过器械腕关节,外科医生获得了七自由度活动,增强了术者的视野控制能力,使术野更直观平稳。机器人具有位置记忆功能能使手术动作更灵活。③手术切口小,外观上受到欢迎,病人痛感少,手术感染机会少,伤口愈合快,术后恢复好,并发症少。④手术的安全性提高。因机器人替代部分人的劳动,降低了术者的疲劳,从而减少了因疲劳而犯错误的概率,提高手术安全性。⑤手术全部数字化,从而使远程手术、术中远程会诊以及术中远程教学得以实现。

　　世界上首例实验性远程手术于 1999 年成功地进行。68 岁的女病人躺在法国斯特拉斯堡的病床上,法国医生雅克·马雷斯科带领一个医疗小组在 7 000 km 外的纽约,隔着辽阔的大西洋看着电视屏幕操纵机械手,远程遥控法国手术室中的"宙斯"机器人完成了这次跨洋手术。马雷斯科医生操纵机器人首先把一根装有微型光纤摄像机的腹部显微管导入病人的腹部,然后使用解剖刀和镊子摘除了可疑的胆囊组织,整个手术仅耗时 54 min。病人在术后 48 h 恢复排液,而且没有任何并发症。胆囊摘除手术是典型的外科普通手术,它不需要开腹,所以成为远程遥控手术的首选课题。这次命名为"林德伯格手术"的成功,意味着随着现代远程通信技术和智能化工程技术的发展,世界上任何一个角落的患者欲得到任何一位顶尖专家亲自操作的手术治疗的梦想将成为可能。这次手术的成功是远程手术的一个里程碑,标志着外科手术跨时代的飞跃。

"宙斯"和"达芬奇"机器人手术系统均获得了欧洲 CE(Conformity with European)市场认证,标志着真正"手术机器人"的产生。这两个系统都包括高质量的图像传送显示器,医生手控制的计算机辅助手术器械,能翻译和传送外科医生手部动作以及支撑移动该系统机械臂的活动支架。手术机器人系统包括一个控制台和多个独立的机器臂。主控制台上的两个主控装置控制机器手臂,外科医生双手对两个主控装置的每次操作都能传达到机器手臂,机器手臂又控制患者体内手术器械的操作,并能缩小移动幅度。机器手臂以一种比例遥控的方式服从于主控装置的所有命令。在手术中医生都是坐在控制台上,观察病人,实施操作。"宙斯"的"扶镜"手是声控的,而"达芬奇"的手术器械末端增加了"手腕关节",扩大了活动范围和灵活性。

目前,在医疗上手术机器人还处于初级发展阶段,随着机器人技术研究的不断进步,手术机器人必将得到更广泛的应用,对人类健康水平的提高将起到巨大作用。

1.4　遥操作面临的挑战

1.4.1　时延影响系统稳定性和可操作性

遥操作的应用领域和范围决定了其主控端与从端的空间距离的分布,时延的引入是不可避免的突出问题。当操作回路时延与机器人的动态时间常数相比较大时,远端机器人与作业环境之间交互的测量信息(位置与接触力)传递到操作者时就会有较大的时延,这种延迟影响操作者的思维及判断能力,使其不能及时地发出有效的操作命令,使得系统的性能下降,严重时导致系统不稳定。较大的时延会使得系统环路产生相位滞后,降低系统的稳定裕度。从目前的研究来看,很难设计相应的时延补偿器来适应这样的时延系统。

虽然人们对时延的认识早在公元前已有记载,但真正对带时延的系统的研究直到20世纪才蓬勃兴起,遥操作机器人系统的时延在20世纪80年代才得到重视。最早的关于遥操作系统时延的文献出现在1965年,因为没用到力反馈,时延没有对稳定性造成影响。1966年,法瑞尔(William R. Ferrell)在时延条件下用到了力反馈,当时延为几十分之一秒时,就会导致系统不稳定。至此,人们才认识到时延对遥操作机器人系统稳定性的影响。

稳定性研究最早起源于力学。一个刚体或一个力学系统具有某一平衡状态,在微小干扰力的作用下,这种平衡状态或者几乎保持,或者受到破坏,这就是稳定与不稳定的雏形。稳定性最早的一个原理是以托里拆利(Evangelista Torricelli)命名的:物体的重心处于最低位置的平衡是稳定的。后来逐步发展到研究运动的稳定性。运动不仅仅局限于物体的运动,任何事物的变化都是一种运动,都存在是否稳定的问题。因此,运动稳定性的研究超出了力学的范围而进入多种领域。

遥操作机器人系统本身动态的丰富多彩,再加上时延的作用,使得其特性更加令人难以捉摸,这也是遥操作机器人系统研究的难点与诱人之处。因此,对带时延的遥操作机器人系统的研究已成为控制界越来越关注的热点之一。

时延控制一直是遥操作的研究难点和热点问题。安德森(Betty Lise Anderson)指出,即使是微小的时延,也可能导致系统不稳定,降低系统操作性能。因此,时延对系统的影响,尤其是大时延和时变时延对系统的影响是一个待解决的关键问题。遥操作系统中,时延尤其是网络遥操作的非确定性时延的存在,以及系统时间参数的不确定性,使得很难精确建立控制模型。通常情况下,要对控制模型做一定的简化,而控制模型的不合理简化会使系统在某些情况下失去稳定性。

从工程角度出发,一个系统不但要稳定,还应该有相当的稳定裕量,即系统有一定的鲁棒性。从能量角度分析,遥操作系统若想保持稳定,其初始时刻系统所具有的能量与外部输入的能量和必须大于系统能量,即系统输入能量就必须大于输出能量,而通信系统的存在会很容易地违反这一要求;对于通常意义下的双边力反馈遥操作系统,系统中存在的信号传输时延相当于为系统增加了纯滞后的环节,从频域的角度看,这些纯滞后环节增加了无时延系统开环传递函数的相位滞后,因而使得系统的相位裕度减小,稳定性降低。过大的时延所引起的相位滞后甚至会造成系统正反馈,从而使系统不稳定。从负反馈角度分析,负反馈是实现控制的基本方法,但负反馈并不能保证系统的稳定性,设计不好的负反馈系统的被控制量也会出现振荡的情况,即不稳定。闭环系统如果闭环增益大于 1,半个工作周期等于时间延迟值,则系统将处于正反馈而非负反馈,此频率的能量将连续加入系统而导致系统的不稳定。

时延不但会引起系统不稳定,而且会大大降低系统的可操作性。研究表明,当延迟大于 0.25 s 时,操作人员就能明显感觉到存在延迟,其操作性能也显著降低。遥操作系统的可操作性可以分为友好的人机交互方式和实时的操作响应两方面。时延对可操作性的影响主要体现在实时的操作响应方面。在远端执行机构处于自由状态时,实时响应性能表现为远端执行机构对操作者操作命令的随动能力,理想的情况应使操作者感到在自由运动;在远端执行机构和环境之间存在相互作用时,操作性能表现为操作者通过执行机构感知和操纵远端环境、完成任务的能力。

1.4.2　无法获得理想的透明性

对遥操作系统而言,稳定性和透明性是两个很重要的特性。稳定性是遥操作系统能否正常工作的前提条件,而透明性是衡量操作者行为与感知能力的指标。系统的透明性是指从机器人跟踪主机器人的位置和受力的准确性,也指操作者感受的阻抗与环境阻抗之比。理想的透明性将使操作者完全感觉不到主机器人和从机器人的存在,好像直接在与环境进行交互一样,操作者具有身临其境的感觉,它是遥操作机器人系统可操作性一个很重要的指标。一方面,如果通过具有较大时延的网络采用直接遥操作方式操作远程执行机构,则等效的操作者所感受到的操作阻抗大于环境阻抗,使得遥操作透明性较低。另外,操作者因无法获得实时的反馈,将会很明显地感觉到时延的存在,操作者必须等待执行结果,然后发送后续操作命令,这破坏了操作的连续性,也将影响系统的可操作性。研究遥操作机器人系统的目的是使从机器人跟踪主机器人的运动,从而完成远程复杂或危险环境下的任务。因此,时延(特别是时变时延)的存在,使得透明性的研究更为复杂。

劳伦斯(Dale A. Lawrence)最先采用透明性的概念作为遥操作系统的设计指标,认为稳定性和透明性是两个相互矛盾的设计指标,最优的设计原则应该是稳定性与性能的某种折中。汉纳福德(Blake Hannaford)等人利用二端口网络模型对遥操作系统进行建模,认为只有无限大的增益才能达到高的透明性。但是采用通常的双向控制无法取得理想的透明性,这主要是因为操作者与所要执行的远端的任务之间,通常有连接主机器人、从机器人和通信模块等环节,而主、从机器人的动力学特性是很难忽略或补偿的。

1.4.3　缺乏友好的人-机交互手段

应用遥操作控制机器人的运动,其实质是将操作人员引入机器人执行任务的过程中,在这个过程中需要一个功能模块将操作人员的功能融入整个系统中。该功能模块一方面激发操作人员的感知,呈现远端任务的执行状态;另一方面处理操作人员的命令,以控制远端的机器人。由此看来,具备这种功能的人机交互技术是指通过计算机输入、输出设备,以有效的方式实现人与计算机的交互技术。操作人员需要通过人-机交互界面与远端的机器人交互。一个友好的人-机交互界面可以在很大程度上增强操作者的作业性能,提高作业效率,因此,以操作者为中心的人-机交互界面的设计应该得到重视。由于操作者决策的基础来自于远端的传感信息,但是由于时延的存在不仅视觉信息受到影响,而且在很大的时延下力觉信息也无法直接使用,因此,如何为操作者提供多通道的人-机交互技术是目前众多学者的研究方向。

1.4.4　遥操作系统的可靠性、安全性及鲁棒性

遥操作系统作为人机的协作系统,既要充分发挥远端执行机构代替人处理远程任务的优势,同时由于远端环境复杂性和不可预知性,又要利用人的智能处理不可预知的外界因素所产生的随机事件,进行决策和规划,实现安全可靠的作业。

可靠性和安全性主要包含操作者安全可靠地规划任务和远端执行机构安全可靠地完成任务两个方面的内容。由于操作者经常要使用各种力觉接口设备操纵远端执行机构,而这些有源装置的使用对操作者的安全造成了威胁,因此这些设备应该进行慢速的运动,这也符合大多数遥操作任务的需要。在控制结构上,有学者提出了利用绝对稳定的二端口网络准则进行控制规律的设计,以保证力觉接口设备、虚拟环境与操作者所构成的系统稳定。工作在远端的机器人由于缺乏操作者的直接参与,也需要对远端的意外情况有自主的应变行为。一般情况下,远端机器人需要配备一些传感器,根据传感器输出判断当前是否处于危险状态,如腕力传感器的力值超限等,从而采取相应的措施紧急停车或者自动柔顺等,避免发生远端执行机构本体以及环境的损坏。另外,时延的存在给遥操作系统的感知和控制带来了两方面的问题:一方面,时延的存在使现场的各种信息到达操作端时已是几秒种前的信息,从而使操作者不能及时、准确地感知远端环境当前的信息;另一方面,操作者基于这些信息发出的控制命令传送到远端时同样也被延时,而此时远端机器人和环境状态又发生了新的变化,因此操作者基于反馈信息所做决策可能有误,容易造成遥操作的失败或者远端机器人部件损坏。

由于遥操作机器人通常处于动态的复杂环境中工作,环境扰动会对遥操作的控制产生一定的干扰,同时遥操作机器人的动力学特性也会随着工作环境的变化产生一定的偏移。这就要求设计的控制器能适应这些参数的变化,即当参数发生一定的摄动时不用重新设计控制器也能保证系统的稳定性和良好的透明性。

1.4.5　模型的不确定性

模型的不确定性主要分为环境模型的不确定性和远程机器人动力学模型的不确定性。环境模型的不确定性主要是指遥操作机器人系统在空间操作、深海探测等的应用中,环境模型往往是时变的,甚至是非线性的,再加上存在随机时变的网络时延,使得建立准确的数学模型尤

为困难,如果时延是时变的、随机的,其难度更大。同时,遥操作机器人系统中的主、从机器人通常具有复杂的机械结构,往往很难精确测量其动力学模型,而且遥操作机器人经常处于恶劣工作环境,由于设备的磨损、老化以及工作条件变化,系统参数会发生缓慢的变化,机器人动力学特性会发生变化。因此,在实际的机器人遥操作任务中,如何建立遥操作机器人系统的动力学模型以及其所处的环境模型是一个具有挑战性的问题。

1.4.6 远端机器人的自主能力与人的智能合理分工

理想的遥操作系统的目标是实现远端智能设备执行任务的全自主性,然而目前的技术水平还无法达到全自主的操作而采取智能设备的局部自主加上操作者的高级决策能力,这也是当前研究工作中普遍采用的一种方法。如何合理解决操作者与机器人间的合作问题,充分发挥机器人的智能和人的高级决策能力,还有待于进一步研究。

第 2 章 大时延空间遥操作技术

2.1 遥操作的概念

遥操作是传统遥测遥控技术在信息时代与控制技术、网络技术、仿真技术充分结合基础上的新发展，是面向机器人无人化、远程化、智能化应用中不可或缺的效能化关键技术。随着人类空间活动的不断发展和复杂空间应用需求的日益扩大，以空间机器人等操控载荷为控制对象的遥操作方法愈加受到科技强国的重视。

自从人类诞生以来，人类就在为生产活动的工具进行着长期不懈的研究，新工具及其操作技术是标志人类发展的里程碑。

遥操作的概念主要来源于工业机器技术的发展需求。一方面，人们在机器作业中，力求提高其自身的自动化或自主与智能水平；但另一方面，这种自主水平却又由于技术发展程度的制约，仍离不开人类的监视和操纵，并且大量机器作业的现场环境又是人类不可接近的场合，如核辐射环境、深水高压缺氧环境、太空微重力强辐射环境等。这时，原有的机器现场有人作业的操作模式受到挑战，从而促使人们对新结构机器和新作业方式进行创造性的探索。

自 20 世纪 40 年代以来，随着人们对客观世界科学认识程度的不断提高，相继提出了很多让人们从那些恶劣、苛刻的现场环境中隔离出来，从后方安全舒适场所里远距离地监视和操作机器作业的概念和技术。20 世纪第二次工业革命以后，在各种不同作业需求的基础上，许多"遥"技术概念呼之欲出，见表 2-1。

表 2-1 20 世纪各时期提出的"遥"技术概念

五六十年代	六七十年代	70 年代—90 年代
遥测(Telemetry) 遥控(Telecontrol) 遥感(Telesence) 遥信(Telecommunication)	遥处理(Teleprocessing) 远程处置(Remotehandling) 遥操纵(Telemanipulation) 远控器(Telemanipulator) 远程系统(RemoteSystem) 遥机器人(Telerobot)	遥设计(Teledesign) 遥分析(Teleanalysis) 遥规划(Teleplanning) 遥诊断(Telediagnosis) 遥知觉(Teleperception) 遥医学(Telemedicine) 遥会议(Teleconferencing) 遥现场(Telepresence) 遥操作(Teleoperation)

20 世纪中叶，人类开始通过火箭、人造卫星、载人飞船、航天飞机及空间站等工具探索和开发太空资源。随着空间技术的迅猛发展和高效化空间应用需求的强力拉动，力求在地面通过交互式的监测与干预来完成空间(科学)应用实验或空间操作，已成为有效载荷专家的基本共识，因而他们提出了遥科学(Telescience)的概念。遥科学作为解决空间技术发展需求和人工进行空间实验操

作的高成本低效率之间的矛盾的有效途径,已成为各空间大国最为关注的一项系统性关键技术。

遥科学是将遥现(Telepresence)技术和遥作(Teleoperation)技术结合,使操作人员能够在远离操作现场的环境下对远端工作实体进行具有交互性的控制,实现对被控对象进行操作的一种工作模式。这个概念包含以下几层含义。

(1)遥科学是一种工作模式。与其他工作模式相比,遥科学工作模式具有两个特点。一是操作人员和现场操作环境在物理空间上分离。这是遥科学的本征属性,空间上不分离就无所谓"遥"。二是操作人员和工作实体必须具有操作控制流和反馈信息流的交互。与人工智能研究的机器自主智能化的工作模式不同,遥科学系统不能完全脱离操作人员的指示独立处理所有的工作事件,工作实体的控制决策不仅仅取决于预先的设想,还要依据具体工作进展状况加以修正,因此在必要时操作人员可以通过控制指令控制远端工作实体的下一步动作。

(2)遥科学通过遥现技术、遥作技术和遥信技术实现操作人员对工作实体的远程控制。遥现使得操作人员可以感知远端的作业环境;遥作使得操作人员可以控制远端的工作实体;遥信则是沟通本地环境和远端环境的纽带。

(3)延时是遥科学必须解决的一个难题。这是由遥科学的两个特点决定的。"遥"决定了操作人员和工作实体空间上的分离,而遥科学的互动模式要求操作人员和工作实体在时间上必须保持同步,因此遥科学系统是一个行为的决策对象(操作人员)和行为的实施对象(工作实体)在空间上分离、时间上同步的控制系统。

如果将遥操作的概念做些延伸,人为地约定这个遥操作概念本身就包含遥现场信息结构,并同时将人的决策功能加以体现的话,就可以将遥科学和遥操作两者有机地统一起来看待。

遥操作发展到现今得到了极大的丰富和发展,操作模式众多,应用领域更加广泛,各式各样的遥操作定义层出不穷,但这些概念具有一定的片面性和局限性,或是从遥操作应用的领域来定义,或者是无法涵盖所有的操作模式,都不能定义出遥操作的本质,这不利于遥操作的进一步研究与发展。但不论哪种操作模式、应用于何种领域中都始终保持着三大要素,即遥感知、异地高智能决策和自主执行。

(1)遥感知是指遥操作克服操作员与对象之间远距离跨度的约束,通过信息链路把远端的操作对象及周围环境信息传递给操作员,使其可以感知远端的变化,并具有生动的"沉浸感"。

(2)异地高智能决策是指为了避免操作者受到操作环境共生性危险的影响,把其置于安全舒适的环境中,但远端机器人的智能化水平低,离不开人的监视和操作,所以必须实现高智能的移植,由异地的人进行远程决策,辅助远端的机器人完成任务。

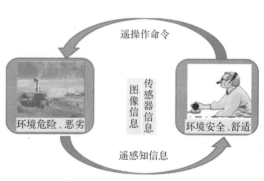

图 2-1　遥操作示意图

(3)自主执行是指远端的机器可以自治复现操作员的动作或执行操作员的命令完成任务,而无需操作者亲临现场。

如图 2-1 所示,遥操作是指以人为主要决策单元,以远端操作环境信息为基础,以远端机器为执行终端,通过信息链路实现高智能和真实环境在信息层面上的交互移植,进而克服远距离的限制,使人的感知和行为能力得到延伸,完成人或机器各自单独难以完成的任务的一种技术。

2.2　空间遥操作过程的特点

空间遥操作过程具有以下特点：

(1)空间遥操作机器人系统与地面控制站中的遥操作人员之间存在较大的时延。空间机器人遥操作星地大回路基本路径如图 2-2 所示,可分为链路传输时延、数据处理时延和响应时延等,其主要时延组成如图 2-3 所示。

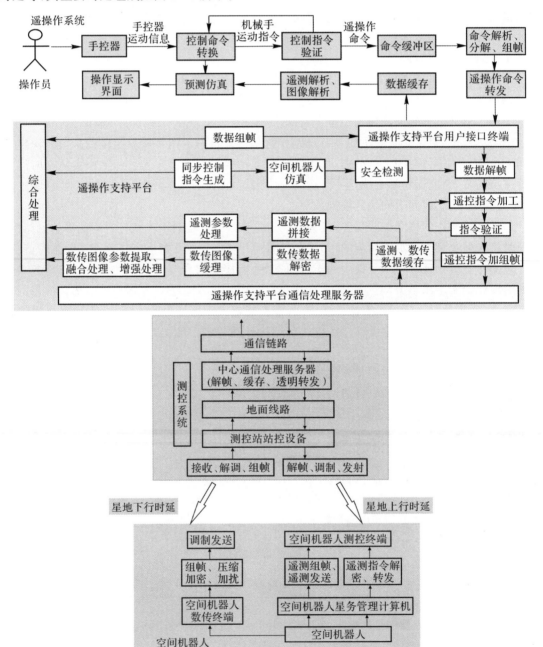

图 2-2　空间机器人遥操作星地大回路基本路径

在地面对地球同步轨道卫星的遥操作中,无线电波传输时间约为 0.2 s,但实际的回路时延一般为 5～7 s。例如,1993 年,德国 ROTEX 在进行空间遥操作试验过程中,空间机器人由一名航天员和一名地面操作人员来控制,通过一颗通信卫星和一颗中继卫星与地面通信,遥操作整个回路延时为 5～7 s。1997 年,日本的 ETS－Ⅶ为进行遥操作试验,租用了美国 NASA 的 TDRS 作为通信中继卫星,卫星和地面控制站之间的时延为 4～6 s。而对于远地轨道和行星探索,遥操作信号传输时延可达十几分钟,如 1976 年 7 月和 9 月美国 Viking Ⅱ、Ⅰ分别成功登陆火星,登陆器与地面的通信时延达到 30 min;1960 年代,苏联的火星着陆器每条指令的完成之间也长达 25 min,无法完成连续的直接遥操作。这样大的时延严重影响了系统的稳定性、透明性和可操作性,给系统控制的稳定性带来很大的挑战。

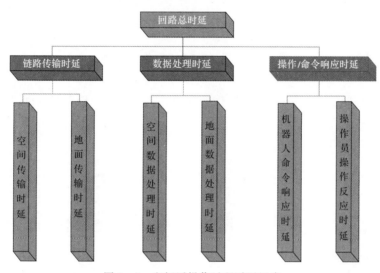

图 2-3　空间遥操作过程时延组成

（2）受目前测控技术的制约,星地大回路之间通信带宽有限。例如,在 ETS－Ⅶ中,空间机器人试验系统的上行遥控信道速率为 4 kbps,下行遥测信道速率为 16 kbps,下行视频压缩数传信道速率为 1.2 Mbps,同时根据遥测数据类型的不同,下行数据的发送周期为 100 ms 或 200 ms。如此低的通信带宽给安全、可靠、连续、稳定地操控空间机器人系统带来了严峻的挑战。

（3）由于地基测控网的原因,单次连续可实施遥操作弧段受限,因此单次遥操作的任务必须设定在较短的时间内完成。采用地基测控站时,由于电波直线传播特性和地面曲率限制,其对绕地飞行器的覆盖范围是有限的,如图 2－4 所示。处于近地轨道的空间机器人系统的轨道特性决定了该系统轨道运行周期短,飞经地面测控站上空的相对速度较高,同时地面站对空间机器人系统的可跟踪弧段短,一次经过单个地面站上空一般仅有几分钟至十几分钟的时间,同时系统上存储的数据只能在地面站的可视区内传回地面。由于各种因素的限制,地面站系统只能在局部范围内布站,所以地面站系统只能在整个在轨系统轨道的部分升/降轨段上进行测控。此外,地面站还需要对在

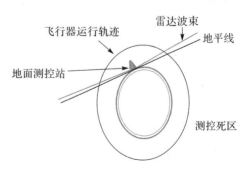

图 2-4　地基测控系统的覆盖限制

轨系统进行轨道控制以及其他数据注入任务。因此,留给遥操作控制的弧段就更少了。例如,ETS-Ⅶ在 NASA 的数据中继卫星系统的辅助下,单次遥操作弧段约为 20 min。因此,要在这么短的时间内完成复杂的空间在轨服务操作,将面临很大的困难。

(4)人作为闭环控制系统中的一个重要环节,对操作的结果有着不可忽视的作用。前三个特点,使得操作人员难以实时充分获取操作现场的反馈信息,限制了操作人员对操作现场进行准确的感知和判断。重要信息的不可感知性及感知的滞后性容易导致操作人员空间感和时间感严重分离,因果关系缺失,使其心理和生理负担过重,并且容易因极度紧张和疲劳而导致操作失败。为了获得匹配的操作因果关系,操作人员不得不采用"运动—等待"的方法,待远端执行机构完成指定的动作后再发布下一步的运动指令,因而效率很低,这将严重影响遥操作空间机器人系统的应用和使用效率。

2.3 遥操作基本模式

遥操作是人在回路的一种操作方式,按照操作人员在回路中的参与程度、操作人员与远端环境之间的耦合特点或远端系统的自主化程度,遥操作大体可以分为直接操纵、监督操纵、全自主操纵三种模式,如图 2-5 所示。

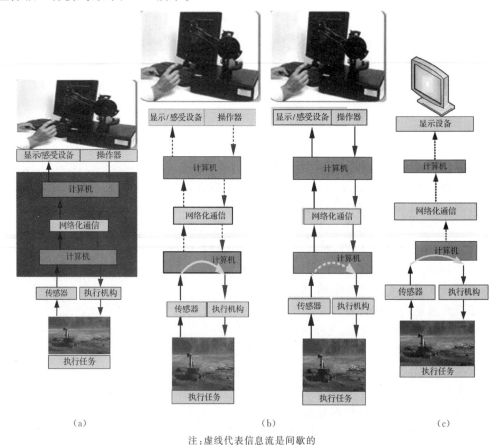

(a)　　　　　　　(b)　　　　　　　(c)

注:虚线代表信息流是间歇的

图 2-5　遥操作模式原理图

(a)直接操纵模式;　(b)监督操纵模式;　(c)全自主操纵模式

2.3.1　直接操纵模式

直接操纵模式也称木偶式操作,是指遥操作人员控制向远程机器人各个关节控制器直接发送运动控制指令、设定运动参数等,同时远程机器人将响应控制指令的结果以一定的形式反馈给遥操作人员。这时,远端机器人对遥操作人员构成一种跟随关系,由于基本没有自主能力,必须有人全程参与操作过程。在实际应用中根据直接操纵内容和反馈内容的不同又分为主从操纵模式、双边操纵模式等。直接操纵实际上是一般意义上的遥操作。

直接操纵模式具有以下特点:

(1)实现难度小。硬件技术的发展相对比较成熟,软件上对完成任务的相关开发要求难度较低。由于对遥操作任务的制定、操作的执行、反馈信息的判断、操作控制的调整等都由操作人员负责完成,因此不需要具备功能完善的智能系统或功能相对自主独立的控制算法,大大降低了对相关逻辑系统和控制程序的开发难度。这也是实现完全自主机器人的难点。

(2)任务执行灵活。由于有人实时参与控制,系统能够灵活地处理各种突发问题。对于未能预见的特殊复杂问题以及过去没有发生过的新情况,能够通过操作人员充分发挥主观能动性,借助先验知识临时作出合理反应。因此,由于在控制执行回路中有人实时参与控制,保证了遥操作任务执行的灵活性。

(3)操作回路存在较大的时延。遥操作命令的执行和遥操作状态信息的反馈需要经历较多环节,各个环节之间存在传输、响应、执行等时延,最终导致操作人员发出操作命令直到接收到该命令的反馈状态需要等待较长的时间,容易使得操作人员时空感分离、因果关系缺失、工作心理负担加重。

(4)由于时延的存在和受遥操作状态信息不完全或不准确的影响,遥操作结果主要依赖于操作人员对远程机器人系统的动态预测模型和运动特性的理解能力。在直接模式下操纵人员的操作带有较强的主观性,操作效果与人员的经验和能力有较大的关系,为遥操作任务的执行引入了不确定性。

根据上述直接操纵模式特点可知,其主要适用于以下场景:

(1)突发性操作环境。在一些遥任务执行过程中,比如视觉监视任务,有很大可能性会遇到未能预见的操作场景,这时需要操作人员能够即时进行分析、判断,作出恰当的决断,充分发挥主观能动性、灵活性来应对各种突发问题。运用直接操纵模式是一种较好的选择。

(2)任务简单、操作步骤明确、操作精度要求不高、操作动作安全系数较高、操作结果易于衡量判断的场合。这些场合的工作现场简单,不需要庞大的遥操作状态信息就能完成对工作现场和操作效果的全面描述。每一步操作对时间要求不高,能够容忍由于信息传输引起的操作时延。通过遥操作状态信息能够及时可靠地了解工作现场的情况和每一步操作的效果,使操作人员能够正确判断、执行每一个动作,最终完成整个操作任务,并达到预期效果。

2.3.2　监督操纵模式

监督操纵模式是指由预编程序控制远端机器人系统进行重复简单的操作步骤,从而把人员从全程控制中解放出来,操作人员只需要对执行过程进行监督即可,如图 2-5(b)所示,特别是使其能够避免进行简单重复、耗时耗力的操作工作,从而大大减轻工作强度和压力;当预编程序的任务在执行过程出现紧急情况需要处理以及预编程序的启动和停止时,由操作人员完成,如图 2-5(c)所示。由此可知监督操纵是一种半自主操纵模式,遥编程控制就是一种监督操纵模式。

监督操纵模式具有以下特点:

(1)该模式主要依赖远程执行端的自主能力,同时对自主执行的预编程控制程序的开发具有较高要求。这样就能够将操作人员控制回路与远端执行回路分开,在局部获得较高的稳定性能和控制精度,从而解决了大时延和低带宽所带来的问题。

(2)受限于目前人工智能等技术的限制,全局自主能力不足,远程执行端对于环境的变化缺乏足够的感知和应变能力,因而灵活性差,在遇到差错和意外情况时很难依靠自身进行误差恢复。

(3)能够减轻人员操作压力和工作强度。对于一些简单重复性的工作可通过程序化序列封装为子任务,由远端的机器人系统自主执行操作,操作人员只需要下达开始命令即可开始操作序列,接下来无须对系统进行实时控制,只需对机器人系统的关键操作步骤的执行效果进行检测、评估,根据需要进行引导调整即可。

(4)能够提高操作效率和准确度。如果由操作人员来进行简单重复、耗时耗力的工作,则极易由于生理限制而出现长时间、高强度工作后的疲劳、麻痹等现象,进而造成效率降低、操作失误等。同时操作人员直接操作是通过遥操作状态信息实现对工作现场的模拟,信息获取的全面性、直观性及时效性很难与直接现场参与操作时的效果相比。因此,操作人员据此作出的反应和控制有时也存在偏差。另外,操作人员直接操作的准确性和可重复性较差,而机器人恰巧在这一点上有较大的优势。

根据上述监督操纵模式特点可知,其应用范围如下:

(1)具有重复性要求较高、操作过程简单、操作精度较高、对于操作任务执行时间有一定要求的遥操作服务任务。对于单调简单的重复性工作,可以通过预编程的方式使机器人自主完成,由操作人员进行监控即可。

(2)操作对象具有一定智能性,操作任务具有重复性。

2.3.3 全自主操纵模式

全自主操纵模式是指远程机器人系统在人工智能系统的管理下进行分析和决策,并且根据所制定的方案进行自主执行任务,几乎不需要操作人员参与操作进程。在人工智能高度发展的条件下,其逻辑推理能力能够得到极大提高,从而增强信息分析能力和应对问题的反应能力,提高任务方案制定的可行性和可靠性,进而极大地降低对人员参与干涉的要求。全自主操纵模式是遥操作技术的发展目标和最高境界,也是当前实现难度最大的一种操作模式。它在很大程度上依赖于人工智能技术的发展。

全自主操纵模式具有以下特点:

(1)不存在通常意义上的时延问题。从图 2-5(b)中可以看出,在执行任务过程中,远端系统完全自主管理控制,控制指令和反馈信息都在远端处理,不存在信息传递造成的时延问题,能够较好地满足实时性要求很高的任务操作。

(2)提高了操作任务的执行效率和操作人员的工作效率,降低了操作任务的风险和费用。远端系统直接根据任务要求制定任务执行方案,并进行操作。对于操作过程中的突发问题,智能系统能够自主进行分析判断和处理,无须与操作人员进行交互然后再确定解决方案,整个执行过程紧凑有序,能够在更短的时间内以更高的质量完成任务。同时,任务的制定、执行实现了全自动化,能够极大程度地降低人员的工作压力和劳动强度,使得工作质量能够得到保障,降低了由于人员操作失误造成的风险和对操作人员自身造成伤害的风险。

(3)由于对远程机器人系统的自主性要求较高,且需要远程系统提供人工智能系统运行所需要的软、硬件支持,而目前人工智能技术水平还不成熟,因此现阶段只能进行简单的全自主任务操作。

根据上述全自主操纵模式特点可知,其主要适用于以下场景:

(1)工作环境复杂,操作任务也很复杂,而且操作安全性系数较低,操作对象具有相当高的智能性的操作场景。由于这种操作场景任务复杂,如果通过遥操作进行直接操作或者监督操作,则需要传递的遥操作状态信息量十分庞大,为传输带来困难;特别是对于部分特殊信息,无法通过传感器获取到,则由于信息的不完整性而给遥操作人员的正确判断带来困难。在此情况下,最有效的途径是完全自主操作。

(2)时延较大,而操作任务对执行时间有严格要求的场合。遥操作过程信息的往返传递过程承载着现场响应信息的反馈和控制命令的下达,而时延使得任务执行的时效性变得不足,无法满足执行时间要求。例如,某两个动作或者子任务按照设计需要在 5 s 内相继完成,否则将引起无法预料的不利结果,而且后一个动作开始执行的条件完全依赖前一个动作执行的结果,但是预计回路时延将达到 6 s 以上,那么除非采用全自主操纵模式,否则将不能安全可靠地执行该组动作。

2.3.4　其他操纵模式

在实际应用中,研究人员将多种操作模式结合起来以发挥各操作模式的优点。例如,共享操纵控制方式就是综合利用直接操纵和完全自主操纵模式的新模式。该模式让操作人员和远程机器人在操作过程中责任共享,既允许操作人员进行直接操作以发挥其判断决策能力,又保证远程执行端具有一定的自主性。例如,在插孔试验(Peg-in-Hole)过程中,操作人员负责控制销钉接近孔径,而安装有力矩传感器的远程机器人系统自主负责销钉姿态控制,以便销钉能柔顺地插入合适的孔径。利用人的灵活性和机器人的自主性,就能保证销钉在与承台不发生有害碰撞的情况下快速顺利地插入到指定的孔径中。

同时,随着其他学科技术水平的发展,研究人员还借助许多手段克服遥操作过程的一些困难。例如,基于计算机图形学的预测仿真方法逐渐成为解决直接操纵模式下大时延问题的主要手段。其实质是通过图形仿真与图像处理技术在本地建立遥操作的系统模型和仿真平台,根据当前状态和控制输入对系统状态进行预测,并以图形的方式显示给操作人员。对于较小时延的系统,可以根据系统当前状态和时间导数通过泰勒级数进行外推实现预测;对于大时延系统,必须建立系统运行的仿真模型,在模型中融合系统的当前状态、导数,以及控制输入进行事先预演,其关键是建立遥操作对象及环境的精确数学模型。对于在本地建立虚拟的仿真和预测环境,遥操作人员直接对虚拟环境进行(仿真)操作,该虚拟环境可以实时将操作(预测)结果反馈给操作人员,同时也将操作指令发送给空间机器人执行,并在一定的时延后将(真实)执行结果反馈给操作人员。这样就可使操作人员面对虚拟仿真模型进行实时操作,而不必过分关注时延的影响。对大时延遥操作,预测仿真技术在 NASA 的喷气推进实验室(Jet Propulsion Laboratory,JPL)的 Phantom Robot 和戈达德航天飞行中心(Goddard Space Flight Center)之间进行的 ORU 地面仿真试验中得到了验证。德国宇航中心自动化与机器人实验室负责人、ROTEX 项目首席研究员希尔齐格(Gerd Hirzinger)等人指出:"ROTEX 试验中,时延有5～7 s,计算机预测图形可能是解决这个问题的唯一途径"。

针对人在回路而感知能力有限的特点,目前的研究侧重于提高人在操作回路中的"沉浸"感和人与虚拟环境的"交互"作用。"沉浸"感是指人在虚拟环境中有身临其境的感觉,好的"沉浸"感对提高操作人员的感知能力和操作效果来说都是极为重要的。研究表明,人类对外界信息感知的 70%～80% 来自视觉,因此视觉信息在行走、接近目标等非接触作业时显得尤为重要。当操作对象进行接触作业时,如抓取、扭转、插拔等,动力学特征则变得十分重要,这些操作中 70% 的信息需要通过力觉来提供。目前的一个解决方法是利用虚拟现实(Virtual Reality,VR)技术。该技术将遥操作人员和空间机器人系统有机地"对接"在一起,以多种形式的"感觉"(视觉、力觉、触觉、声音等)来反映虚拟空间机器人系统对遥操作指令的响应行为,供操作人员参考,提高遥操作人员的临场感,使得遥操作人员仿佛在现场直接、连续、无时延地操作真实对象,达到操作空间机器人完成在轨服务的目的。

由于虚拟现实应用于遥操作的局限性,如模型误差、针对非结构性环境适应性差等问题的存在,希望仅仅通过虚拟现实仿真模型来反映实际模型的运动情况是不可靠的,必须利用现场真实的传感器信息去修正仿真模型。增强现实(Augmented Reality,AR)技术不受操作人员对环境的先验知识的限制,能够及时响应远程系统的动态变化并更新遥操作环境,能对虚拟信息进行适当的修正,在遥操作中有很好的应用前景。

2.4　大时延遥操作实现基本原理

一般地,采用遥操作系统有两个基本前提。其一就是操作员不能到达机器进行作业的现场。这既包括人体根本不能适应的环境,如核辐射环境、深海环境等,也包括人虽然可以进入现场,但相比之下效费比过低或意义不大的环境,如空间环境或无人机等。其二,是在现场进行单独作业的机器人本身,缺乏足够的自主决策能力应对各种可能出现的复杂工况。这就需要能够将远离现场的人的智慧决策能力作用到现场作业的机器人之上,这就是必须采用遥操作技术的本质所在。

遥操作是使与被操作机器不处于同一现场的人,根据对机器作业状态和机器现场环境的远程感知,通过大脑智能(与机器自身有限的低级智能)作出操作决策,并使得机器能够同步响应其决策的远程化交互控制手段。因此,可以建立如图 2-6 所示遥操作系统的基本结构模型。

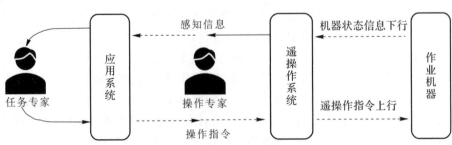

图 2-6　遥操作系统的基本结构模型

在实施遥操作过程中,由于距离远、信息传输及验证机制等因素不可避免地会导致信息传输回路存在较大时延,大时延会对遥操作过程产生一系列的消极影响。

大时延效应使得远端操作对象的运动状态数据、图像显示信息不能及时有效反馈给本地操作人员,操作人员难以实时充分获取远端操作现场的反馈信息,限制了操作人员对远端操作现场进行准确的感知和判断。为了保证遥操作过程的安全性,通常采取的策略就是"运动—等待",即本地操作人员生成并发送给远端操作对象运动指令,在等待并确认远端操作对象执行完成后再发送下一条操作指令。不难看出,这种策略不能连续地完成整个任务过程,给一些动态遥操作过程带来了巨大挑战,极大地降低了操作的临场感。

因此,克服大时延影响并实现连续、高沉浸感的遥操作过程成为了遥操作系统设计及研制过程必须解决的一项关键技术问题。

采用基于状态预报、预测显示等技术的"三段四回路"遥操作系统结构方法能较好地克服大时延对操作连续性的影响,同时还能提供较高的视觉和力觉沉浸感,帮助操作中人员发出正确的控制命令,做出合理的操作动作,图 2-7 所示是该方法的结构框架及工作原理。

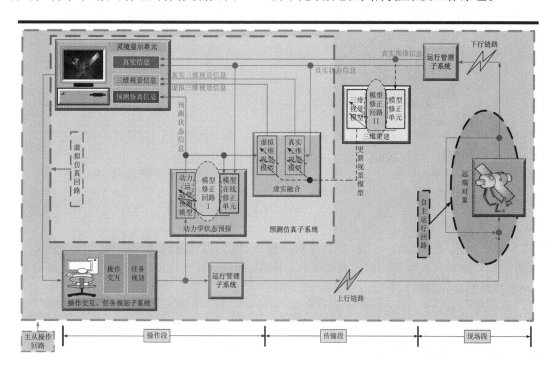

图 2-7　"三段四回路"遥操作系统结构框架及工作原理

所谓三段,是指现场段、传输段和遥操作段,它们构成分别作用且协同合作的多节点信息组合结构,其划分如图 2-8 所示。

(1)现场段是指远端作业环境,即主端(地面端)操作人员需要感知和进行干预的对象。远端作业环境不仅仅是指远端操作对象本身,而且还包括在作业空间中会对作业任务带来影响的所有因素,如温度、引力场强度、磁场强度等。远端作业环境是真实的客观实在,任何已经实施和正在实施的操作都会改变作业环境,对作业环境的某些改变无法撤销或还原。

(2)传输段由上/下行的信息链路构成,实现控制指令、图像以及传感器量测信息三种信号的传输。它是产生时延的重要环节。

（3）遥操作段包括遥操作终端和操作人员。操作人员是作业行为的主体和操作的决策者。操作人员可以是控制中心的一个或多个工程师，也可以是远程参与此次作业决策的专家。遥操作接口正是为了提高操作人员的人身安全性及舒适性和扩展他们的工作能力、提高工作效率而设计的。遥操作系统接收操作人员的操作指令，采用遥现、遥作、遥信等技术，控制工作实体（空间机械臂）对操作对象进行操作，并感知作业环境的变化，将这些现场信息反馈给操作人员，以便进行下一步的决策。遥操作系统实现了本地现场控制工作模式到远端遥操作工作模式的转换，使操作人员能够在主端对远端的工作实体进行控制。

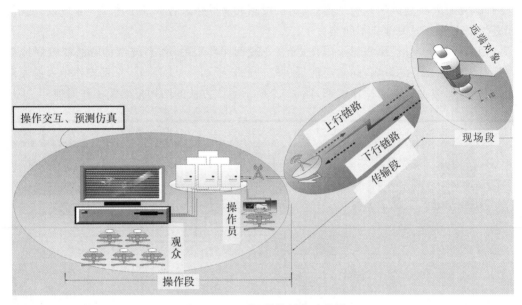

图 2-8 "三段"结构划分示意图

所谓四回路，则指现场系统的自主控制回路、天地远程链路构成的人机交互主从操作回路、由虚拟对象替代在轨真实对象而构成的虚拟仿真回路，以及利用在轨实测数据实现的虚拟对象预测模型修正回路。

（1）自主控制回路：由现场机器执行单元、测量单元和控制单元组成，主要担负在轨运行中的轨道/姿态保持、动量补偿，以及按预定要求自动执行调整任务。自主控制环是由远端载荷和其自身控制器构成的回路，它利用远端载荷自身的低级智能形成了自适应控制器，可以自主执行操作人员下达的操作命令和避障规划等简单的任务。

（2）主从操作回路：由操作人员、遥操作系统、远程传输单元和在轨系统共同组成，是操作人员直接介入的人工操作回路，也是遥操作系统必须具备的基本回路。主要用于在线、直接地进行复杂作业，以应对无法预先建模的意外情况和不确定环境。

（3）虚拟仿真回路：由于测控时段、传输速度、信道带宽以及处理能力的限制，信息传输时延、信号丢失周期、响应周期、反馈周期这些因素累积起来构成延时，一般在秒级以上，延时造成现场段信息与遥操作段信息的不一致，使真实环境下的工作实体的运动状态与操作对象之间的位置关系得不到如实的反映，导致远程操作回路的效率和稳定性下降，甚至引起误操作。为解决这一难题，一个可行的方法就是在基本的主从操作回路中再嵌入一个虚拟数字计算模型,用于预测系统的在轨信息。这个模型的输入就是真实或想要发出的上行遥操作指令,输出是现场系统的预测数据,因此它与模型的可视化输出以及操作人员一同又构成了一个新的回路——虚拟仿真回路。这个回路一方面用于减小或消除延时的影响,另一方面还作为操作人员进行决策的辅助支持手段,可以先行检验即将发出的遥操作指令是否会具有预期的响应。此外,它还有一个特定的作用,就是在下行通信链路无法正常工作时,虚拟地提供现场系统状态信息。

(4)模型修正回路:包括两部分,第一部分位于虚拟仿真回路中的"状态预报"模块中。现场机器人系统的结构及环境非常复杂,导致建模精度低,而且在接触作业后系统的模型参数有可能发生变化,这些都将导致建立的虚拟预测模型难以准确地反映实际对象响应行为特性,所以设计了一个预测模型的在线修正单元来修正系统预测模型,从而提高预测精度。第二部分则位于主从操作回路中,用来修正视景三维模型,从而为准确虚实融合的实现提供保障。

上述所描述的 4 个回路反映了交互与从端自主运行相融合的遥操作系统总体结构应当具备的要素,它们各自具备独立的功能,同时又相互补充、相互影响。4 个控制环简单明了地概括了遥操作系统的工作机理,并充分体现了遥操作技术空间跨越、智能增强、时延消减、人机协调、高度透明等特点。

尽管遥操作可以有多种呈现形式,但就一般意义来说,都应建立在以下 3 项基本原理基础之上。

(1)预测模型。预测模型的功能是依据对象历史和未来输入的信息预测其未来动态行为,进而消减由通信时延造成的信息滞后的影响,及时反映操作结果。预测模型只强调模型的功能,而不强调其结构形式,因此不仅状态方程、传递函数这类传统的参数模型可以作为预测模型,甚至阶跃响应、脉冲响应以及神经网络等这类非参数模型,只要具备预测功能,都可以在遥操作系统中作为预测模型使用。

(2)多感态反馈。多感态反馈是指利用虚拟现实技术将虚拟对象的响应信息以多种感觉形态反映给操作员,给人以直观刺激,提高操作员对操作信息感知和决策的质量。其中虚拟现实技术借助于视觉、听觉、力觉、触觉等传感器及相应的设备,使人在与所构造的虚拟对象进行相互作用的过程中产生身临其境的沉浸感,为用户提供一种崭新和谐的人机交互遥操作作业环境。

(3)误差校正。预测模型的精度是遥操作能否有效消减时延影响的关键问题。然而在实际应用中,对象十分复杂,并且对象的结构、参数和环境具有很大的不确定性,其预测模型很难精确建立。因此,为了提高系统的鲁棒性,引入反馈修正环节,利用系统获取的实测信息校正仿真的静态误差和模型误差,以提高预测仿真的置信度和操作精度。

2.5　大时延空间遥操作的关键技术

2.5.1　具有临场感的人机交互技术

人机交互包括人与机器人的交互和机器人与环境的交互。前者由人实现机器人在未知或非确定性环境中难以做到的规划和决策,而后者由机器人去实现人所不能达到的恶劣环境(空间、深海、辐射、高温、战场、毒害等)中的作业任务。机器人与非确定环境的交互是机器人对环境的感知问题,由机器人的传感器采集环境的信息,再将环境信息传输给操作人员,以达到有效反馈和精确控制的目的。实际上,遥操作是将人的智能与机器人的精细作业结合起来,使机器人在人所不易达到的环境代替人进行智能、灵巧作业,完成许多人类无法胜任的工作。因此,如何构建良好的人机交互功能成为遥操作系统需要解决的问题。

临场感技术是遥操作人机交互的核心。临场感是指,一方面将本地操作人员的位置和运动信息(身体、四肢、头部、眼球等)作为控制指令传递给远端从机器人,另一方面将从机器人感知到的环境信息以及机器人和环境的相互作用信息(视觉的、听觉的、力觉和触觉的)实时地反馈给本地操作人员,使操作人员产生身临其境的感受,从机器人看仿佛是操作人员肢体在远地的延伸,从而操作人员能够真实地感受到从机器人和环境的交互状况,正确地决策,有效地控制机器人完成复杂的任务。

临场感在美国和欧洲机器人界称为“Telepresence”,在日本机器人界称为“Tele-existence”,其概念可以回溯到 1965 年计算机图形学之父和虚拟现实之父苏泽兰(Ivan Sutherland)的思想,即把计算机显示器作为看、听、触以及人与真实世界相互作用的窗口。其实人们早已有了这样的梦想:身处此地,而又同时如在另一地,并可自然地感受到彼此所发生的一切。“Telepresence”从意义上侧重于远地环境在操作人员周围的再现(远地场景再现),即由计算机和各种感受作用装置(如主机械手、数据手套、数据衣、头盔显示器等)生成关于远地真实环境映射的虚拟环境;“Tele-existence”在意义上侧重于操作人员在远地环境中的替身存在(人在远地存在),即由类人型机器人成为操作人员在远地的替身。虽然两者的侧重点不同,但其本质和概念是一致的。

具有临场感的遥操作机器人系统可以看作主从式遥控机器人的一种发展,可称为临场感遥操作机器人系统或临场感遥操作系统,是一种人在回路的复杂人机耦合系统。理想的临场感状态下,操作人员和远端机器人之间是一种等效的关系,即远端环境与本地操作人员实现了空间和时间上的统一,远端机器人是操作人员的“化身”,操作人员是远端现场的机器人。临场感遥操作机器人系统对操作人员和环境来说是完全透明的,不存在任何阻碍。

临场感主要分为力觉临场感、触觉临场感、视觉临场感、听觉临场感、嗅觉临场感与味觉临场感等多种形式。在遥操作技术中主要研究力觉临场感、触觉临场感、视觉临场感、听觉临场感。一般将力觉临场感与触觉临场感统称为力觉临场感或力触觉临场感。

临场感遥操作机器人的实现极大地改善了机器人的作业能力,人们可以将自己的智慧与机器人的适应能力相结合而完成有害环境或远距离环境中的作业任务,如空间探索、海洋开发、核能利用、远程医疗、远程实验、军事战场和反恐安保等。

正是鉴于临场感遥操作机器人技术的重大意义和应用价值,美国、日本、德国、法国、英国等发达国家竞相投入大量的人力、物力和财力开展相关技术和系统的研究和开发工作,并在临场感理论分析、系统设计、系统评估、实验研究及系统研制等方面取得了很多有价值的研究成果,如力反馈和触觉再现技术、三维立体显示技术和虚拟环境技术等。

2.5.2 基于虚拟现实的预测仿真技术

由于空间遥操作机器人与地面控制站中的操作人员之间距离遥远而且通信带宽有限,主、从端之间的信号双向传输不可避免地存在时延。例如:在地面对地球静止轨道卫星的遥操作,无线电波传输时间为 0.2 s,但由于信息处理及信息响应机制,实际的往返时延为

$5\sim7$ s；对于远地轨道和行星探索，遥操作信号传输时延可达十几分钟。这样大的时延严重影响了系统的稳定性、透明性和可操作性，因此，时延已成为影响空间遥操作机器人系统正常工作的突出问题。

早期的空间遥操作一般通过主、从之间简单的位置和力跟踪来实现，主、从之间的信息交互非常有限，为了消除或减小时延对空间遥操作机器人系统的影响，提高系统的操作性能，最早人们采用"移动—等待—移动"的策略，即在操作过程中先移动一小步，等待一段时间得到力反馈后，再移动一小步。采用这种方法的结果是降低了系统的工作带宽，造成了力信息的模糊性。这不仅在很大程度上加重了操作人员的负担，同时使得作业方式缺乏灵活性。

预测仿真技术的发展为遥操作系统主端提供了更为先进、友好的人机界面，遥操作系统不再单纯地完成主、从端的位置和力跟踪，还可以传递更为丰富有效的控制和状态信息，提高系统的可操作性。基于预测仿真的遥操作如图2-9所示。基于虚拟预测环境的遥操作系统与传统意义上的遥操作系统存在的不同主要有以下几方面：

（1）基于传统意义上的遥操作采用真实图像，基于虚拟预测环境的遥操作采用计算机生成的综合图像。

（2）基于传统意义上遥操作系统中操作人员直接与真实世界进行交互，而基于虚拟预测环境的遥操作中操作人员与虚拟环境进行交互。

（3）基于传统意义上遥操作中摄像机的视点是固定的，基于虚拟预测环境的遥操作中摄像机的视点可由操作人员任意改变。

（4）基于传统意义上遥操作中摄像机获取图像的视野受到很大限制，而虚拟模型的视野可以大于$180°$。

（5）基于传统意义上遥操作中摄像机的图像质量依赖于能见度，而虚拟模型的图像质量则不依赖于能见度。

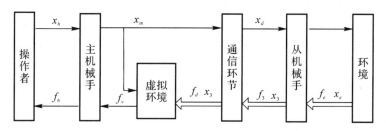

图2-9　基于预测仿真的遥操作

遥操作预测仿真不同于控制论中的预测控制，其需要根据本地建立的从机器人模型对其时延期间内的动作进行预测，并给操作人员提供预测的力觉、视觉、触觉等临场感，从而克服时延带给操作人员的直觉错误和操作错觉，然后在此基础上对预测对象进行操控。遥操作预测仿真不仅要求遥操作人员对系统的运动学和动力学有足够的了解，并且对信号的传输和图像的处理速度有较高的要求。

在预测操控过程中，增强操控对象图形化显示是提高操控准确性的关键之一，这可以通过增强现实技术实现。增强现实技术是指通过多种设备，让虚拟物体叠加到真实场景上，使它们一起出现在使用者的视场中。同时，使用者通过各种方式与虚拟物体进行交互，通过分析大量的定位数据和场景信息来确保由计算机生成的虚拟物体可以精确地定位在真实场景中。

通过预测操控抵消时延对视觉图像、力触觉的影响，在采用面向远程操作的图形仿真和状态预测的基础上，通过对移动物体轨迹跟踪、综合视频图像和来自于从机器人手相连的位置传感器数据，为操作人员提供预测显示信息。

2.6 遥操作系统的评价指标

2.6.1 鲁棒性

在遥操作系统中，操作人员、远方的环境、信道、传感器由于自身变化的、非结构性的、潜在的未知行为给系统带来不确定性，因此，控制器需要对于一些不同因素带来的不确定性鲁棒稳定。如果一个遥操作系统设计成被动或绝对稳定的，就能够保证稳定性的一系列未知因素，包括所有的可以当作随机被动单一接口与单一力源的操作人员和环境因素。$H\infty$ 和 μ 综合优化过程是另一种驱动控制器的方法，它是基于先前知道一系列系统未知因素。为获得关于可以接受的未知因素的信息，在设计好控制器后进行鲁棒分析，常通过测试一些未知因素来保证稳定。

2.6.2 任务性能

遥操作系统作为一种科学手段，其主要目的是在遥远的环境中成功完成预定任务。因此，这些系统应该能达到完成高性能任务的要求。在仅有固定操作区域的假设下，至少要求任务性能具有可实现性。这就意味着，应克服距离、操作规模、时延、危险性等障碍。考虑到人扮演的角色，如果系统可以与遥远环境进行有知觉、简单的交互，就能显著提高任务的性能。此外，遥操作系统不仅能克服环境的局限性，也能克服操作人员固有的局限性。比如，通过减少外科医生在显微外科手术时手的震颤，最终的任务效果会比操作人员直接完成得更好。如果运动在本地完成时处于人类的正常尺度而在远方的操作尺度被缩小，那么显微组装任务就相当大地减小了操作人员的困难。必须建立适合所考虑任务的物理上能达到的评估指标，常见的量化指标是任务完成时间、错误量、施加的力、减少或者耗散的能量。

2.6.3 临场感

临场感是一个主观目标，指操作人员身临其境的感觉。理论上，操作人员不能区分是处在遥远环境中还是处在现实世界。然而，技术上的局限使得实际上不能到达这种状况。但是假设能够到达这种情景，让操作人员感到处于遥远的环境中很重要吗？重要的原因基于一种信念，即临场感与任务性能正相关且具有因果关系。这意味着，任务性能会通过提高临场感一同得到提高。有些研究支持这个观点，但也有一些相反的结论。有的研究显示：①尽管参与者没有临场感，但是通过预测遥操作端的位置同样也提高了任务性能；②在任务执行时间或者覆盖的距离方面，临场感与任务性能没有明显的关联。还有一些研究也表明，施加的力和力矩对临场感有积极影响。由于得到相互矛盾的结论，临场感对任务性能的积极影响的问题仍未解决。

因此，有研究者提出一个可行的结论，即任务性能与临场感的提高之间的联系取决于任务和方案。对于日常任务,由于这些工作是几乎自动完成的,因此不需要在遥远环境的强烈临场感。然而对于未知的任务或非结构性的、未知的和变化的环境,强烈的临场感会帮助操作人员更好地完成任务,因此临场感在这种场景中会对任务性能有积极效果。此外,如果联系存在,它取决于任务性能指标的选择。对于遥操作任务,考虑多种任务性能指标是很必要的。

除临场感和性能的关联,强烈的临场感也给操作人员完成任务提供了可能性,这些遥操作模式下的行动与现实世界的行动很相似。此外,操作人员不能直观使用遥操作系统,只有通过集中训练才能控制系统。为了评估临场感,运用了如调查问卷、评分这些主观上的对于临场感的测度。

2.6.4　透明性

与临场感相比,透明性是一个量化目标。透明,意味感觉不到操作人员和环境之间的技术层,以及主从之间的动力学是平衡的。在大多数情况,透明性通过速度和力分别相等来定义,即

$$\left.\begin{aligned} f_h &= f_e \\ \dot{x}_m &= \dot{x}_e \end{aligned}\right\} \tag{2-1}$$

在频域中,定义速度和力的阻抗匹配为

$$\left.\begin{aligned} F_h(\omega) &= Z_t\left[\dot{x}_m(\omega), \omega\right] \\ F_e(\omega) &= Z_e\left[\dot{x}_s(\omega), \omega\right] \end{aligned}\right\} \tag{2-2}$$

上述透明定义能变换为操作人员阻抗和速度与真实环境阻抗和速度分别相等,即

$$\left.\begin{aligned} Z_t &= Z_e \\ \dot{X}_m &= \dot{X}_e \end{aligned}\right\} \tag{2-3}$$

如果操作人员在自由空间感受不到外部动力,或在接触的过程中遥远的物体被主机器人位置准确地代表,则遥操作系统是透明的。透明性和鲁棒性是相互矛盾的,正如透明的二通道或四通道遥操作系统是临界稳定的。因此,鲁棒性和透明性之间的妥协就建立起来。

透明性的一种测度是逼真度,它表征遥操作系统向操作人员准确展示遥远环境的能力。假设建立一个固定的实验,哪种控制器能有最高的逼真度? 为了回答该问题,人们提出不同的逼真度测度。最知名的是主、从端位置／速度和力的误差(跟踪误差)与基于可实现阻抗动态域的 Z -带宽。

研究表明,力反馈系统的透明性需要考虑可实现阻抗动态域,可实现阻抗动态域可以定义为可获得的阻抗范围。如果其满足诸如无源性等鲁棒性条件,则该阻抗是可实现的。大阻抗范围意味着高逼真度。然而,为了比较不同的可实现阻抗动态,Z -带宽是在可实现阻抗动态域内最低和最高曲线之间的区域,上界是无穷硬接触时的阻抗,下界是自由空间的阻抗,即

$$\left.\begin{aligned} Z_{t,\min} &= Z_{t|Z_e \to 0} \quad (下界) \\ Z_{t,\mathrm{man}} &= Z_{t|Z_e \to \infty} \quad (上界) \end{aligned}\right\} \tag{2-4}$$

Z -带宽是指在 $[\omega_{\min}, \omega_{\max}]$ 频域范围内两曲线绝对值之间的区域,适合特定应用:

$$\left.\begin{aligned} Z_{t,\mathrm{width}} &= \frac{1}{\omega_{\max} - \omega_{\min}} \int_{\omega_{\min}}^{\omega_{\max}} |Z_{\mathrm{diff},t}(j\omega)| \, \mathrm{d}\omega \\ Z_{\mathrm{diff},t}(j\omega) &= |\log Z_{t,\max}(j\omega)| - |\log Z_{t,\min}(j\omega)| \end{aligned}\right\} \tag{2-5}$$

需要说明的是,并不是 Z-带宽越大,力反馈系统对远端环境的感知越强。例如,当与柔性环境接触交互时,并不需要反馈高刚度。

此外,劳伦斯(Dale A. Lawrence)提出透明性误差作为逼真度的测度。误差区域定义为:在特定频率范围内特定环境中阻抗曲线 Z_{e}^{*} 的绝对值和与其相关的阻抗变换曲线绝对值之间的区域,即

$$Z_{\text{error}} = \frac{1}{\omega_{\max} - \omega_{\min}} \int_{\omega_{\min}}^{\omega_{\max}} | Z_{\text{diff,e}}(j\omega) | \, \mathrm{d}\omega \qquad (2-6)$$

式中:$Z_{\text{diff,e}}(j\omega) = | \log Z_{\text{e}}^{*}(j\omega) | - | \log Z_{\text{t}}(j\omega) |_{Z_{\text{e}}^{*}}$。

透明性误差越小,逼真度越大。最终,提出另一个逼真度测度,其表示阻抗变换的敏感性与环境阻抗的改变相比,即

$$\left\| W_{\text{s}} \frac{\mathrm{d}Z_{\text{t}}}{\mathrm{d}Z_{\text{e}}} \big|_{Z_{\text{e}} = Z_{\text{n}}} \right\|_{2} \qquad (2-7)$$

式中:W_{s} 为频率权重函数;Z_{n} 为标准环境阻抗。

2.7 遥操作中常用的控制方法及理论

遥操作机器人系统的研究目的是:在系统存在时变或时不变时延的前提下,设计控制方法使得系统稳定,并能获得良好的操作性能。由于从机器人任务的复杂性,从机器人工作的环境模型往往是未知或不确定的,如何在环境模型未知或不确定的条件下保证系统的稳定性和透明性也是研究重点,所以对系统的研究主要集中在稳定性、透明性、鲁棒性等问题上。

经过国内外广大学者的努力,遥操作机器人系统的研究已取得了丰硕的成果,控制方法也多种多样。最早针对小时延(2 s 以下)的解决方法是"移动-等待"法,这种方法实际上是以降低系统的工作效率为代价的,大部分时间花费在等待,而不是工作上,且成本较高。另外,造成了力反馈信息的模糊不清,给操作人员带来了很重的负担,使操作者容易疲劳。

经过几十年的发展,学者们已提出了不少解决时延问题的方法,其中双边控制的研究成果最多。早期的遥操作机器人的应用表明,采用双边控制模式能够显著改善远程作业任务的质量。但是双边系统也给系统的稳定性带来了许多挑战,特别是存在诸如通信时延、主从之间能量不平衡、操作人员对远端环境的感知能力有限、机械装置的特性阻止了无阻尼和不受限带宽的理想机构的发展等问题。

2.7.1 遥操作的基本控制结构

为了更好地研究和评价遥操作系统的一些特性,学者们借用二端口混合矩阵(Two-Port Hybrid Matrix)来描述复杂的遥操作系统模型,二端口混合矩阵采用一种广义的力和流来建立能量之间相互作用模型:

$$\begin{bmatrix} f_{\text{h}}(s) \\ -\dot{x}_{\text{s}}(s) \end{bmatrix} = \underbrace{\begin{bmatrix} h_{11}(s) & h_{12}(s) \\ h_{21}(s) & h_{22}(s) \end{bmatrix}}_{\boldsymbol{H}(s)} \begin{bmatrix} \dot{x}_{\text{m}}(s) \\ f_{\text{e}}(s) \end{bmatrix} \qquad (2-8)$$

$H(s)$ 即为混合矩阵,其每一个元素都有自然物理意义。

$$H(s) = \begin{bmatrix} h_{11} & h_{12} \\ h_{21} & h_{22} \end{bmatrix} = \begin{bmatrix} Z_{in}(输入阻抗) & 力缩放系数 \\ 速度缩放系数 & Z_{out}^{-1}(输出导纳) \end{bmatrix}$$

为了实现操作员和远端环境之间良好的运动反馈,需要构造一个理想的 H(s) 矩阵。在理想情况下,输入阻抗为零,输出阻抗无限大。因此,当且仅当混合矩阵具有如下形式时,可获得理想的操作结果:

$$H_{ideal}(s) = \begin{bmatrix} 0 & 1 \\ -1 & 0 \end{bmatrix} \tag{2-9}$$

(1)参数 $h_{11} = f_h / \dot{x}_m |_{f_e=0}$ 为自由运动条件下的输入阻抗,非零值的 h_{11} 意味着当从机器人处于自由空间时,操作者将感受到一些力反馈,具有一定的操作黏滞感;

(2)参数 $h_{12} = f_h / f_e |_{\dot{x}_m=0}$ 为度量当主机器人在运动状态锁定时的力跟踪性能(理想力跟踪时 $h_{12} = 1$);

(3)参数 $h_{21} = -\dot{x}_s / \dot{x}_m |_{f_e=0}$ 为度量当主机器人在自由空间下位置或速度跟踪性能(理想位置或速度跟踪时 $h_{21} = -1$);

(4)参数 $h_{22} = -\dot{x}_s / f_e |_{\dot{x}_m=0}$ 为主机器人在运动锁定时的输出容差,非零值的 h_{22} 意味着即使主机器人在某个地方锁定时,从机器人也会运动。

为了取得理想的响应式(2-9),学者们提出了不同的遥操作控制结构,最为经典的控制结构有基于位置误差、直接力反馈、共享柔顺控制和四通道控制结构等 4 种,下述就这些控制结构的原理进行简单介绍。

2.7.1.1　基于位置误差的控制结构

基于位置误差(Position Error Based,PEB)的遥操作控制结构,也称为位置-位置控制结构。有相当多的文献介绍关于主-从机械臂的遥操作控制结构,其中位置-位置控制结构是最简单和最早采用的双边控制结构,戈尔茨(Raymond C. Goertz)在发明的世界上第一个遥操作机器人系统中就是采用的这种控制结构。该结构不需要装配力/力矩传感器设备来提供真实的力反馈,只需要知道主机器人和从机器人的位置,其结构如图 2-10 所示。其中: $Z_m(s)$、$Z_s(s)$ 分别为主、从机器人的动力学;C_m、C_s 分别为主、从机器人 PD 控制器增益,f_e^*、f_h^* 分别为远端环境作用力和操作人员作用力,Z_e、Z_h 分别为远端环境和主机器人端的阻抗函数。

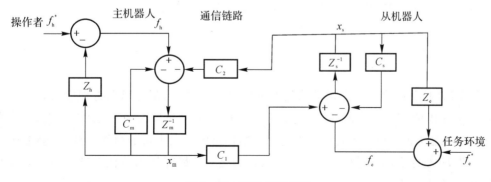

图 2-10　PEB 控制结构

在 PEB 结构中,当主机器人的操作力 f_h^* 不能被反馈回的力补偿掉时,主机器人将会发生运动。紧接着,主机器人所代表的参考位置将会被传递到从机器人的控制环,以这种方式,操作人员带动着从机器人运动并使其产生作用力。

由图 2－10 不难看出,PEB 结构非常简单。当从机器人与物体接触时,力争使得主机器人和从机器人之间的位置误差最小,从而将这个位置误差的一个比例作为力反馈到操作者。PEB 结构的混合矩阵为

$$H = \begin{bmatrix} Z_m + C_m + \dfrac{C_1 C_2}{Z_{ts}} & \dfrac{C_2}{Z_{ts}} \\[2mm] -\dfrac{C_1}{Z_{ts}} & \dfrac{1}{Z_{ts}} \end{bmatrix} \tag{2－10}$$

式中:$Z_{ts} = Z_s + C_s$。因此,除了非理想的力跟踪($h_{12} \neq 1$),PEB 结构在自由运动条件下($h_{11} \neq 0$)可能会出现力操作失真感。这就意味着在从机器人端没有力传感器的情形下,控制的不精确性(即非零的位置误差)使得即使当从机器人没有与环境接触时仍然有力反馈给操作者。无论是无接触移动还是硬接触移动,调整该控制器都很难获得真实的力反馈。

2.7.1.2　直接力反馈控制结构

直接力反馈(Direct Force Reflection,DFR)遥操作控制结构,也称为力-位置结构。DFR控制结构功能上也相对比较简单,如图 2－11 所示。

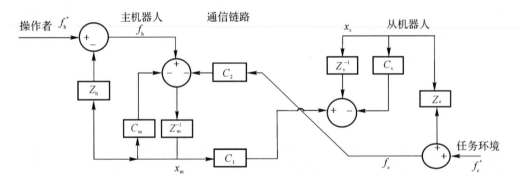

图 2－11　DFR 控制结构

该结构需要实际的力传感器测量从机器人和环境之间的作用力,这提供了更加真实的力反馈,在各接触级别上都更容易调节。DFR 结构的混合矩阵为

$$\boldsymbol{H} = \begin{bmatrix} Z_m + C_m & C_2 \\[2mm] -\dfrac{C_1}{Z_{ts}} & \dfrac{1}{Z_{ts}} \end{bmatrix} \tag{2－11}$$

尽管 DFR 控制结构的自由运动感仍然不理想($h_{11} \neq 0$),但是可取得理想的力跟踪性能 $h_{12} = 1$。与 PEB 方法相比,此时的 h_{11} 更加接近于零,且当从机器人处于自由运动时,操作人员只感觉到主机器人的惯量。不过因为在内部控制环路中存在大量的惯性组件,将会造成严重的相位损失,这也是影响该策略稳定性的主要问题之一。尽管 DFR 方法较 PEB 方法有较好的力跟踪性能,但是这两种方法的 h_{21} 和 h_{22} 值都不够理想。

2.7.1.3　共享柔顺控制结构

共享柔顺控制(Shared Compliant Control,SCC)结构,也称为阻抗控制结构,如图 2-12 所示。

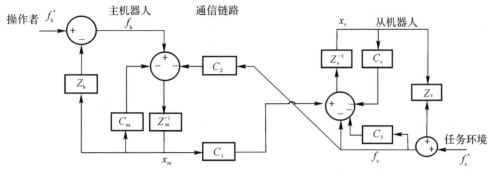

图 2-12　SCC 控制结构

在这种控制结构中,对于主机器人而言其控制与 DFR 中相同,但对于从机器人其控制包括位置控制项及从机器人和环境之间所测量到的作用力,SCC 结构的混合矩阵为

$$\boldsymbol{H} = \begin{bmatrix} Z_\mathrm{m} + C_\mathrm{m} & C_2 \\ -\dfrac{C_1}{Z_\mathrm{ts}} & \dfrac{1+C_3}{Z_\mathrm{ts}} \end{bmatrix} \tag{2-12}$$

可以看出,SCC 控制方法中的 h_{21} 和 h_{22} 值仍不够理想。

2.7.1.4　四通道控制结构

最初的双边控制一般采用双通道结构,将控制回路等效成电路网络模式。主、从机器人的力和速度分别代表电路网络中的电压和电流,从而形成双通道结构。双通道结构能够较好地完成一些基本类型的遥操作任务,然而对于高精度遥操作任务的控制,双通道的弊端就显现而易见了。为此,基于力和速度均能进行双边传递的思想,劳伦斯(Dale A. Lawrence)于 1993 年提出了四通道(4-Channel,4-CH)双边控制结构,并采用奈奎斯特定理(Nyquist's Theorem)对闭环系统的鲁棒性进行了分析,首次揭示了透明性与稳定性之间存在的冲突问题。四通道双边控制结构如图 2-13 所示。此结构称为四通道双边控制结构的经典结构,后来的许多研究者都是在此结构的基础上对双边控制系统结构进行修改与完善。有学者针对此结构增加了局部力反馈控制器,提高了系统的性能。此后,又有学者对此结构进行了简化,设计了无环境力反馈的四通道结构,避免了直接对从端环境接触力的测量。

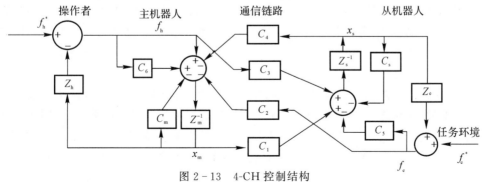

图 2-13　4-CH 控制结构

该结构通过选择合适的控制器 $C_1 \sim C_6$ 可以表示前面的几种控制结构。图 2-13 所示的补偿器 C_5 和 C_6 分别为从机器人和主机器人的局部力反馈。4-CH 结构的混合矩阵参数分别为

$$
\left.
\begin{aligned}
h_{11} &= (Z_{ts} Z_{tm} + C_1 C_4)/D \\
h_{12} &= (Z_{ts} Z_2 - (1 + C_5) C_4)/D \\
h_{21} &= -(Z_{tm} C_3 + (1 + C_6) C_1)/D \\
h_{22} &= -(C_2 C_3 - (1 + C_5)(1 + C_6))/D
\end{aligned}
\right\}
\tag{2-13}
$$

式中，$D = -C_3 C_4 + Z_{ts}(1 + C_6)$，$Z_{tm} = Z_m + C_m$，$Z_{ts} = Z_s + C_s$。

与 PEB,DFR 和 SCC 结构相比,4-CH 结构中充足的参数个数使得其可以取得理想的操作性能。事实上,通过选择如下 $C_1 \sim C_6$:

$$
C_1 = Z_{ts}, C_2 = 1 + C_6, C_3 = 1 + C_5, C_4 = -Z_{tm}
\tag{2-14}
$$

便可以取得理想操作性能的条件,即

$$
\boldsymbol{H} = \begin{bmatrix} 0 & 1 \\ -1 & 0 \end{bmatrix}
\tag{2-15}
$$

4-CH 控制结果在主、从两端都引入了力和位置信息。因为两端可用信息的增加,使得对遥操作系统的稳定性和透明性都有改善,这种策略可以补偿时间的延迟。该策略的缺点是需要主、从端机器人都装配力测量设备,代价较高,计算较复杂,响应较慢。实际使用中,4-CH 控制结构具有以下局限性:

(1) 对于不同的作业环境,很难对从端环境阻抗进行精确建模。

(2) 只将主机器人的速度传递给从机器人,未考虑真实人手力作用效果。

(3) 利用等价模型估算的从端环境力是虚拟力,不能完全体现真实力效应。

2.7.2 基于无源性理论的控制方法

无源性理论是从电路网络理论中发展起来的一种稳定理论,是关于动力系统的一个输入-输出性质,最初起源于网络理论且主要是关于互联系统之间的能量交换问题。电路网络稳定理论从能量角度判断系统的稳定性。该理论表明,无源的系统一定稳定,无源系统的串联、并联、反馈得到的系统仍然无源且稳定。

无源性方法是双边控制方法中研究最多、最深入的方法。1989 年,有学者首先提出用二端口网络理论分析遥操作系统的方法,将遥操作系统与电路网络进行类比;并且通过分析指出,系统不稳定性的原因在于通信时延造成了传输线的有源性,使人们认识到使有通信时延的遥控作业系统稳定是可能的,关键是控制远地和本地之间的通信环节,使其具有无源传输线的性能。此后,许多研究者对遥操作系统稳定性的分析大都采用二端口网络的无源性定理,通过设计其相应的控制算法,实现无源通信法则来实现系统的稳定。最具代表性的是利用二端口网络的散射理论以及波变量法,前者提出了一套能保证系统在任何时延下稳定性的无源控制算法。

由于一系列无源两端口的级联是无源的,因此一系列两端口和一端口网络的级联仍然是无源的。如果将李雅普诺夫(Lyapunov)函数看作所有组成块的存储函数之和,则无源性可以建立起整个系统的稳定性。对时延力反馈双边控制系统而言,假设从端环境、从机器人、主机器人、主端操作人员都为无源模块的条件下能使得系统的传输模块无源,就可以使得整个系统无源,从而保证系统稳定。

对图 2-14 所示的系统,在波变量方法中,主、从端引入波变量控制器,用波变量代替速度和力在主端与从端之间进行传递,就可以保证系统的无源稳定性。波变量控制器可表示为

$$\left.\begin{aligned} u &= \frac{b\dot{X} + F}{\sqrt{2b}} \\ v &= \frac{b\dot{X} - F}{\sqrt{2b}} \end{aligned}\right\} \qquad (2-16)$$

由于该变换为双射,因此解总是存在且唯一。

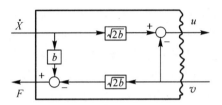

图 2-14　双边控制系统电网络

对采用无源控制法则的遥操作机器人系统在通信时延下的运行性能进行的实验研究结果表明,无源理论能有效地保证遥操作机器人系统在任何时延下的稳定性。但这种稳定性的获得以降低系统的操作性能,即操作人员在系统中的临场感知能力为代价,其效果是:随着通信时延的增大,机器人的位置跟踪误差和力反馈信息的稳态误差增大,完成作业的时间加长,操作人员难以正确地感知环境,极易发生误操作。因此研究者指出,应同时考虑稳定性和操作性两方面来解决通信时延的影响,只有操作人员正确地感知,操作人员才能正确地决策,稳定性才有意义。

因此不难发现,基于无源性的双边控制方法得到的稳定性与时延无关,即在任意时延条件下系统都稳定,稳定的鲁棒性很强。但是无源性与透明性相互矛盾,无源双边控制方法的操作性能较差,系统时延越大,系统的操作性能越差,因此操作人员难以获得较为准确的力觉感知,极易发生误操作。实际上,该方法只适用于信号传输时延在 2 s 以下的小时延情况。另外,由于波变量有时甚至在物理上是不可测的,因此工程上并不能保证实现。

2.7.3　基于事件的控制方法

在遥操作系统中,如果时延很大或者是随机的或不可预测的,如网络遥操作系统,传统的很多控制方法一般难以达到实际期望的控制效果。传统控制系统的动力学方程是用微分方程来描述的,控制信号和反馈信号按照时间轴采样,参数是时间变量 t,轨迹也是 t 的函数,这是引起系统不稳定以及降低系统可操作性的主要原因。有学者提出了多机器人协作的基于事件的规划与控制方法,并将其用于解决遥操作机器人在动态的非结构化环境下的大的时延问题并在随后取得了卓有成效的成果。其理论的基本点是引入不同于时间的新运动变量 s,如图 2-15 所示,变量 s 随控制过程的进行而更新,实时的传感器信息是这种更新的依据。系统的理想输出是此变量 s 的函数,在系统运行过程中,通过规划器实时修正系统的目标输出值,使得系统运动规划过程成为实时过程,具有自适应的特性,并有利于得到优良的控制效果。基于事件的方法由于采用了非时间基的时钟来推动整个系统的运动,从而绕开了信息传输的不确定时延并保证系统的稳定性。

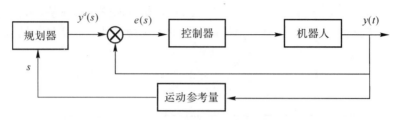

图 2-15　基于事件的控制机构图

从某种意义上看,基于事件方式的遥操作系统属于控制回路包括时延环节的监督控制。基于事件的智能控制方法是监督控制模式的一种衍生形式,行为参考是系统本身发生的事件而与时间无关,因而可以避免遥操作系统中传输时延的影响。基于事件的控制方法是为系统寻找与时间无关或不是时间显函数的变量 s,也就是事件,控制系统的规划和设计都是基于变量 s 进行。在新的变量下,如果原系统在时间变量下是稳定的,非时间变量是时间 t 的非减函数,则该系统仍是稳定的。在遥操作中,这种控制与规划思想的表现是“走走停停”,机器人在没有获得操作人员的下一个指令前一直处于静止状态。实际上,假定机器人静止代表其运行的环境不发生改变。然而,随着应用的不断拓广,要求机器人在动态变化的和非结构化的环境下完成特定任务的情况越来越多。在这种条件下,基于事件遥操作显然不能满足需要。后来有人对此又进行改进,提出利用谓词不变性的状态反馈并利用混杂 Petri 网来提高机器人的自主性,即操作人员根据状态反馈在某规则范围内选定控制量,使得在满足任务要求的同时让机器人一直处于“安全状态”。这里:规则范围是用最大不变谓词表示系统要完成的任务;“安全状态”是指当机器人完成某次操作人员的指令后,如果下一个指令还没有到来,机器人就继续执行一个不违反系统任务的动作,直到下一个指令到来。然而,这种方法的局限性在于:当环境发生剧烈变化时,需要机器人重新对环境进行评估,原有的知识利用率很低。该方法不但避开了网络信息传输延迟的缺点,而且能够保证整个系统的稳定性。但它对于复杂系统描述缺乏简洁性,这也是进一步研究该方法的严重阻碍。另外,基于事件的控制方法的主要工作在于寻找一个合适的事件变量,由于事件参考变量的选取主要依靠研究者的个人经验,还没有一套通用的方法,所以基于事件的控制方法有很大的随意性和局限性。

2.7.4　基于 Lyapunov 函数的控制方法

Lyapunov 方法从能量的角度判断系统的稳定性,可应用于各种系统。遥操作系统也可构建 Lyapunov-Krasovski 或 Lyapunov-Razumikhin 函数,利用 Lyapunov 稳定理论,确保系统的稳定性。尤其是利用拉兹密辛型定理(Razumikhin-Type Theorems),对于具有任意变化的时延的系统,都可以得到其稳定性代数判据。

在 Lyapunov-Krasovski 方法中,时延力反馈双边控制系统建模为具有状态时延的动力学系统,即

$$\dot{x}(t) = f(x_d) + g(x_d)u = f_0(x, x(t - \tau_1), \cdots, x(t - \tau_l)) +$$
$$\int_{-r}^{0} \Gamma(\theta) F(x, x(t - \tau_1), \cdots, x(t - \tau_l), x(t + \theta)) d\theta +$$
$$g(x, x(t - \tau_1), \cdots, x(t - \tau_l))u \qquad (2-17)$$

李雅普诺夫·克拉索夫斯基泛函(Lyapunov-Krasovski Funetionals)即可用于以积分形式

描述的离散时延和分布时延的系统。

定义函数

$$V(x_d) = V_1(x) + V_2(x_d) + V_3(x_d) \tag{2-18}$$

式中:$V_1(x)$ 为当前状态 x 的函数,其是正定径向无界(Positive Definite Radially Unbounded)的;$V_2(x_d)$ 为离散时延的非负函数;$V_3(x_d)$ 为分布时延的非负函数。$V_2(x_d)$ 和 $V_3(x_d)$ 具体表达式分别为

$$V_2(x_d) = \sum_{i=1}^{l} \int_{-\tau_i}^{0} S_i(x(t-\zeta)) \mathrm{d}\zeta \tag{2-19}$$

$$V_3(x_d) = \int_{-\tau}^{0} \int_{t+\theta}^{t} L(\theta, x(\zeta)) \mathrm{d}\zeta \, \mathrm{d}\theta \tag{2-20}$$

式中,$S_i:R^n \to R, L:R^n \times R^+ \to R$ 都为非负的函数,则有

$$\dot{V} = \frac{\partial V_1}{\partial x}\left[f_0 + \int_{-r}^{0} \Gamma(\theta) F \mathrm{d}\theta\right] + \frac{\partial V_1}{\partial x}gu +$$

$$\sum_{i=1}^{l}[S_i(x) - S_i(x(t-\tau_i))] + \int_{-r}^{0}[L(\theta,x) - L(\theta,x(t+\theta))]\mathrm{d}\theta \tag{2-21}$$

由李导数表示 $L_g V_1 = \frac{\partial V_1}{\partial r}g$,则通过扩展李导数定义式(2-18)、式(2-19)、式(2-20)泛函为:

$$L_f^* V(x_d) = L_{f_0 + \int_{-r}^{0}\Gamma(\theta)F\mathrm{d}\theta}V + \sum_{i=1}^{l}S_i(x) - S_i(x(t-\tau_i)) +$$

$$\int_{-r}^{0}[(\theta,x) - L(\theta,x(t+\theta))]\mathrm{d}\theta \tag{2-22}$$

如果式(2-10)表示的光滑函数满足下面两个条件:

(1)存在 k_∞ 函数 β_1 和 β_2,使得

$$\beta_1(|x_d(0)|) \leqslant V(x_d) \leqslant \beta_2(|x_d(0)|) \tag{2-23}$$

(2)存在函数 a,当 $s > 0$ 时,$a(s) > 0$,对所有分段连续函数 $x_d:[-r,0] \to R^n$ 满足

$$L_g V_1(x_d) = 0 \Rightarrow L_f^* V(x_d) \leqslant -a(|x_d(0)|) \tag{2-24}$$

则其为系统(2-9)的(Control Lyapunov Krasovsky Functionals,控制李雅普诺夫·克拉索夫斯基泛涵,CLKF)。

如果系统能找到 CLKF,就可以由此得到保证系统全局稳定的控制函数,即

$$u_s(x) = -p_s(x_d)[L_g V_1(x, x(t-\tau_1), \cdots, x(t-\tau_l))]^T \tag{2-25}$$

式中

$$p_s(x_d) = \begin{cases} \dfrac{L_f^* V + \sqrt{(L_f^* V)^2(x) + |L_g V_1|^4}}{|L_g V_1|^2}, & L_g V_1(x) \neq 0 \\ 0, & L_g V_1(x) = 0 \end{cases} \tag{2-26}$$

该方法能够得到稳定性和操作性能兼顾的控制效果,但只能应用于时延固定的双边控制系统。

2.7.5　基于滑模控制的方法

滑模控制对非线性及不确定性具有鲁棒性,也可以用于处理遥操作系统中的时延问题。同样,对时延力反馈双边控制系统也可用滑模控制方法进行控制。双边控制系统主端和从端的动力学模型可表示为

$$M_m\ddot{X}_m + B_m\dot{X}_m = F_h + F_{md} \left.\vphantom{\begin{matrix}a\\a\end{matrix}}\right\} \tag{2-27}$$
$$M_s\ddot{X}_s + B_s\dot{X}_s = -F_e + F_s$$

遥操作系统的主端采用阻抗控制,主端期望的阻抗模型为

$$M\ddot{X}_m(t) + B\dot{X}_m(t) + KX_m(t) = F_h(t) - k_f F_{ed}(t) \tag{2-28}$$

由式(2-27)和式(2-28)可知,主端的控制输入为

$$F_{md} = \left(B_m - \frac{M_m}{M}B\right)\ddot{V}_m(t) + \left(\frac{M_m}{M} - 1\right)F_h(t) - \frac{M_m}{M}\left[k_f F_{ed}(t) + KX_m(t)\right] \tag{2-29}$$

从端采用滑模控制以消除时延的影响,其滑动面和控制方程分别为

$$s_d(t) = \dot{\widetilde{X}}_d(t) + \lambda\widetilde{X}_d(t), \quad \widetilde{X}_d(t) = X_s(t) - k_p X_{md}(t) \tag{2-30}$$

$$F_s = B_s X_s(t) + F_e(t) - \frac{k_p M_s}{M}\left[BX_{md}(t) - X_{hd}(t) + k_f F_e(t - T_1 - T_2) + KX_{md}(t)\right] -$$

$$M_s\lambda\widetilde{X}_d(t) - K_{gain}\mathrm{sat}\left(\frac{s_d}{\varphi}\right) \tag{2-31}$$

$$K_{gain} > M_s\eta \tag{2-32}$$

式中:M,B,K 为阻抗控制参数;λ,K_{gain} 为滑模控制参数;$\mathrm{sat}(\cdot)$ 为饱和函数。

在这种方法中,主端传递到从端有以下 4 个变量,即

$$\left.\begin{matrix} X_{md}(t) = X_m(t - T_1) \\ V_{md}(t) = V_m(t - T_1) \\ F_{md}(t) = F_m(t - T_1) \\ F_{edd}(t) = F_e(t - T_1 - T_2) \end{matrix}\right\} \tag{2-33}$$

从端反馈回主端只有一个变量为

$$F_{ed}(t) = F_e(t - T_2) \tag{2-34}$$

在此滑模控制方法中,K_{gain} 与时延无关,可以实现任何时延条件下力反馈双边控制系统的稳定控制。

由于滑动模态可进行设计且与对象参数及外部干扰无关,这使得变结构控制具有快速响应、对参数变化及干扰不敏感、无需系统在线辨识等优点。然而,一方面,滑模控制中存在的高频抖振不仅会影响遥操作系统中控制的精确性,而且会增加系统的能量消耗;另一方面,控制律的不连续性将影响主机器人和从机器人控制输入的连续性,从而影响系统性能。

2.7.6 基于 H_∞ 理论的控制方法

H_∞ 控制是在 Hardy 空间通过某些性能指标的无穷范数优化而获得具有鲁棒性能的控制器的一种方法,可以将任何性质的有界扰动对系统的影响降低到期望的程度,因此在系统鲁棒控制方面,H_∞ 控制有着广泛的研究和应用。

在遥操作系统中,H_∞ 控制的设计目标是保证整个系统的鲁棒稳定性,减小主机器人和从机器人之间的位置/速度误差,从而减小力跟踪误差,控制力矩在允许范围内。

对于定时延双边控制系统的 H_∞ 控制器设计,根据从机器人的运动情况可以分为从机器人自由运动和从机器人与环境充分接触两种情况。

从机器人自由运动时,主机器人控制器的设计目标:① 得到期望的主机器人阻抗;② 控制

力矩在允许的范围内。从机器人控制器的设计目标:① 从机器人速度跟踪主机器人速度;② 控制力矩在允许的范围内。

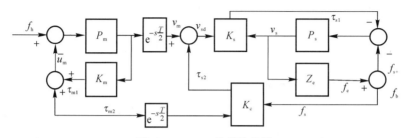

图 2 - 16　H_∞ 控制结构图

当从机器人与环境充分接触时,H_∞ 控制结构如图 2-16 所示。图中 f_h、f_b 分别为主从端的操作力和扰动;P_m、P_s 分别为主机器人和从机器人的传递函数;K_m、K_s 分别为主、从端用以实现从机器人运动时稳定控制的局部控制器。设计的目标是使得:

(1)K_c 不会影响已设计好的自由运动时的控制。

(2) 保证速度误差 $v_m - v_s$ 很小。

(3) 保证主机器人控制器的反馈力跟踪从机器人末端传感器测量力,即 $f_s - (\tau_{m1} + \tau_{m2}) \to 0$。

(4) 控制力矩在允许的范围内。

将信号传输时延等价转化到一个模块内并看作扰动,则 H_∞ 控制器由图 2-16 所示的结构转化为图 2-17 所示的结构。图 2-17 中:

$$\boldsymbol{G}_m = \begin{bmatrix} (I + P_m K_m)^{-1} P_m \\ K_m (I + P_m K_m)^{-1} P_m \end{bmatrix}, \boldsymbol{G}_s = \begin{bmatrix} -\Gamma_s P_s K_{s1} & -\Gamma_s P_s \\ -Z_e \Gamma_s P_s K_{s1} & I - Z_e \Gamma_s P_s \end{bmatrix},$$

$$\boldsymbol{K}_s = \begin{bmatrix} K_{s1} & K_{s2} \end{bmatrix}, \Delta_{\tau_m} = (e^{-sT} - 1) G_{m1}$$

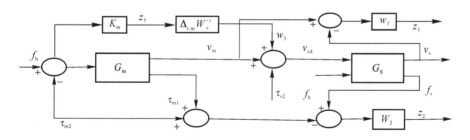

图 2 - 17　模块化的 H_∞ 控制结构

W_1, W_2, W_c 分别为权重函数,且有 $\|W_c^{-1} \Delta_{\tau m}\| < 1$。利用 μ 合成技术,可得标准的描述形式:

$$z = \begin{bmatrix} W_1(v_m - v_s) \\ W_2[f_s - (\tau_{m1} + \tau_{m2})] \\ W_3 \tau_{m2} \\ W_4 \tau_{s2} \\ z_5 \end{bmatrix}, \boldsymbol{\omega} = \begin{bmatrix} f_h \\ f_b \\ \omega_3 \end{bmatrix}, y = f_s, \boldsymbol{\mu} = \begin{bmatrix} \tau_{m2} \\ \tau_{s2} \end{bmatrix}$$

此时,系统的设计目标就变为:设计 K_c 使得从 ω 到 z 的 H_∞ 范数最小。

H_∞ 控制可以对有界时延情形下遥操作系统进行稳定控制,并对系统的扰动等不确定性具有较好的鲁棒性,同时满足系统一定的性能要求。但这种方法难以处理任意时延的情况,较大的时延会得到比较保守的结果,较小的时延不能保证系统在所有时延条件下稳定。同时,H_∞ 设计问题需要求解适当的偏微分方程或不等式,在非线性遥操作系统中求解偏微分方程或不等式是极其困难的。

2.7.7 基于自适应的控制方法

自适应控制器本质上是一种随着过程动态特性和环境特点变化而不断修正自己特性的控制器。自适应控制的研究对象是具有一定程度的不确定性系统,它不需要知道不确定性的界,而是对未知参数进行在线估计,并根据估计值对控制策略进行修正,以降低不确定性的影响,从而使闭环系统满足性能要求。

基于力反馈双边控制的速度/力自适应控制方法中主机器人和从机器人分开考虑,分别采用独立的自适应位置/力控制器。操作人员和环境的动力学模型分别作为主机器人和从机器人动力学模型的一部分进行考虑:

$$F_{mc} = -\frac{AC}{C+s}G_m(s)F_h + \left[C_m(s) + \frac{\Lambda}{s}G_m(s)\right]v_m - F_{sd} - v_{sd} \qquad (2-35)$$

$$F_{sc} = -\frac{AC}{C+s}G_s(s)F_e - \left[C_s(s) + \frac{\Lambda}{s}G_s(s)\right]v_s + F_{md} + v_{md} \qquad (2-36)$$

式中:A,C,Λ 为固定参数;前向和反馈控制器可分别表示成 $G_m(s) = \widehat{M}_m s + \widehat{B}_m + K_m + \frac{K_{mL}}{s}$,$C_m(s) = K_m + \frac{K_{mL}}{s}$,$G_s(s) = \widehat{M}_s s + \widehat{B}_s + K_s + \frac{K_{sL}}{s}$,$C_s(s) = K_s + \frac{K_{sL}}{s}$,其中 K_m,K_s,K_{mL},K_{sL} 分别为 PI 控制参数,$\widehat{M}_m,\widehat{B}_m,\widehat{M}_s,\widehat{B}_s$ 分别为在线估计的主机器人或从机器人的质量和阻尼系数。

自适应速度/力控制方法的主、从端之间有 4 个独立的信号传输通道。

主端到从端:

$$\left.\begin{aligned} V_{md} &= \frac{C(s+\Lambda)}{s(s+C)}G_s(s)\mathrm{e}^{-sT}V_m \\ F_{sd} &= \frac{AC}{s(s+C)}G_s(s)\mathrm{e}^{-sT}V_m \end{aligned}\right\} \qquad (2-37)$$

从端到主端:

$$\left.\begin{aligned} V_{sd} &= \frac{C(s+\Lambda)}{s(s+C)}G_m(s)\mathrm{e}^{-sT}V_s \\ F_{sd} &= \frac{AC}{s(s+C)}G_m(s)\mathrm{e}^{-sT}F_e \end{aligned}\right\} \qquad (2-38)$$

当 $F_e = 0$,Λ 较小,C 较大时,只要外部环境的阻尼和刚度系统 (B_e,K_e) 在某一范围内,系统对任何时延 T 都稳定。这种方法的主要问题在于参数 $\widehat{M}_m,\widehat{B}_m,\widehat{M}_s,\widehat{B}_s$ 的在线估计,其精度影响系统的性能。

自适应控制系统具有学习特性,需要很少的或者不需要有关未知参数的先验信息,因此在处理定常或渐变参数的不确定性问题时自适应控制具有明显的优势。但是,自适应控制不能有效地处理扰动、快变参数和未建模的动力学问题。

第 3 章 预测仿真技术

3.1 预测仿真的发展历程

3.1.1 仿真与可视化仿真

随着科学技术的迅猛发展,仿真已成为各种复杂系统研制工作的一种必不可少的手段,尤其是在航空航天领域,仿真技术已是飞行器和卫星运载工具研制的必备技术,运用仿真技术可以取得很高的经济效益。在产品研制、鉴定和定型全过程中都必须全面地应用仿真技术。

所谓仿真,是指利用模型复现实际系统中发生的本质过程,并通过对系统模型的实验来研究存在的或设计中的系统,又称模拟。当所研究的系统造价昂贵、实验的危险性大,或需要很长的时间才能了解系统参数变化所引起的后果时,仿真是一种特别有效的研究手段。仿真的重要工具是计算机。这里所指的模型包括物理的和数学的,静态的和动态的,连续的和离散的。所指的系统也很广泛,包括电气、机械、化工、水力、热力等系统,也包括社会、经济、生态、管理等系统。仿真与数值计算求解方法的区别在于它首先是一种实验技术。仿真可以按照不同的原则进行分类:

(1)按所用模型的类型,分为物理仿真、计算机仿真(数学仿真)、半实物仿真;

(2)按所用计算机的类型,分为模拟仿真、数字仿真和混合仿真;

(3)按仿真对象中的信号流,分为连续系统仿真和离散系统仿真;

(4)按仿真时间与实际自然时间的比例关系,分为实时仿真(仿真时间标尺等于自然时间标尺)、超实时仿真(仿真时间标尺小于自然时间标尺)和亚实时仿真(仿真时间标尺大于自然时间标尺);

(5)按对象的性质,分为飞船系统仿真、化工系统仿真、经济系统仿真等。

在仿真过程中,通常利用建模的方法建立能充分代表所研究对象系统特性的仿真模型,通过计算机仿真手段对该系统仿真模型进行充分的仿真运行和仿真实验,对仿真过程进行观察并对输出数据进行统计分析,用以推断和验证所研究系统或所设计系统的真实参数与性能。同时,计算机技术的飞速发展,带来了信息洪流的爆发,面对大量的、种类繁多的信息源产生的数据,缺乏大量数据的有效分析手段,约有 95% 的信息浪费。

所谓可视化仿真,是把仿真中的数字信息变为直观的、以图形和图像形式表示的、随时间和空间变化的仿真过程呈现在人面前,使人们能够知道系统中变量之间、变量与参数之间、变量与外部环境之间的关系,直接获得系统的静态特性和动态特性。在可视化仿真系统运行过程中,建模人员和决策人员不仅能得到各种重要的仿真数据,而且可以看到相应的图形和图像,从而显著提高系统运行的直观性和逼真性,有助于认识和理解所研究系统的本质和动态规律。

可视化仿真不仅用图形与图像来表征仿真计算结果,更重要的是提供了研究人员观察数据交互作用的手段,实时地跟踪并有效地驾驭数据模拟与实验过程。可视化技术的应用领域非常广,大致可分为科学计算的可视化和空间信息的可视化。前者应用于科学和工程计算,分为仿真结果可视化和仿真过程可视化,可以用图形、图表、曲线等表示;后者是实现三维空间信息的可视化,利用仿真模型的三维模型进行仿真。后者除通过运行仿真模型获取到必要的数据且加深对系统动态性能的认识外,还能看到真实系统运行过程的场景。

3.1.2 预测显示技术

预测显示是大时延遥操作中的一项关键技术,同时也是对大时延进行补偿的一种主要手段。预测显示的基本思想是基于系统模型,根据当前状态和控制输入,对系统状态进行预测,并以图形的方式显示给操作员。

早期预测显示技术的基本思想是由计算机创建一个移动光标指示遥机器人未来的移动位置,这将帮助操作者预测"给定现在的初始条件和控制输入将会发生什么"。

20 世纪 80 年代,NASA 及美国国防部组织了一系列有关虚拟现实技术的研究,并在其理论、系统设计、实验研究等方面取得了令人瞩目的成果。1984 年,NASA 开始了用于火星探测的虚拟环境视觉显示器(Virtual Visual Environment Display,VIVED)项目的研究,将火星探测器发回的数据输入计算机,为地面研究人员构造了火星表面的三维虚拟环境。随后 NASA 针对空间遥操作机器人作业研制了虚拟交互环境工作站(Virtual Interface Environment Workstation,VIEW),通过人与虚拟机器人及工作环境的交互提供实时的视觉反馈。

预测显示技术的实现方法有两类:一类是基于当前系统状态和时间导数,根据泰勒级数展开进行外推来对下一时间点的系统状态进行预测;另一类是根据理论分析和经验常识建立系统的预测仿真模型,该预测模型中融合了系统的当前状态、导数以及控制输入等,将当前的状态和时间导数以及预测的控制信号同时输入该预测仿真模型,这个模型快速运转多次以对实际过程进行预测,预测仿真系统的运行速度至少为实时或者更快。其中前一类方法对预测时延较小的系统很有效,而且它只使用了状态初始条件。后一类方法能够对存在非线性动力学特性(例如饱和)的系统进行预测,这是它的优点。

MIT 的人机交互学专家谢尔丹(Thomas B. Sheridan)等人采用第二类方法预测仿真一个行星漫游车。漫游车的计算机模型反复设置为远端漫游车的当前状态,在更新初始条件前,通过使计算机模型在数秒之内运行上百次预测漫游车当前的状态。通过比较发现使用预测技术能提高漫游车的行进速度。这种技术对单个实体或刚体的连续控制很有效,但不适用于带有多自由度空间物体的遥操作,这是因为多自由度空间物体不能简单的用一个质点来代替。

1986 年,诺伊斯(M. V. Noyes)等人设计了第一个用于遥操作的视觉预测显示系统,利用新的计算机图像叠加技术突破了预测显示的技术瓶颈。该系统将机械手的计算机仿真线框图形叠加在反馈延时的机械手视频图像上,实验证明该方法可以极大地提高系统的操作性能。

实验表明,在预测显示的帮助下,操作者能较好地完成操作任务,控制时间缩短了 50%。但当时的预测显示技术也有其自身局限性:①对遥操作机器人的仿真模型要求很高,如果仿真模型与实际过程相差较大,那么预测的准确度将得不到保证,这必然影响系统的性能;②对于进出图像中垂线方向的操作,普通的预测显示效果并不理想(三维预测仿真技术例外);③对比较精细的操作(如插方孔,任务的限制度很高)以及图像信息阻塞的系统,预测显示同样不理想;④需要仔细校准图像的位置、大小、比例度。

20 世纪 90 年代,迅速发展的计算机硬件与不断改进的计算机软件系统相匹配,使基于大型数据集合的声音和图像的实时显示成为可能。人机交互系统的设计不断创新,以及新颖、实用的输入与输出设备不断出现,都为虚拟环境技术的发展奠定了良好的基础,从而引起了众多学者对于研究虚拟环境技术的兴趣。1990 年,JPL 的拜伊齐(Antal K. Bejczy)等人在 NASA 资助下在此基础上进一步发展了预测显示技术,他们对线框显示技术和三维模型显示技术进行了深入研究,开发了一套逼真的图形预测显示系统,称为"Phantom Robot",在该系统中,研究人员采用线框和实体两种机器人图形模型表示远地真实的机器人,线框显示的优点是不会清除图片中的重要部分。通过摄像机标定技术,将虚拟机器人模型叠加在从远地传回的延时视频图像上,操作者选择一种模型作为预测显示。由于操作者与虚拟机器人模型之间没有延时,因此虚拟机器人模型可以立即响应操作者的输入,补偿了视觉信息时延对操作者的影响。

研究者们提出了许多预测显示方法,或者将计算机图形叠加在视频图像上(增强环境),或者直接用合成的图像代替真实的视频反馈。直接的计算机图形显示如德国的 ROTEX,图形包括远地操纵器和任务空间的物体。操作者只能看到计算机生成的图形,虚拟环境呈现了远地场景的全部信息,但不局限于远地场景的真实表达,可以通过修正图形增强某些特定物体的视觉显示。操作者根据基于远端模型的虚拟环境发出指令,远地真实机器人自动执行这些指令,模型与传感器检测的远地环境之间的任何差异都反馈给操作者,从而修正虚拟模型。虚拟环境的另一个优点是可以从适合任务的任何视角观察场景。研究表明,图形预测显示中视角控制增强了操作性。拜伊齐等人提出将虚拟预测机器人与环境模型和反馈的具有时延的视频图像叠加起来,用人的智能来消除时延的影响,图 3-1 所示是 NASA 利用这种方法进行仿真空间遥操作的实例,预测的"幻影机器人"实时平滑地响应操作者指令,如果预测的运动满意,则将轨迹指令发送给真实的从机器人。计算机图形先响应操作者指令,经过一定时延后真实机器人才跟踪虚拟手运动。这种方法虽然提高了操作性能,但是本质上仍然是"移动—等待"的策略,移动关注虚拟机器人运动,而等待关注真实与虚拟机器人的匹配。值得注意的是,这种预测显示只建立了机器人模型,因此没有预测力反馈。

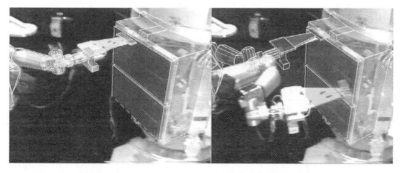

图 3-1　空间遥操作中基于增强现实技术的预测显示(JPL,NASA)

预测显示技术应用非常广泛,三维预测仿真图形是解决大时延遥操作的主要方法,日本的 ETS-Ⅶ、德国的 ROTEX 和美国 NASA 进行的空间遥操作实验都采用了这一方法。

3.2 状态预报原理

状态预报技术是基于模型预测状态和基于邮签准则修正预测模型参数的方法实现的,它主要承担预测从端遥操作对象的动力学状态信息的任务。图 3-2 中实线矩形框内的部分给出了动力学状态预报的结构图。

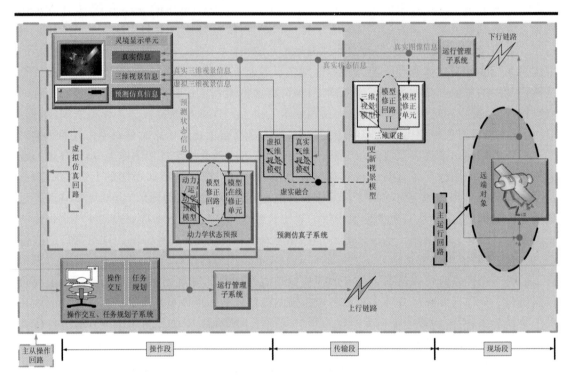

图 3-2 状态预报结构图

基于预测模型预报从端机械臂动力学状态,是有效消减不确定大时延增强系统临场感的有效方法。图 3-3 所示为一种基于预测模型实现状态预报和基于邮签准则修正模型参数的方法的预测和修正原理图。

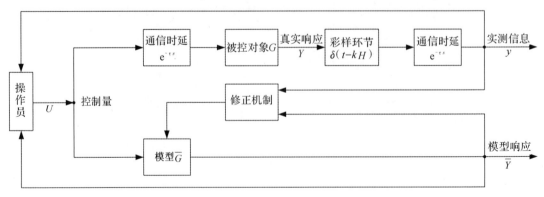

图 3-3 遥操作模型在线修正方法原理图

3.2.1　状态预报原理

真实遥操作控制对象(从端机械臂,下同)G 在发射入轨前,需要在地面上对其进行尽可能精确的离线建模,构成初始的虚拟遥操作控制对象(从端机械臂动力学/运动学的预测模型)$\overline{G}$,并保证虚拟遥操作控制对象$\overline{G}$ 与真实遥操作控制对象G 相一致(模型匹配)。

真实被控遥操作控制对象 G 被发射入轨后开展正式遥操作试验时,地面遥操作员同时向虚拟遥操作控制对象$\overline{G}$和真实遥操作控制对象G 发送相同的遥操作指令U,并通过虚拟遥操作控制对象$\overline{G}$ 实时仿真出状态响应信息$\overline{Y}$,预报远端真实被控对象的状态信息,供操作员参考并辅助其决策发出下一步的控制指令。此外,它还有一个特定的作用,就是在下行通信链路无法正常工作时,继续提供远端现场系统预测状态信息。

在轨真实遥操作控制对象 G 在一定的时延(数据处理时延和天地上、下行链路传输时延)后按照预测仿真过程进行运动。

该方法通过实时的仿真动力学响应模型预测远端真实遥操作控制对象的状态信息,供操作员参考并辅助其决策,弥补了大时延造成的真实遥操作控制对象 G 响应信息反馈不及时、不充分的缺陷,操作者仿佛在现场直接、连续、无时延地操作真实遥操作控制对象,给人以深刻的"沉浸感"。

3.2.2　空间机器人动力学建模

动力学预测的基础是建立空间机器人的动力学模型,空间机器人动力学模型的建立属于多体系统动力学的研究范畴,多体系统动力学的建模方法对空间机器人都是适用的。多体动力学系统是复杂的非线性时变系统,应用不同的动力学建模方法研究同一对象的同一种运动形态,其计算量和所选择的运动量不尽相同,但是最终得到的空间机器人的动力学特性却是相同的,同时由于各种方法形式不同,其主要差别主要体现在计算量、计算效率和通用性上。国内外对其建模方法及算法进行了大量的研究,目前主要有以下 5 种方法。

(1)牛顿-欧拉法:建立在牛顿-欧拉方程经典刚体动力学基础上的矢量力学方法,应用质心动量矩定理写出隔离体的动力学方程,在动力学方程中出现相邻体间的内力项,其物理意义明确,并且表达了系统完整的受力关系,处理质点及单个体等简单对象的定点运动时,形式简洁,易于求解,但随着系统的组成刚体数目的增多,各个刚体之间的相互关联状况和约束方式变得极其复杂,对作为隔离体的单个刚体列写牛顿-欧拉方程时,铰约束力的出现使未知变量的数目明显增多,使建模过程变得复杂,其计算复杂度一般为 $O(n^3)$,对于简单拓扑系统有很好的实用性。牛顿-欧拉法需要用到惯性张量,以递推的方式求解各关节力矩,编程简单,计算速度快,能够满足伺服系统的响应需求,便于实时控制。虽然牛顿-欧拉法以矢量描述运动和力,具有很强的直观性,但列写各隔离体的动力学方程不可避免地出现理想约束反力,从而使未知变量的数目明显增多,扩大了求解规模,因此随着拓扑结构的复杂及组成物体的增多,系统间的约束将变得异常繁复,不利于分析求解。

(2)罗伯森-维滕伯格法:基于牛顿-欧拉方程按照多体系统拓扑结构将图论引入多刚体系统动力学,主要应用关联矩阵和通路矩阵等基本概念来描述系统的拓扑结构,并用矢量、张量、矩阵等数学工具形成系统的运动学和动力学方程,使各种不同结构体系的多体系统能用统一的数学模型来描述,非常适用于计算机的自动化计算求解。

（3）拉格朗日方程法（哈密尔顿原理法）：在分析力学和牛顿力学基础上提出的严密分析方法。把整个系统看作统一的对象，以能量（动能和势能）的观点建立基于广义坐标的动力学方程，能以最简单的形式求得复杂系统的动力学方程，具有显式结构，从而避开了力、速度、加速度等矢量的复杂运算。拉格朗日法适用于多约束的处理，并引进了广义坐标、虚位移原理和达朗伯原理，从而可以以纯粹的分析方法代替几何方法来研究力学，避免出现不做功的理想约束反力，使未知量的数目最少，但随着自由度的增多，拉格朗日函数的微分运算将变得十分烦琐，求导数的计算工作量将十分庞大，其算法效率一般为 $O(n^2)$。拉格朗日方程法可以写成状态方程的形式，便于运用控制方法，可以适合现代计算机作自动推导。相比牛顿-欧拉法，拉格朗日方程法在建模过程中虽然可以避免内部刚体之间出现的作用力，简化了建模过程，但是其物理意义不明确。

（4）凯恩-休斯顿（Kane - Huston）法：建立多自由度系统动力学方程发展起来的一种新方法，用低序体阵列描述系统的拓扑结构，用矢量和变换矩阵描述各体间的运动关系，用并矢（矢量的一种组合形式）式表示惯性，用广义速率代替广义坐标，直接利用达朗伯原理建立动力学方程，并将矢量形式的力和力矩（包括达朗伯惯性力和惯性力矩）直接向偏速度和偏角速度基矢量方向投影，以消除理想约束反力，且不必计算动能等动力学函数及其导数，而且推导计算比较规范，能够得到一阶微分方程组。其重点集中于运动，而不再是位形，从而可以避免使用动力学函数求导的烦琐步骤，既适应于完整约束，也适应于非完整约束，兼有矢量力学和分析力学的特点，但计算广义速率、偏角速度与偏速度较为繁杂，且无明显物理意义。对于自由度庞大的复杂的机械多体系统，凯恩方法可减少计算步骤，休斯顿方法则是凯恩方法在多刚体系统中的具体应用。凯恩方法没有一个适合任意多刚体系统的普遍形式动力学方程，而且必须对每个具体的多刚体系统做具体的处理，对如何恰当选取广义速率使计算过程简单，需要足够的经验和技巧，它适用于转动铰连接的无根树系统。

（5）空间算子代数法：费瑟斯通（Roy Featherstone）在前人基础上创造性地提出了效率为 $O(n)$ 的铰接体算法，并随后扩展至一般铰及通用的拓扑结构，也使得算法效率更快。罗德里格斯（Guillermo Rodriguez）通过对费瑟斯通铰接体算法的研究，发现了算法具有明显的递推规律，并结合随机估计理论中的卡尔曼滤波及平滑方法提出了空间算子代数方法，给出了滤波算法与质量矩阵求逆之间的数学等效关系，从而使多体系统动力学具备了通过具有实际物理意义的算子进行快速递推求解的能力。随后使用空间算子代数理论对机械臂系统进行了动力学建模及递推求解，并用算子理论证明了拉格朗日方程方法与牛顿-欧拉算法之间的内在统一，同时提出了空间算子代数在机械臂动力学、控制以及其特性参数计算中的应用潜力。

空间机器人的机械臂运动会干扰基座的位置和姿态，各国学者在建立空间机器人模型过程中都考虑了空间机械臂与载体的动力学耦合问题。

美国学者帕帕佐普洛斯（Evangelos Papadopoulos）和杜博斯基（Steven Dubowsky）基于拉格朗日方程建立了空间机器人的动力学模型。由于系统不受重力，因此机器人的势能为零，结合动能定理和拉格朗日方程得到了描述系统运动速度、加速度和力矩的动力学模型。这种建模方法物理意义明确，能够直接得到系统的封闭解析方程，反映了空间机器人的动力学特性。但由于动力学方程中通常包括二阶微分方程，建模必须进行大量的计算。

美国学者瓦法(Z.Vafa)和杜博斯基在空间机器人系统不受外力,因此系统质心在运动过程中位置保持不变的前提下提出了虚拟机械臂(Virtual Manipulator,VM)的概念。VM 是一个连接虚拟基座(Virtual Ground,VG)和实际空间机械手上任意一点的理想运动链。VG 选在系统质心处,当真实的空间机械手运动时,VM 的运动与真实机械手上的选择点的运动保持一致。VM 方法的理论基础为微重力环境下的线动量守恒和角动量守恒,将虚拟机械臂的基座定义在真实机械臂与其载体共同的质心上,再通过几何原理构造出虚拟机械臂结构,以使地面机器人的控制方法应用于上述 VM 结构。

我国学者梁斌等人提出了动力学等价臂(Dynamically Equivalent Manipulator,DEM)的概念,将自由漂浮空间机器人等价成一个通常的固定基座上的机器人,阐述了 DEM 与空间机器人动力学的等价性。它继承了虚拟机械臂的优良性质,但 DEM 是真正的机械臂,在实际中可以制造出来。DEM 的第一个关节是被动、球形三自由度关节,表示空间机器人基座的自由漂浮特性。该方法能较好地描述系统的动力学特性,同时它本身的几何定义包含了线动量守恒约束,从而降低了系统的维数,简化了系统的模型,有助于分析、设计和控制空间机器人系统。但该建模方法需要大量的前期处理,增加了建模过程中的计算量,并且系统模型不直观。

日本学者梅谷洋二(Yoji Umetani)和吉田和哉(Kazuya Yoshida)将线动量守恒和动量矩守恒方程与系统的特征方程相结合,提出了反映空间机器人微分运动的广义雅可比矩阵(Generalized Jacobian Matrix,GJM)。与地面固定基座机器人的雅可比矩阵不同,广义雅克比矩阵不仅与机器人的几何参数有关,还与机器人各部分的惯性参数(如质量、转动惯量等)有关。广义雅克比矩阵可应用在分解运动速度控制、转置雅可比控制和分解运动加速度控制等不同控制方法中。与上述基于动力学的建模方法相比,其计算量较小。但是,广义雅克比矩阵需要知道每一个臂和基座的质量、转动惯量等参数。因此,当末端抓手的载荷、载体油料等发生变化时,需要实时辨识这些参数。无论从计算量还是从计算精度来看,这都是比较困难的,也是广义雅克比矩阵的应用局限性。

3.3 虚拟现实技术

大时延的存在严重影响了系统的稳定性、透明性和可操作性,在空间遥操作过程中,预测仿真是克服遥操作中大时延的有效方法。为提升操作效率,必须为操作者创造沉浸感尽可能高的环境,普通的数字仿真和简单的可视化仿真不足以满足空间遥操作中的高沉浸感要求。

随着计算机技术、图形技术和网络技术的飞速发展,计算机应用进入了虚拟现实领域。虚拟现实也称作虚拟环境(Virtual Environment,VE),虚拟现实技术是由美国可视化编程语言研究(Visual Programming Languages,VPL)公司创建人拉尼尔(Jaron Lanier)在 1989 年提出的,"虚拟现实是在计算机技术支持下的一种人工环境,是人类与计算机和极其复杂的数据进行交互的一种技术"。利用计算机系统,可以人为创建一种虚拟空间。虚拟现实系统具有向用户提供视觉、听觉、触觉、味觉、嗅觉等感知功能的能力,人们能够在这个虚拟环境中观察、聆听、触摸、漫游、闻赏,并与虚拟环境中的实体进行交互,从而使用户亲身体验沉浸在虚拟空间中的感受。通过虚拟现实技术构造出能被人们观察、交互、控制并可沉浸其中的三维图形虚拟空间,用户或决策者能够在这个虚拟空间中实现观看、聆听和自由活动,体现"人在系统中"的沉浸感。

与可视化仿真和视景仿真不同,虚拟现实强调环境而非数据和信息,虚拟现实和视景仿真均涉及图形、图像等多媒体元素,但虚拟现实更强调综合各种媒体元素形成的环境效果。因此,虚拟现实系统在听觉、视觉和触觉方面具有可视化仿真不可比拟的沉浸感,但在处理随机过程仿真和辅助实时决策方面难以满足人们的需要。把虚拟现实与系统仿真有机结合起来,使之形成一种虚拟现实仿真系统,将两类系统的特点结合成为一个有机体,使用户可以在一个虚拟空间中将个人的偏好和独立行为融合到虚拟现实仿真过程中,实现"人在回路中的仿真",虚拟现实仿真系统相对一般可视化仿真的发展实现了质的飞跃。

虚拟现实仿真是一门以系统科学、计算机科学和概率论与数理统计学为基础,结合各应用领域的技术特点和应用中的需要逐渐发展起来的边缘性技术,同时也是一门实验性科学,随着各门学科的发展,虚拟现实仿真也得到日新月异的发展,已成为近年来十分活跃的新兴技术。随着虚拟现实仿真技术的发展,基于虚拟现实开发工具 MultiGen(Creator/Vega)、WTK(World Tool Kit)、STK(Satellite Tool Kit)、GL Studio、RTDynamics(Real Time Dynamics)、Unity3D、UE(Unreal Engine)、STAGE(Scenario Toolkit And Generation Environment)等的虚拟现实仿真系统相继面世。虚拟现实仿真系统在航空航天、军事、科学研究、工业生产、工程与城市建设、交通运输、环境保护、生态平衡、卫生医疗、经济规划、商业经营、金融流通、教学培训、文化与旅游等领域已经得到成功的应用,并取得显著的经济效益。

虚拟现实仿真系统的发展和完善,将使工程技术人员、管理人员、领导决策人员有可能在虚拟环境中对所设计的系统、所管理的系统、所领导范围内的系统进行观察、设计、修改、决策、调度或重组等,使这些系统更加完善。虚拟现实仿真系统具有广泛的应用前景。此外,虚拟现实仿真系统还是一种理想的训练和实践系统,操作人员在实际使用新型装备之前可在虚拟环境中进行操作训练,以便熟练掌握装备的操作技术。作战指挥人员可在虚拟战场或虚拟战斗中培养作战指挥能力,或对所制定的作战策略和战术进行仿真评估。企业领导和决策人员则可在虚拟生产环境或虚拟市场仿真环境中培养实时决策能力,以提高领导和决策素质。

3.3.1 虚拟现实概念与特点

虚拟现实技术作为一种高新技术,是仿真技术的一个重要方向,集计算机仿真技术、计算机辅助设计与计算机图形学、多媒体、人机接口、人工智能、网络、传感、实时计算技术以及心理行为学研究等多种先进技术为一体,是一门富有挑战性的交叉、前沿学科。虚拟现实技术为人们探索宏观世界和微观世界以及由于各种原因不便于直接观察的事物运动变化规律提供了极大的便利。在虚拟现实环境中,参与者借助数据手套、三维鼠标、方位跟踪器、操纵杆、头盔式显示器、耳机及数据衣等虚拟现实交互设备,同虚拟环境中的对象相互作用,产生身临其境的交互式视景仿真和信息交流。虚拟与现实两个词具有相互矛盾的含义,把这两个词放在一起,似乎没有意义,但是科学技术的发展却赋予了它新的含义。

虚拟现实系统中的"虚拟环境"有以下几种情况:

(1)完全对真实世界中的环境进行再现(见图 3 - 4),如虚拟战场、虚拟校园、虚拟实验室中的各种仪器等。这种真实环境,可能已经存在,也可能是已经设计好但是尚未建成,也可能是原来完好,现在被破坏。其目的是逼真地模仿真实世界中的环境,建立和现实世界一样的几何、物理模型。

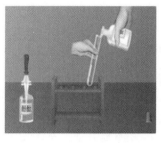  

图 3-4　真实世界的环境再现

（2）完全虚拟的、人类主观构造的环境（见图 3-5），如影视制作或电子游戏中，三维动画设计的虚拟世界。此环境完全是虚构的，用户可以参与，并与之进行交互。

图 3-5　完全主观构造的虚拟环境

（3）对真实世界中人类不可见的现象或环境进行的仿真（见图 3-6），如分子结构，以及压力分布、温度分布等各种物理现象。这种环境是真实环境，是客观存在的，但是人类受到感官功能的限制而不能感应到。一般情况是以特殊的方式，如放大尺度，进行模拟和仿真，使人能够看到、听到或者感受到，体现科学可视化。

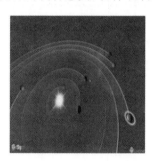 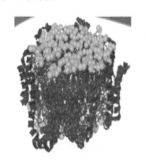 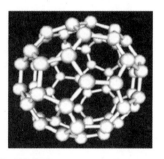

图 3-6　真实世界中不可见的现象或者环境仿真

沉浸感（Immersion）、交互性（Interaction）和想象性（Imagination）是虚拟现实系统的最重要的 3 个突出特征，因其对应的英文首写字母都为 I，因此简称 3I 特征，也称为虚拟现实技术的三角形。

（1）沉浸感。沉浸感是指用户作为主角存在于虚拟环境中的真实程度。虚拟现实系统使用户感觉到已融合到虚拟现实环境中去，能在真三维图像的虚拟空间中有目的地漫游、观看、触摸、听取和闻嗅各种虚拟对象的特征，而似乎离开了自身所处的外部环境，沉浸在所研究的虚拟世界之中，成为系统的组成部分。理想的虚拟环境应该达到使用户难以分辨真假的程度（如可视场景应随着视点的变化而变化），甚至超越真实，如生成比现实更逼真的照明和音响效果等。在虚拟环境中,用户通过具有深度感知的立体显示、精细的三维声音以及触觉反馈等多种感知途径,观察和体验操作过程与操作结果。一方面,虚拟环境中可视化的能力进一步增强,借助于新的图形显示技术,用户可以得到实时、高质量、具有深度感知的立体视觉反馈。另一方面,虚拟环境中的三维声音使用户能更为准确地感受物体所在的方位。在多感知形式的综合作用下,用户能够完全"沉浸"在虚拟环境中,多途径、多角度、真实地体验与感知虚拟世界。

虚拟现实的沉浸感来源于对虚拟世界的多感知性,除了我们常见的视觉感知、听觉感知外,还有力觉感知、触觉感知、运动感知、味觉感知、嗅觉感知、身体感觉等。从理论上来说,虚拟现实系统应该具备人在现实客观世界中具有的所有感知功能。但鉴于目前科学技术的局限性,在虚拟现实系统中,研究与应用中较为成熟或相对成熟的主要是视觉沉浸、听觉沉浸、触觉沉浸、嗅觉沉浸,有关味觉等其他的感知技术目前还很不成熟。

1)视觉沉浸。视觉通道给人的视觉系统提供图形显示。为了提供给用户身临其境的逼真感觉,视觉通道应该满足一些要求:显示的像素应该足够小,使人不至于感觉到像素的不连续;显示的频率应该足够高,使人不至于感觉到画面的不连续;要提供具有双目视差的图形,形成立体视觉;要有足够大的视场,理想情况是显示画面充满整个视场。虚拟现实系统向用户提供虚拟世界真实的、直观的三维立体视图,并直接接受用户控制。在虚拟现实系统中,产生视觉方面的沉浸性是十分重要的,视觉沉浸性的建立依赖于用户与合成图像的集成,虚拟现实系统必须向用户提供立体三维效果及较宽的视野,同时随着人的运动,所得到的场景也随之实时地改变。较理想的视觉沉浸环境是洞穴式自动虚拟系统(Cave Automatic Virtual Environments,CAVE),采用多面立体投影系统可得到较强的视觉效果。可将此系统与真实世界隔离,避免受到外面真实世界的影响,用户可获得完全沉浸于虚拟世界的体验。

2)听觉沉浸。声音通道是除视觉外的另一个重要感觉通道,如果在虚拟现实系统加入与视觉同步的声音效果作为补充,在很大程度上可提高虚拟现实系统的沉浸效果。在虚拟现实系统中,主要让用户感觉到的是三维虚拟声音,这与普通立体声有所不同,普通立体声可使人感觉声音来自于某个平面,而三维虚拟声音可使听者能感觉到声音来自于围绕双耳的一个球形中的任何位置。三维虚拟声音也可以模拟大范围的声音效果,如闪电、雷鸣、波浪声等自然现象的声音,在沉浸式三维虚拟世界中,两个物体碰撞时,也会出现碰撞的声音,并且用户根据声音能准确判断出声源的位置。

3)触觉沉浸。在虚拟现实系统中,可以借助各种特殊的交互设备,使用户体验抓、握等操作感觉。当然基于当前技术,不可能达到与真实世界完全相同的触觉沉浸,目前的技术水平下,我们主要侧重于力反馈方面。如使用充气式手套,在虚拟世界中与物体相接触时,能产生与真实世界相同的感觉;如用户在打球时,不仅能听到拍球时发出的"嘭嘭"声,还能感受到球对手的反作用力,即手上感到有一种受压迫的感觉。

4)嗅觉沉浸。有关嗅觉模拟的开发是近些年来的一个课题,日本最新开发出一种嗅觉模拟器,只要把虚拟空间中的水果放到鼻尖上一闻,装置就会在鼻尖处释放出水果的香味。其基本原理是这一装置的使用者先把能放出香味的环状的嗅觉提示装置套在手上,头上戴着图像显示器,就可以看到虚拟空间的事物。如果看到苹果和香蕉等水果,用指尖把显示器拉到鼻尖上,位置感知装置就会检测出显示器和环状嗅觉提示装置接近。环状装置里装着8个小瓶,分别盛着8种水果的香料,一旦显示器接近该装置,气泵就会根据显示器上的水果形象释放特定的香味,让人闻到水果飘香。虽然这些设备还不是很成熟,但对于虚拟现实技术来说,是在嗅觉研究领域的一个突破。

5)身体感觉沉浸、味觉沉浸等。在虚拟现实系统中,除了可以实现以上的各种感觉沉浸外,还有身体的各种感觉以及味觉等,但基于当前的科技水平,人们对这些沉浸性的形成机理还知之较少,有待进一步研究与开发。

(2)交互性。交互性是指用户对虚拟环境内的物体的可操作程度和从环境得到反馈的自然程度(包括实时性)。用户在虚拟世界中所感受到的信息,经过大脑的思考和分析,形成自己想要实施的动作或策略,通过输入界面反馈给系统,实现与系统的交互和独立自主控制系统运行的功能。例如,用户可以用手直接抓取虚拟环境中的物体,这时手应该有触摸感,并可以感觉物体的重量,场景中被抓的物体也立刻能够随手而移动。虚拟现实系统中的人机交互是一种近乎自然的交互,使用者通过自身的语言、身体运动或动作等自然技能,就可以对虚拟环境中的对象进行操作,用户与虚拟世界进行交互,实时产生在真实世界中一样的感知,甚至连用户本人都意识不到计算机的存在。

计算机根据使用者的肢体动作及语言信息,实时调整系统呈现的图像及声音。用户可以采用不同的交互手段完成同一交互任务。例如,进行零件定位操作时,操作者可以通过语音命令给出零件的定位坐标点,或通过手势将零件拖到定位点来表达零件的定位信息。各种交互手段在信息输入方面各有优势,语音的优势在于不受空间的限制,用户无需"触及"操作对象,就可对其进行操纵,而手势等直接三维操作的优势在于运动控制的直接性。多种交互手段的结合,提高了信息输入带宽,有助于交互意图的有效传达。虚拟现实技术的交互性具有以下特点:

1)虚拟环境中人的参与和反馈。虚拟现实系统中人是一个重要的因素,这是产生一切变化的前提,正是因为有了人的参与和反馈,才会有虚拟环境中实时交互的各种要求与变化。

2)人机交互的有效性。人与虚拟现实系统之间的交互是基于真实感的自然交互,人机交互的有效性是指虚拟场景的真实感,真实感是前提和基础。

3)人机交互的实时性。实时性指虚拟现实系统能够快速响应用户的输入。例如:头转动后能立即在所显示的场景中产生相应的变化,并且能得到相应的其他反馈;用手移动虚拟世界中的一个物体,物体位置会立即发生相应的变化。没有人机交互的实时性,虚拟环境就失去了真实感。交互实时性用两个重要指标来衡量。其一是动态特性。视觉上,要求每秒生成和显示至少 30 帧图形画面,否则将会产生不连续和跳动感。触觉上,要实现拟实的力感觉,必须以每秒不低于 1 000 帧的速度计算和更新接触力。其二是交互延迟特性,对于人产生的交互动作,虚拟现实系统应立即作出反应并生成相应的环境和场景,其间的时间延迟不应大于 0.1 s。

(3)想象力。想象力是指用户沉浸在多维信息空间中,依靠自己的感知和认知能力全方位地获取知识,发挥主观能动性,寻求解答,形成新的概念。用户可以在虚拟世界中根据所获取的多种信息和自身在系统中的行为,通过联想、推理和逻辑判断等思维过程,随着系统的运行状态变化对系统运动的未来进展进行想象,以获取更多的知识、认识复杂系统深层次的运动机理和规律性。另外,虚拟的环境是人想象出来的,同时这种想象体现出设计者相应的思想,因而可以用来实现一定的目标。因此,可以说虚拟现实技术不仅仅是一种媒体或一种高级用户接口,它同时还是为解决工程、医学、军事等方面的问题而由开发者设计出来的应用系统,通常它以夸大的形式反映设计者的思想,虚拟现实系统的开发是虚拟现实技术与设计者并行操作,为发挥它们的创造性而设计的。

20 世纪 90 年代初,我国航天事业奠基人、人民科学家钱学森开始了解到"Virtual

Reality"，立刻想到将之应用于人机结合和人脑开发的层面上，并给其取名为"灵境"。他认为，灵境技术的产生和发展将扩展人脑的感知和人机结合的体验，使人与计算机的结合进入到深度结合的时代，如图 3-7 所示。

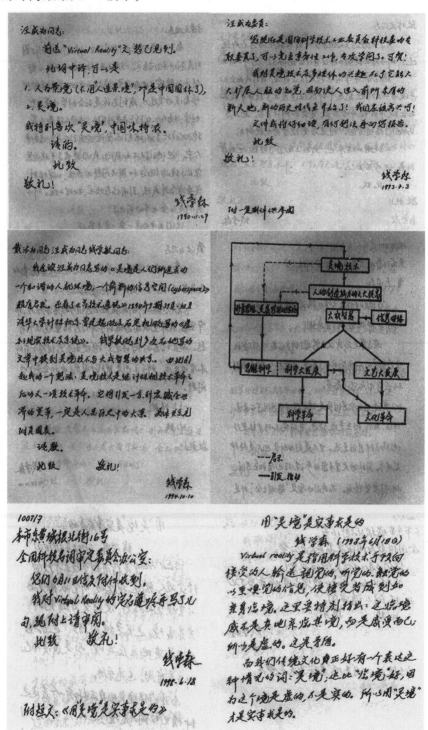

图 3-7　人民科学家钱学森主张将 Virtual Reality 翻译为灵境

虚拟现实技术的应用为人类认识世界提供了一种全新的方法和手段,可以使人类突破时间与空间,去经历和体验世界上早已发生或尚未发生的事件;可以使人类进入宏观或微观世界进行研究和探索;也可以完成那些因为某些条件限制而难以完成的事情。例如,当在建设一座大楼之前,传统的方法是绘制建筑设计图纸,该方法无法形象展示建筑物更多的信息,而现在可以采用虚拟现实系统来进行设计与仿真,非常形象直观。制作的虚拟现实作品反映的就是某个设计者的思想,只不过它的功能远比那些呆板的图纸生动强大得多,所以有些学者称虚拟现实是放大人们心灵的工具,或人工现实。

当前,虚拟现实技术在许多领域中起到了十分重要的作用,如核试验、新型武器设计、医疗手术的模拟与训练、自然灾害预报,这些问题如果采用传统方式去解决,必然要花费大量的人力、物力及漫长的时间,或是无法进行的,甚至会牺牲人员的生命。虚拟现实技术的出现,为解决和处理这些问题提供了新的方法及思路,人们借助虚拟现实技术,沉浸在多维信息空间中,依靠自己的感知和认知能力全方位地获取知识,发挥主观能动性,寻求解答,形成新的解决问题的方法和手段。

用一句话概括沉浸感、交互性和想象力,就是人们能够沉浸到计算机系统所描述的环境中,利用多种传感器和多维化的信息环境进行交互作用,从定性与定量结合集成的环境中得到感性和理性的认识。虚拟现实是一种逼真地模拟人在自然环境中的视觉、听觉、触觉、嗅觉、味觉以及动感等行为的高级人机界面,具有“沉浸”和“交互”等基本特征。对于正常的使用者而言,虚拟现实系统中视觉、听觉等感官的模拟和再现可以增强使用者在虚拟环境中的沉浸感,并方便进一步交互。

由于虚拟现实技术的发展,其理论和体系进一步得到完善,未来虚拟现实技术将智能化(Intelligent),其 3I 特征将发展成为 4I 特征。

虚拟现实系统的 3I 特征并不是凭空产生的,要让 3I 特征得到发挥,那必然要有虚拟现实系统关键技术的支持,其主要涉及实物虚化、虚物实化和高性能的计算处理技术等三方面。

(1)实物虚化。实物虚化是指现实世界空间向多维信息化空间的一种映射,主要包括基本模型构建、空间跟踪、声音定位、视觉跟踪和视点感应等关键技术。这些技术使得虚拟世界的生成、虚拟环境对用户操作的检测及操作数据的获取成为可能。因此,可以将虚拟现实系统的硬件分为跟踪设备(检测人在虚拟世界中的位置及方向的设备)、感知设备(生成多通道刺激信号的设备)、虚拟世界生成设备和基于自然方式的交互设备。

(2)虚物实化。虚物实化是指把计算机生成虚拟世界中的事物所产生的对人感官的多种刺激尽可能逼真地反馈给用户,从而使人产生沉浸感。虚物实化的关键技术是硬件设备和软件系统在虚拟环境中获得视觉、听觉、嗅觉、触觉等感官认知。

(3)高性能的计算处理技术。具有高计算速度,强处理能力,大存储容量和强联网特性等特征的高性能计算处理技术是实现虚拟现实的核心技术,包括信息获取、传输、识别、转换,涉及交互工具和开发环境的理论、方法。高性能的计算处理技术是实现虚物实化和实物虚化的手段和途径,具体涉及服务于实物虚化和虚物实化的数据转换技术,数据转换和数据预处理技术,实时、逼真图形图像生成与显示技术,多种声音的合成与声音空间化技术,多维信息数据的融合、数据压缩以及数据库的生成技术,命令识别、语音识别,以及手势和人的面部表情信息的检测、合成和识别等在内的模式识别技术,分布式与并行计算,以及高速、大规模的远程网络技术,等等。

虚拟现实,又称假想现实,意味着"用电子计算机合成的人工世界"。从此可以清楚地看到,这个领域与计算机有着不可分离的密切关系,信息科学是合成虚拟现实的基本前提。生成虚拟现实需要解决以下 3 个主要问题:

(1)以假乱真的存在技术。即怎样合成对观察者的感官器官来说与实际存在相一致的输入信息,也就是如何产生与现实环境一样的视觉、触觉、嗅觉等。

(2)相互作用。观察者怎样积极和能动地操作虚拟现实,以实现不同的视点景象和更高层次的感觉信息。实际上也就是怎么可以看得更像、听得更真等。

(3)自律性现实。感觉者如何在不意识到自己动作、行为的条件下得到栩栩如生的现实感。在这里,观察者、传感器、计算机仿真系统与显示系统构成了一个相互作用的闭环流程。

由此可见,虚拟现实不仅是一项技术,更是一个概念,即数字世界和物理世界共同发展融汇形成的新世界。虚拟现实是继理论推演、科学实验之后,人类在信息时代的第三种科学研究方法,即从传统的定量计算到从定性和定量综合集成的环境中得到感性和理性认识,进一步提升人对社会与自然的认知能力。虚拟现实是人类认识自然、模拟自然,进而更好地适应和利用自然的一种科学方法和技术,必将推动新的科学理论和实践工作的开展。

3.3.2 虚拟现实系统组成

一个典型的虚拟现实系统主要包括虚拟世界数据库、图形处理计算机、虚拟现实应用软件、输入设备和输出设备五大组成部分,如图 3-9 所示。

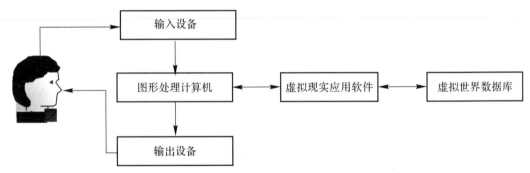

图 3-8 虚拟现实系统典型组成

(1)图形处理计算机涉及处理器配置、实时操作系统等,负责从输入设备中读取数据、访问与任务相关的数据库,更新虚拟场景并输出给显示设备,它负责整个虚拟世界的实时渲染计算、用户和虚拟世界的实时交互计算等功能。在虚拟现实系统中,计算机起着至关重要的作用,可以称之为虚拟现实世界的心脏。由于计算机生成的虚拟世界具有高度复杂性,尤其在大规模复杂场景中,渲染虚拟世界所需的计算机量级巨大,因此虚拟现实系统对计算机配置的要求非常高。

(2)虚拟世界数据库是可交互的虚拟环境,涉及模型构筑、动力学特征、物理约束、照明及碰撞检测等。数据库主要存储系统需要的各种数据,例如地形数据、场景模型、各种制作的建筑模型等各方面信息,对于所有在虚拟现实系统中出现的物体,在数据库中都需要有相应的模型。

(3)虚拟现实应用软件负责提供实时构造和参与虚拟世界的能力,涉及虚拟场景对象的物理模型、几何模型、行为模型的建立与管理等。为了实现虚拟现实系统,需要很多辅助软件的支持。这些辅助软件一般用于准备构建虚拟世界所需的素材。例如:在前期数据采集和图片整理时,需要使用 AutoCAD 和 Photoshop 等二维制图软件;在建模贴图时,需要使用 3DMax、MAYA 等主流三维软件;在准备音视频素材时,需要使用 Audition、Premiere 等软件。为了将各种媒体素材组织在一起,形成完整的具有交互功能的虚拟世界,还需要专业的虚拟现实引擎软件,它主要负责完成虚拟现实系统中的模型组装、热点控制、运动模式设立、声音生成等工作。另外,它还要为虚拟世界和后台数据库、虚拟世界和交互硬件建立起必要的接口联系。成熟的虚拟现实引擎软件还会提供插件接口,允许用户针对不同的功能需求而自主研发一些插件。

(4)输入和输出设备则用于观察和操纵虚拟世界,涉及跟踪系统、图像显示、声音交互、触觉反馈等。虚拟现实系统要求用户采用自然方式与虚拟世界进行交互的方式,传统的鼠标和键盘无法实现这个目标,这就需要采用特殊的交互设备,用以识别用户各种形式的输入,并实时生成相对应的反馈信息。目前,常用的交互设备有用于手势输入的数据手套、用于语音交互的三维声音系统、用于立体视觉输出的头盔显示等。

3.3.3　虚拟现实系统的分类

随着科学技术的飞速发展,虚拟现实技术出现了多样化的发展趋势,它包括一切与之有关的具有自然模拟、逼真体验的技术与方法。虚拟现实技术的根本目标就是要达到真实体验和基于自然技能的人机交互,因此,能够达到或者部分达到这样目标的系统就可以被称为虚拟现实系统。按系统功能和实现方式,虚拟现实系统可以分为沉浸型虚拟现实系统、简易型虚拟现实系统和共享型虚拟现实系统。

(1)沉浸型虚拟现实系统。沉浸型虚拟现实系统可以分为"穿戴式虚拟现实系统"和"投影式虚拟现实系统"。穿戴式虚拟现实系统通过头盔显示器、吊臂、数据手套、数据衣服直接得到虚拟环境中的输入/输出数据,可以获得比较好的临场感,可以在虚拟环境中自由走动,做各种动作。穿戴式虚拟现实系统的缺点是用户的视野比较小,沉浸感相对较差。投影式虚拟现实系统则提供了另一种类型的虚拟现实体验,系统内部的跟踪系统能捕捉参与者的动作,并实时地反馈到系统中,同时视频摄像仪将参与者的形象与虚拟环境组合后的图像投影到参与者前面的大屏幕上,这一切都是实时进行的,因而使得每个参与者都能够看到他自己在虚拟环境中的活动情况。这种系统的缺点是技术比较复杂,开发和运行的费用比较高,但是能较好地把观察者与现实环境隔离开来,使人和环境完全融合,并且参与者也不需要携带任何专用的交互硬件,还允许很多人同时参与一种虚拟现实的经历,所以这种系统非常适合于一些公共场合,例如艺术馆或娱乐中心。

(2)简易型虚拟现实系统。简易型虚拟现实系统主要指桌面虚拟现实系统,使用个人计算机或低档工作站实现仿真,把计算机的屏幕作为参与者观察虚拟环境的一个窗口,用安装在屏幕上方的立体观察器、液晶显示光闸眼镜等设备产生立体视觉效果。用计算机声卡和内部信号处理电路产生真实感比较强的声音效果,输出则常常用耳机来代替扬声器。通过鼠标、轨迹球、力矩球等各种输入设备与虚拟现实世界进行充分交互。在桌面虚拟现实系统中,参与者需要使用输入设备通过电脑屏幕查看 360°的虚拟区域并操作其中的物体,但参与者仍然沉浸在周围的现实中,缺乏真实世界的体验。由于它结构简单、成本和价格比较低且组成灵活,易于普及,所以被广泛采用。

(3)共享型虚拟现实系统。共享型虚拟现实系统又称为分布式虚拟环境(Distributed Virtual Environments),是一种基于网络连接的虚拟现实系统,它提供了一种可以共享的虚拟空间,使地理上分散的用户在同一时间里进行交流与合作,共同完成某一项工作。相关的研发工作可追溯到 20 世纪 80 年代初,如 1983 年美国国防部制定了 SIMNET(SIMwlator NETworking)的研究计划;1985 年硅图(Silicon Graphics,SGI)公司开发成功了网络 VR 游戏 Dog Flight。在一些著名的大学和研究所,研究人员也开展了对共享型虚拟现实系统的研究工作,并且陆续推出了多个实验性系统和开发环境,典型的例子有美国海军研究生院(Naval Postgraduate School,NPS)开发的 NPSNET、美国斯坦福大学的 PARADISE/Inverse 系统、瑞典计算机科学研究所的 DIVE、加拿大阿尔伯塔大学的 MR 工具库、新加坡国立大学的 BrickNet/NetEffet 及英国诺丁汉大学的 AVIARY,还有我国的 DVENET(Distributed Virtual Environment Network)。目前,研究火热的元宇宙概念实际也可以看成是一种共享型虚拟现实系统。

3.4　立体显示技术

虚拟现实是一种新兴的、极有应用前景的计算机综合性技术。采用以计算机技术为核心的现代高科技生成逼真的视觉、听觉、触觉一体化的特定范围的虚拟环境。立体显示是虚拟现实的关键技术之一,它使人在虚拟世界里具有更强的沉浸感,立体显示的引入可以使各种模拟器的仿真更加逼真。人们对视觉和听觉的追求总是趋向于真实再现,二维画面对一般显示应用而言可以很好地表达所需的中心思想,但在一些特定行业和领域,以及追求感官震撼的娱乐场所等场合,平面图像就完全无用武之地,所以三维立体显示成为这些领域的必备系统。随着成像技术不断发展,像素越来越高,我们能够在更大的屏幕上看到更清晰明亮、色彩丰富的视频和图形,但它们始终有一个限制,即它们是二维的。我们眼睛所看到的真实世界不只是简单的平面图像,而是具有景深的立体三维,这种感知三维的能力是视网膜不一致(或称为左、右眼看一个物体位置的轻微偏移)的一个副功能。

3.4.1　人眼双目立体视觉的形成原理

立体视觉是人眼对看到的景象具有的深度感知能力,而这些感知能力又源自人眼可以提取出景象中的深度要素。

世界因双眼而立体,平面图像无法跃然纸上。早在 1839 年,英国著名的科学家温特斯顿就在思考一个问题——人类观察到的世界为什么是立体的?经过一系列研究发现:因为人长着两只眼睛。人双眼大约相隔 6.5 cm,观察物体(如一排重叠的保龄球瓶)时,两只眼睛从不同的位置和角度注视着物体,左眼看到左侧,右眼看到右侧。这排球瓶同时在视网膜上成像,而我们的大脑可以通过对比这两副不同的"影像"自动区分出物体的距离,从而产生强烈的立体感。引起这种立体感觉的效应叫作"视觉位移"。用两只眼睛同时观察一个物体时,物体上每一点对两只眼睛都有一个张角。物体离双眼越近,其上每一点对双眼的张角越大,视差位移也越大,如图 3-9 所示。

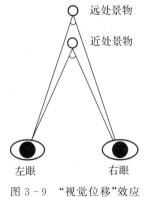

图 3-9　"视觉位移"效应

人眼系统对信息的处理是一个非常复杂的过程,如图 3-10 所示。其大致过程为:人眼的光学系统接受场景中反射的可见光,通过视网膜的感光细胞处理传递来的光信号并将其转换为神经冲动,继而变换得到视束,并传递给中枢神经系统,最终在眼底视网膜上形成具体的物像。

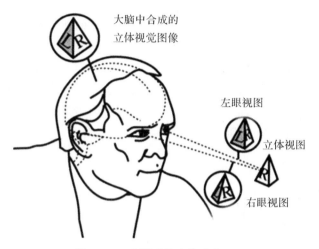

图 3-10　人眼系统立体成像过程

人眼两瞳孔之间存在着一定的间距,为 6~7 cm,这样使得人双眼从稍有不同的两个角度去观察客观的三维世界的景物,由于几何光学投影,左、右眼视网膜的成像存在着细微的差别,这就是双目视差(Disparity)。双目视差能反映场景中物体的深度信息,这也是人眼系统感知立体知觉的生理基础。人类人脑皮层对具有视差的左、右眼图像进行融合后,便能提取信息并感受到具有层次感的立体视效,这就是人眼立体视觉的基本原理,计算机立体视觉技术也是基于此原理发展而来的。

有一个简单的书脊成像实验可以展示双眼视差形成的立体感,如图 3-11 所示。将一本书放在正前方距双眼大约 25 cm 的位置,把书脊朝向人脸的方向并向下倾斜大约 45°,这个时候轮流闭上一只眼睛,用另一只眼睛观察书本,右眼恰好可以看到书的封底,而左眼正好看到封面。当双眼视网膜所成的像传到视觉神经中枢时,人就可以感觉到眼前这本书具有立体感。

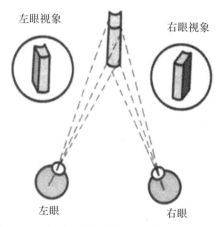

图 3-11　人眼双目视觉视差形成的立体感原理

正是这种视差位移,使我们能区别物体的远近,并获得有深度的立体感。对于远离我们的物体,两眼的视线几乎是平行的,视差位移接近于零,所以我们很难判断这个物体的距离,更不会对它产生立体感觉了。仰望星空,你会感觉到天上所有的星星似乎都在同一球面上,分不清远近,这就是视差位移为零造成的结果。

当然,只有一只眼的话,也就无所谓视差位移了,其结果也是无法产生立体感。例如,闭上一只眼睛去做穿针引线的细活,往往看上去好像线已经穿过针孔了,其实是从边上过去的,并没有穿进去。现在我们所看到的图片、电影、玩的游戏都是平面景物,虽然图像效果非常逼真,但由于双眼看到的图像完全相同,自然就没有立体感可言。如果要从一幅平面的图像中获得立体感,那么这幅平面的图像中就必须包含具有一定视差的两幅图像的信息,再通过适当的方法和工具分别传送到我们的左、右眼睛。

3.4.2 立体显示方法

人的大脑是一个极其复杂的神经系统,它可以将映入双眼的两幅具有视差的图像,经视神经中枢的融合反射,以及视觉心理反应产生三维立体感觉。利用这个原理,就可以将两幅具有视差的左、右图像通过显示器显示,将其分别送给左、右眼,从而获得立体感,即以人工方式来重现视差,想办法让左、右眼分别看到不同的影像,以模拟出立体视觉。因此,如果要设计一个立体显示系统,它必须要模拟人类在观看物体时视网膜成像的这种视差。立体显示技术就是利用一系列的光学方法使人左、右眼产生视差从而接受到不同的画面,在大脑形成立体效果的技术。

普通的平面二维显示器无法实现三维视觉效果是因为人们在看显示器的时候,无论显示器里的画面内容如何改变,人的双眼对屏幕画面某一点所产生的会聚角始终没有变化,水平视差一直处于零视差,所以看到的画面永远只是一个平面而没有立体深度感。产生这种现象的根本原因就在于,左、右眼看到了完全相同的画面。因此,如果我们能设法向左、右眼分别传输两组拍摄角度稍有不同的画面,并且让左、右眼都只能看到其对应的画面,就可以通过调节这两组画面之间细微的不同来调节双眼水平视差,使物体产生空间深度感,进而再现其空间定位以实现三维立体显示。由以上理论分析可以知道,三维立体显示器要想使观众产生三维立体视觉效果,在屏幕上实现三维立体显示,有 3 个条件是必须具备的:

(1)需要左眼和右眼两路影像;

(2)两路影像是不同的,并且具有正确的视差;

(3)左、右眼的两路影像要完全分离,左影像进左眼,右影像进右眼。

根据观看者是否需要佩戴眼镜来区分,目前主要有三大类立体显示方法,分别为佩戴眼镜式立体显示、头盔立体显示、裸眼式立体显示。

3.4.2.1 佩戴眼镜式立体显示

在佩戴眼镜式立体显示技术中,可以细分出色差式、偏光式和主动快门式 3 种主要类型,也就是平常所说的色分法、光分法和时分法。这 3 种技术的实现流程很相似,都是需要经过两次过滤,第一次是在显示器端,第二次是在眼睛端。

1. 色差式立体显示技术

色差式立体成像技术也叫作红蓝滤光成像立体显示技术,之所以称之为红蓝立体眼镜,是因为这种技术需要观看者佩戴眼镜,这种眼镜的两个镜片分别为红色和蓝色,能够对画面中对应的红色和蓝色进行过滤。如果将左眼和右眼看到的具有细微差距的两幅图像印刷在同一副图像中,由于红、蓝眼镜的过滤作用,同一副图像就会被还原为两幅具有细微差距的原始图像,分别映射到左眼与右眼,最终在大脑中形成立体影像,如图 3-12 所示。

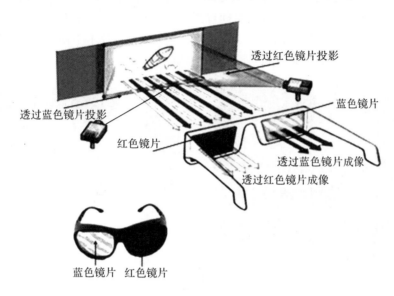

图 3-12　色差式立体显示原理

2.偏光式立体显示技术

偏光式立体显示技术利用光线具有振动方向的特性将图像按照水平与垂直两个方向分解成两组画面。观看者通过佩戴具有偏光镜片的特制眼镜,将这两组画面分别映射到左眼和右眼,经过大脑的合成后形成立体影像,如图 3-13 所示。这种技术虽然能够实现立体影像的显示,但是由于在图像的处理过程中,将一幅画面分成了两幅,结果就会造成分辨率减半,清晰度大大降低,亮度衰减 3/4 以上。

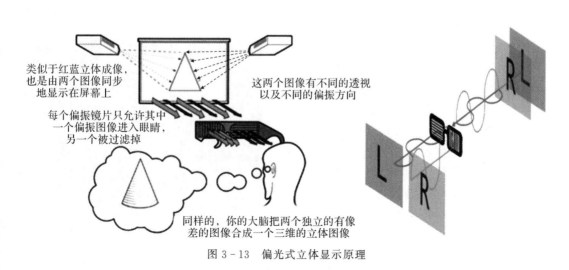

图 3-13　偏光式立体显示原理

3. 主动快门式立体显示技术

主动快门式立体显示技术采用时间分割,利用液晶电路控制镜片透光度来做遮蔽。这种技术以帧为单位,左眼与右眼的图像分别对应不同的帧,连续交替地显示。左眼对应的帧显示在屏幕上时,通过显示器上的红外线控制开关,将观看者佩戴的3D眼镜的右眼镜片关闭。反之则关闭左眼镜片,使双眼能够在正确的时间看到正确的帧画面,利用人眼的视觉暂留机制,双眼影像叠加后产生双眼视差,如图 3-14 所示。与偏光式 3D 技术不同,由于双眼对应不同的帧画面,因此分辨率不会有任何降低,能保持高画质。

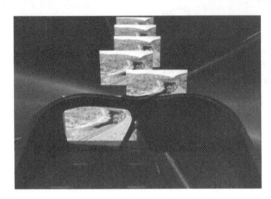
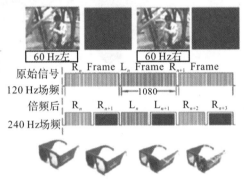

图 3-14　主动快门式立体显示原理

3.4.2.2　头盔立体显示

头盔显示器(Head Mounted Display,HMD)的原理是将小型二维显示器所产生的影像借由光学系统放大。具体而言,小型显示器所发射的光线经过凸状透镜使影像因折射产生类似远方效果。利用此效果将近处物体放大至远处观赏而达到所谓的全像视觉(Hologram)。液晶显示器的影像通过一个偏心自由曲面透镜,使影像变成类似大银幕画面。由于偏心自由曲面透镜为一倾斜状凹面透镜,因此在光学上它已不单是透镜功能,基本上已成为自由面棱镜。当产生的影像进入偏心自由曲面棱镜面,再全反射至观视者眼睛对向侧凹面镜面,侧凹面镜面涂有一层镜面涂层,反射同时,光线再次被放大反射至偏心自由曲面棱镜面,并在该面补正光线倾斜,到达观视者眼睛。

头盔显示器安装有两个小型显示器在人眼前部,分别为左、右眼提供具有双目视差的不同图像,同时遮挡住外部的光线和视野,因而会有很强的沉浸感。显示器直接与计算机的视频输出连接,分别提供给左、右眼不同的图像。头盔显示器提供一个稳定的两眼视差三维影像,利用附带的头部跟踪器可实时获取头部的位置和运动信息提供不同的图像画面。

头盔式显示器是最早的 VR 显示器,它利用头盔将人对外界的视觉、听觉封闭起来,使用户产生一种身在虚拟环境中的感觉,如图 3-15

图 3-15　一种 VR 头盔式显示器

所示。目前的头盔式显示器可为用户提供清晰的虚拟场景画面。佩戴头盔显示器的局限性显而易见:首先,观察环境和人隔离开;其次,只有佩戴头盔的人才能感受到真实的立体效果。

3.4.2.3　裸眼式立体显示

根据显示原理和光学结构的不同,裸眼立体显示技术主要有光屏障式(Parallax Barrier)技术、柱状透镜(Lenticular Arrays)技术指向光源(Directional Backlight)技术以及全息显示(Holographic Display)技术等。

1. 光屏障式技术

光屏障式技术由高分子液晶层、LCD 面板、开关液晶屏及偏振膜等组成,视差障壁是通过利用液晶层和偏振膜产生方向为 90°的一系列垂直条纹形成的,这些垂直条纹宽几十微米,当光通过时就形成了垂直的细条栅模式。

视差障壁是该技术实现裸眼 3D 显示的关键所在,在 3D 显示模式下,安置在 LCD 面板及背光模块间的视差障壁,利用液晶层和偏振膜制造出一系列明暗相间的条纹(视差栅栏),在立体显示模式下视差栅栏会被激活,双眼的间距产生的微小视差会导致不透光条纹遮挡左、右眼,使得左眼和右眼看到的像素并不相同,实现了左眼和右眼分别接收到不同的视图,从而使观众感受到 3D 效果,其原理如图 3-16 所示。

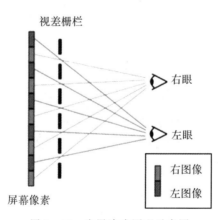

图 3-16　光屏障式原理示意图

视差屏障技术与既有的 LCD 液晶工艺兼容,只在自屏幕表面额外镀一层膜,再对屏幕驱动电路做一些改造与匹配即可,因此在量产性和成本上较具优势,但由于挡光,其画面亮度只有 2D 屏的 1/4。

2. 柱状透镜技术

柱状透镜技术的原理是在液晶显示屏的前面加上一层柱状透镜,每个柱透镜下面的图像像素被分成 R,G,B 子像素,并使液晶屏的像平面位于透镜的焦平面上,每个子像素通过透镜以不同的方向投影,观众便可从不同的方向观看到不同的视图,如图 3-17 所示。该技术的缺点是放大了像素间的距离,所以简单的叠加子像素是一种难以取得好的显示效果的做法,一种更好的方法是使一组子像素交叉排列,且让柱透镜与像素列呈一定的倾斜角度。

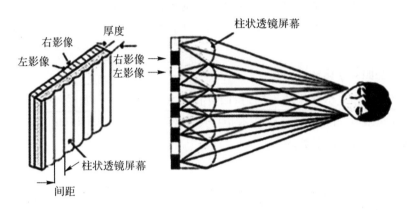

图 3 - 17 柱状透镜技术示意图

柱状透镜技术也被称为双凸透镜或微柱透镜 3D 技术,其最大的优势便是其画面亮度基本不受到影响,3D 显示效果更好,但其相关制造与现有 LCD 液晶工艺不兼容,需要投资新的设备和生产线,生产成本比较高。

3. 指向光源技术

指向光源技术搭配分布在左、右两侧的两组不同角度的 LED,配合高刷新率的 LCD 面板和反射棱镜模块,让画面以奇、偶帧交错排序方式,分别反射给左、右眼,如图 3 - 18 所示。

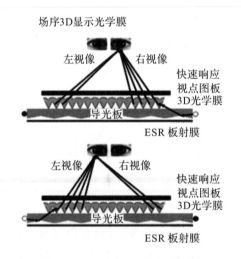

图 3 - 18 指向光源技术示意图

指向光源技术中最表层的汇聚透镜与柱状透镜类似,但内层还设有三棱镜、导光板和两组不同的光源,因此结构更加复杂,成本也很高。

4. 全息显示技术

全息显示技术相对于传统摄影技术来说是一种革命性的发明。光作为一种电磁波有 3 种属性,即颜色(即波长)、亮度(即振幅)和相位,传统的照相技术只记录了物体所反射光的颜色与亮度信息,而全息照相则把光的颜色、亮度和相位 3 种属性全部记录下来了。

全息摄影采用激光作为照明光源,并将光源发出的光波分为两束,一束直接射向感光片,另一束经被摄物的反射后再射向感光片,其光路图如图 3 - 19 所示。两束光在感光片上叠加产生干涉,感光底片上各点的感光程度不仅随强度也随两束光的位相关系而不同。因此,全息摄影不仅记录了物体上的反光强度,也记录了位相信息。人眼直接去看这种感光的底片,只能看到像指纹一样的干涉条纹,但如果用激光去照射它,人眼透过底片就能看到与原来被拍摄物体完全相同的三维立体像。一张全息摄影图片即使只剩下很小的一部分,依然可以重现全部景物。

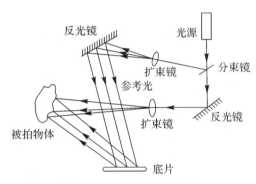

图 3 - 19　全息摄影光路图

全息照相在理论上是一种很完美的 3D 技术,从不同角度观看,观看者会得到角度不同的 3D 图像。其他的 3D 显示技术都无法做到这一点。全息照相可应用于无损工业探伤、超声全息、全息显微镜、全息摄影存储器、全息电影和电视。但是由于技术复杂,全息投影照相目前还没有得到商业应用。

立体显示还包含多种实现方式,比如裸眼 3D 投影技术、头部跟踪技术(Head Tracking Technology)等。裸眼 3D 投影技术也称建筑 3D 立体投影,分为建筑外巨幅墙面投影和建筑内巨幅墙面投影两种,目前国外应用较多的巨幅墙面投影是建筑外巨幅墙面投影。巨幅墙面投影具有科技感浓郁、3D 画面巨大、显示效果震撼等优点,能够吸引人们驻足观看,具有非常高的关注度,因而在产品宣传、主题传播上可以获得很好的效果。头部跟踪技术可以在只提供单视点的条件下,实现具有运动视差的立体显示。

3.4.3　立体显示技术总结

光屏障式与柱状透镜技术上类似于偏振式 3D 眼镜,都是通过将液晶面板的不同区域显示不同内容,然后各自输出给左、右眼来实现的,也叫空间多功能裸眼 3D 技术。这种技术的缺点是会牺牲分辨率,如果液晶面板的物理分辨率是 1 920×1 080,那么透过偏振式 3D 眼镜看到的实际分辨率是 1 920×540(横向拆分),而视差屏障与柱状透镜裸眼 3D 的实际分辨率是 960×1 080(纵向拆分)。指向光源则类似于快门式 3D 眼镜,通过将液晶面板不同时刻显示不同内容输出给双眼来实现,也叫时分多功能裸眼 3D 技术。这种技术不会牺牲液晶面板的分辨率,但会牺牲刷新率,必须使用 120 Hz 的面板才能保证左、右眼获得的图像都是 60 Hz。

总体来说,不管佩戴眼镜还是裸眼,时分法还是空分法,都是用复杂的光学原理来欺骗人眼,让左、右眼分别看到有一定位移差的图像,从而产生距离感和立体感。

目前眼镜式 3D 技术已经非常成熟了,偏振式分辨率不高的缺点可以通过 4K 高分屏来弥补,快门式刷新率不高的缺点可以通过高刷新率的面板来弥补。裸眼 3D 目前所存在的问题不仅仅在分辨率和刷新率方面,主要还是难以保证反射到左、右眼的图像是事先匹配好的。根据实际体验来看,裸眼 3D 对观看者的距离、方位、角度有着较为严格的要求,一旦有某一项不能满足,就会出现部分区域立体感明显而另外的区域显示错乱的问题,观众数量较多时更容易出现问题。

3.5 虚拟现实建模技术

视觉提供感知客观世界的信息量约占总信息量的 70%,视觉信息的逼真度是参与者在虚拟现实环境中具有沉浸感的关键。虚拟现实技术是在虚拟的数字空间中模拟真实世界中的事物,这就需要一个逼真的数字模型,于是虚拟现实建模技术就产生了。虚拟现实与现实到底像不像,是与建模技术紧密相关的,所以建模技术的研究具有非常重要的意义。

虚拟现实系统要求真实、动态、逼真的模拟环境。由于设计者经常受到硬件的限制和虚拟现实系统实时性的要求,因此在虚拟现实系统中建模与以角色造型为主的动画建模方式有所不同。按照建模方式的不同,现有对虚拟现实环境的建模技术主要可以分为几何造型、扫描、基于图像等几种方法。基于几何造型的建模技术需要专业的设计人员掌握相关三维软件创建出物体的三维模型,对设计人员要求高,而且效率不高。三维扫描仪以其高精度的优势而得到应用,但由于测量设备本身所占空间比较大,容易受到空间、地点等因素的限制,从而限制了其在某些特定情况下的使用范围,还需要进行一些后期的专业处理。基于数码照片的三维建模技术则可以根据物体的不同方位运用不同的视角来拍摄数码照片,只要依据确定的数码相机的内外部参数来确定物体的特征点的空间方位。

开发一个虚拟现实应用的第一步就是要从数学上定义基本过程,并配备已有的硬件资源。第二步就是开发对象数据库和优化模型,即建立对象的形状、外表、行为、限制模型,并将对应的 I/O 工具映射到仿真的世界。建立一个虚拟对象模型所要考虑的基本问题有几何建模、运动建模、物理建模、对象特征、模型分割等。

3.5.1 几何建模

任何物体都可以看成是由若干几何体建构而成的,比如说人体模型或建筑模型,这些基本对象都可以以几何信息作为表示与处理。由于物体的几何形状较为直观,因此几何建模是建模技术中最先使用和最为常用的方法。几何建模可分为两个方面:一是体素(Voxel),用来构造物体的原子单位,它的选用决定了建模系统所能构造的对象范围;二是结构,以体素为基础,将体素组合成新的对象。

几何建模是虚拟现实建模技术的基础。几何模型描述物体的几何信息和拓扑信息。几何信息指在欧氏空间中的形状、位置和大小,最基本的几何元素是点、直线、面。拓扑信息是指拓扑元素(顶点、边棱线和表面)的数量及其相互间的连接关系。虚拟现实环境中的几何建模是物体几何信息的表示,涉及表示几何信息的相关构造、数据结构与操纵该数据结构的算法。

采用几何建模方法对物体对象虚拟主要是对物体几何信息的表示和处理,描述虚拟对象的几何模型,例如多边形、三角形、顶点以及它们的外表(纹理、表面反射系数、颜色等),即用一定的数学方法对三维对象的几何模型进行描述。物体的形状由构成物体的各个多边形、三角形及顶点来确定;物体的外观则是由表面纹理、材质、颜色、光照系数等决定的。

几何建模可以进一步划分为层次建模法和属主建模法。

(1)层次建模法。利用数据结构中树型层次结构作为基本原理,利用树形结构来表示物体的各个组成部分。比如对大楼建模,一般包括整体建筑物、大厅、楼梯、门、窗等若干物体,这样构成一个层次结构。当我们在对大厅进行建模或修改模型时,势必先建门,若门有窗,那又必建窗户,当修改窗户,又带来门和大厅的变化。因此,这样的层次建模既体现了物体的整体性,又体现了整体建模修改的灵活性。在层次建模中,较高层次构件的运动势必改变较低层次构件的空间位置。

(2)属主建模法。让同一种对象拥有同一个属主,属主包含了该类对象的详细结构。当要建立某个属主的一个实例时,只要复制指向属主的指针即可。每一个对象实例是一个独立的节点,拥有自己独立的方位变换矩阵。以木椅建模为例,木椅的 4 条凳腿有相同的结构,我们可以建立一个凳腿属主,每次需要凳腿实例时,只要创建一个指向凳腿属主的指针即可。

虚拟环境中的每个物体包含形状和外观两方面。物体的形状由构造物体的各个三角形、多边形和顶点等来确定,物体的外观则由表面颜色、纹理、光照系数等来确定,用于存储虚拟环境中几何模型的模型文件应该能够提供上述信息。

3.5.1.1　形状建模

要表现三维物体,最基本的是绘制出三维物体的轮廓,利用点和线来构建整个三维物体的外边界,即仅使用边界来表示三维物体。形状建模主要有网格/多边形(Polygon)建模、非均匀有理 B 样条曲线(Non-Uniform Rational B-Splines,NURBS)建模、细分曲面(Subdivision Surface)建模等。每种方法都可以完成模型的建立,每个模型也可以采用其中的不同方法或共同方法来完成。

(1)网格/多边形建模。多边形建模技术是最早采用的一种建模技术,它的思想很简单,就是用小平面来模拟曲面,从而制作出各种形状的三维物体,小平面可以是三角形、矩形或其他多边形,但实际中多是三角形或矩形。使用多边形建模可以通过直接创建基本的几何体,再根据要求调整物体形状或通过使用放样、曲面片造型、组合物体来制作虚拟现实作品,如图 3 - 20 所示。

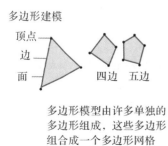

图 3 - 20　采用多边形建模方法建立的不同模型

多边形建模的主要优点是简单、方便和快速，但它难以生成光滑的曲面，故而多边形建模技术适合构造具有规则形状的物体，如大部分的人造物体。基于多边形建模的基本原理，可知构成模型的面数越多，模型的细节越能表达得细致，模型也越真实，但也需要考虑模型的细节需求与面数的折中。

（2）NURBS 建模。NURBS 建模也称为曲面建模，它是计算机图形学的一个数学概念。其中，非均匀（Non-Uniform）是指一个控制顶点的影响力的范围能够改变。当创建一个不规则曲面的时候这一点非常有用。同样，统一的曲线和曲面在透视投影下也不是无变化的，这在建模不规则曲面时也比较有用。有理数意味着用以表示曲线或曲面的方程式是用两个多项式的比值来表示的，而不是一个单个的总多项式。有理（Rational）是指每个 NURBS 物体都可以用数学表达式来定义，有理数方程式给一些重要的曲线和曲面提供了更好的模型，特别是圆锥截面、圆锥、球体等。B 样条（B-Spline）是指用路线来构建一条曲线，B 样条线（对于基础样条线）是一种在 3 个或更多点之间进行插补的构建曲线的方法。

NURBS 建模技术是三维动画最主要的建模方法之一，特别适合于创建光滑、复杂的模型，而且在应用的广泛性和模型的细节逼真性方面具有其他技术无可比拟的优势，如图 3-21 所示。但由于 NURBS 建模必须使用曲面片作为其基本的建模单元，所以它也有以下局限性：NURBS 曲面只有有限的几种拓扑结构，导致它很难制作拓扑结构很复杂的物体（例如带空洞的物体）；NURBS 曲面片的基本结构是网格状的，若模型比较复杂，会导致控制点急剧增加而难以控制；构造复杂模型时经常需要裁剪曲面，但大量裁剪容易导致计算错误；NURBS 技术很难构造"带有分枝的"物体。

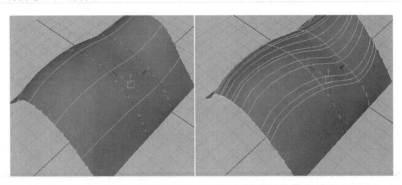

图 3-21 采用 NURBS 建模方法建立的模型

（3）细分曲面建模。在三维建模领域中，细分曲面算是一个比较常见的术语了，经常用于动画角色的原型设计，甚至在工业设计领域，也开始流行用细分建模来进行原型设计。所谓曲面细分是指以一定的规则对多边形网格进行逐层精化形成一个收敛的网格序列，取序列极限的曲面造型方式，细分曲面就是这个的极限结果。不断地重复采用自己定义的规则向初始网格中插入新节点这一过程就可以获得一个网格序列。这种方法主要是解决了参数曲面在处理拓扑网格结构时遇到的困难。细分曲面技术解决了 NURBS 技术在建立曲面时面临的困难，它使用任意多面体作为控制网格，然后自动根据控制网格来生成平滑的曲面。细分曲面技术的网格可以是任意形状，可以很容易地构造出各种拓扑结构，并始终保持整个曲面的光滑性。细分曲面技术的另一个重要特点是"细分"，就是只在物体的局部增加细节，而不必增加整个物体的复杂程度，同时还能维持增加了细节的物体的光滑性。细分曲面方法凭借它构造参数曲面的方法逐步推广到任意拓扑形式的网格模型中,自动保证了模型的光滑连接。细分曲面方法主要有以下几个有别于其他曲面建模技术的优点:

1)任意拓扑性。它能够建立任意拓扑结构的曲面,可以任意地选取关联曲面和网络的拓扑类型。在计算机辅助几何造型中,许多自由曲面是定义在三角形、四边形或者任意拓扑结构上。复杂物体往往由具有复杂网络拓扑结构的控制顶点组成,这种复杂曲面通常不能由NURBS、B样条或Bezier曲面表示出来,但是具有千差万别的参数空间的细分方法就不可能存在这样的问题,定义在任意拓扑结构上的细分造型方法可以生成光滑的、具有任意拓扑关系的曲面结构模型,从而避免了复杂且难以处理的参数曲面片的光滑拼接问题,在此基础上还可以始终如一地保持模型拓扑关系稳定不变。这里的"任意拓扑"具有两方面的含义:一是网格的亏格(Genus)和相应曲面的拓扑结构是任意的;二是由网格的顶点和边所构成的图形是任意的。

2)计算的高效性。由于在整个造型过程中细分方法可以通过改变几个初始的控制顶点来加权计算所有新的控制顶点,所以它运算效率高、计算量小,从而易于编程实现,而用隐函数等方法来设计曲面时则需要计算大量的数据。同时曲面造型方法的执行效率直接取决于计算量大小,它是衡量造型方法优劣的至关重要的标准。

3)表示一致性。传统的曲面表示方法只能选择多边形曲面和参数曲面其中的一种进行表达,而统一表示曲面片与多面体的细分方法,既可以被视为一种离散的网格曲面,同时又可以看作是由控制网格定义的连续曲面。这种模式开创了统一处理曲面和多面体表示的造型系统的先河。

4)数值稳定性。细分曲面方法的线性迭代过程,使其可用于有限元方法,具有实时修正简单、操作方便和整体连续等优点。此外,细分曲面方法具有很好的数值稳定性。

5)可伸缩性。细分曲面的逐渐细化的递归过程,以及富有坚实的数学基础的多分辨率分析,使其能根据设备的不同情况进行效率和精度的平衡处理,使得细分曲面方法在编辑、显示和网格传输方面具有其他曲面造型技术所无法比拟的优势。

6)算法的简便性。这是细分曲面方法最大的优点。借助于这一优势,任意复杂的曲面都可用细分曲面方法来描述,它能显著地压缩设计和建立一个原始模型的时间。

由于细分曲面方法具有以上这些其他方法都无可比拟的优点以及灵活性,在几何建模领域受到广泛的关注。

对于对象的形状建模,常常可以利用现有的图形库来创建,常用的图形库有:图形核心系统(Graphical Kernal System,GKS)、程序员级分层结构交互图形系统(Programmer's Hierarchical Interactive Graphics System,PHIGS)、开放式图形库(Open Graphics Library,OpenGL)等。

要创建出一个三维模型来,需要提供详细的坐标信息,并且在创建过程中需要完全依靠想象力来进行布局,这对技术人员的要求比较高。为了避免直接用多边形或三角形拼构某个对象形状时烦琐的过程,可以直接购买商品化几何图形库。目前比较著名的是美国Viewpoint Datalabs公司的View Point Catalog图形库。

然而,规则三维立体可以用上述方法进行建模,那么对于某些特殊的几何对象,现有的图形库不能满足要求时,则需通过对三维物体表面的测试得到离散的三维数据,然后将这些数据用多边形描述出来从而构造出对象的形状。

近年来三维扫描技术得到了迅速发展。三维扫描仪,又称为三维数字化仪,是一种将真实世界的立体彩色图形转换为计算机能直接处理的数字信号的装置。它在虚拟现实技术、影视特技制作、高级游戏、文物保护等方面有着广泛的应用。事实上,在虚拟现实系统中,靠人工构造大量的三维彩色模型费时费力,且真实感差。利用三维扫描技术可为虚拟现实系统提供大量的、与现实世界完全一致的三维彩色模型数据。

3.5.1.2 外观建模

对象的外表是一种物体区别于其他物体的质地特征,虚拟现实系统中虚拟对象的外表真实感主要取决于它的纹理和表面反射。一般来讲,只要时间足够宽裕,用增加物体多边形的方法可以绘制出十分逼真的图形表面。但是,虚拟现实系统是典型的限时计算与显示系统,对实时性要求很高。因此,省时的纹理映射(Texture Mapping)技术在虚拟现实系统几何建模中得到广泛应用。如图 3-22 所示,一个光秃秃的人脸模型,贴了一张纹理后变得栩栩如生。用纹理映射技术处理对象的外表:一是增加了细节层次以及景物的真实感;二是提供了更好的三维空间线索;三是减少了视景多边形的数目,因而提高了帧刷新率,增强了复杂场景的实时动态显示效果。

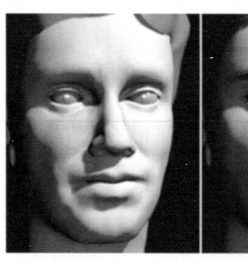

图 3-22　纹理映射效果图

1. 纹理映射

纹理映射又称纹理贴图,是将纹理空间中的纹理像素映射到屏幕空间中的像素的过程。简单来说,就是把一幅图像贴到三维物体的表面上来增强真实感。纹理映射是把给定的纹理图像映射到物体表面上,而不是特定的几何模型上。使用纹理映射可以避免对场景的每个细节都使用多边形来表示,进而可以大大减少环境模型的多边形数目,提高图形的显示速度。

从物体表面的质地特征来看,纹理映射分为颜色纹理映射和凹凸纹理映射。前者是通过颜色色彩或明暗度的变化来表现物体的表面细节;后者则是通过对景物表面各采样点法向量的扰动来表现物体几何形状凹凸不平的粗糙质感。

按表现形式分类,纹理可以分为颜色纹理、几何纹理和过程纹理。颜色纹理指物体表面呈现的各种花纹、图案和文字等,如桌面的木纹、墙面的贴图等;几何纹理指景物表面微观几何形状的表面纹理,如树皮、岩石等粗糙的表面;过程纹理表示各种规则和不规则的动态变化的自然景象,如微风拂过水面的波纹等。

从具体算法来看,纹理映射可分为标准纹理映射和逆向纹理映射。标准纹理映射是对纹理表面均匀扫描,并直接映射到屏幕空间。逆向纹理映射是对屏幕上的每一像素,通过逆映射寻找到物体空间上的对应点,再在纹理空间找到相应的像素点,取得纹理值经滤波后显示该像素。纹理映射的过程如图 3-23 所示。

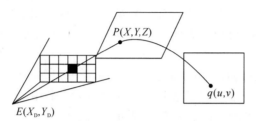

图 3-23　纹理映射过程

$E(X_D,Y_D)$ 代表眼点,$P(X,Y,Z)$ 代表物体上的点,$q(u,v)$ 代表纹理上的像素点。因此,纹理映射实际上是屏幕空间、物体空间和纹理空间之间的一系列的变换过程。虚拟对象的纹理可通过拍摄对应物体的照片,然后将照片扫描进计算机的方法得到,也可用图像绘制软件建立。

物体空间与纹理空间之间映射关系的确定是实现纹理映射的关键。这种映射关系可以描述为

$$q(u,v)=P(X,Y,Z)$$

对于比较简单的二次曲面,其纹理映射函数可解析地表达出来。例如圆柱面 $x^2+y^2=1$ $(0 \leqslant z \leqslant 1)$,可以用参数方程表示为

$$\begin{cases} x=\sin(2\pi u), 0 \leqslant u \leqslant 1 \\ y=\cos(2\pi u), 0 \leqslant v \leqslant 1 \\ z=v \end{cases}$$

给定 u,v,可以根据上式确定 x,y,z,而给定圆柱上的 (x,y,z),也可以根据其逆映射求出 u,v:

$$\begin{cases} (y,z), x=0 \\ (x,z), y=0 \\ \dfrac{1}{2\pi}\arctan\dfrac{x}{y}, x>0, y>0 \\ \dfrac{1}{2\pi}\arctan\dfrac{x}{y}, x>0, y<0 \\ \dfrac{1}{2\pi}\arctan\dfrac{x}{y}, x<0 \end{cases}$$

但对于复杂的高次参数曲面来说,求解析表达式往往是不可能的,应采用数值求解方法来离散求得。

2. 光照

当光照射到物体表面时,可能被吸收、反射或者折射。被物体吸收的部分转化为热,而那些被反射、投射的光传到我们的视觉系统,使我们能看见物体。为了模拟这一物理现象,我们

使用一些数学公式来近似计算物体表面按照什么样的规律、什么样的比例来反射或者折射光线。这种公式称作明暗效应模型。

假设物体不透明,那么物体表面呈现的颜色仅仅由其反射光决定。通常,反射光由 3 个分量表示,分别是环境反射光,漫反射光,镜面反射光。

(1) 环境反射光:环境反射光在任何方向上的分布相同。环境反射光用于模拟从环境中周围物体散射到物体表面再反射出来的光。环境反射光可以用下面的公式表示:$I = K_a I_a$。其中,K_a 是环境反射常数,与物体表面的性质有关;I_a 是入射的环境光光强,与环境的明暗有关。

(2) 漫反射光:漫反射光的空间分布也是均匀的,但是反射光的光强与入射光的入射角的余弦成正比。通常可以用下面的公式表示:$I = K_d I_i \cos\theta$。其中:K_d 是漫反射常数,与物体表面的性质有关;I_i 是入射光的光亮度;θ 是入射角。

(3) 镜面反射光:镜面反射光为朝一定方向的反射光,它遵循光的反射定律。反射光和入射光对称地位于表面法向量的两侧。对于纯镜面,入射到表面面元的光严格地遵守光的反射定律单向反射出去。然而,真正的纯镜面是不存在的,一般光滑表面,实际上是由许多朝向不同的微小平面组成的,其镜面反射光存在于镜面反射方向的周围。实际常常使用余弦函数的某次幂来模拟一般光滑表面反射光的空间分布,即

$$I = K_s I_i \cos^n \alpha$$

式中:K_s 为镜面反射系数;I_i 为入射光的光亮度;α 为镜面反射方向和射线方向的夹角,介于 $0° \sim 90°$;n 为镜面反射光的汇聚指数(光滑度)。

3.5.2　运动建模

几何建模只是反映了虚拟对象的静态特性,而虚拟现实系统中还要表现虚拟对象在虚拟世界中的动态特性,而有关对象位置变化、旋转、碰撞、伸缩、手抓握、表面变形等方面的属性就属于运动建模问题。

对象位置通常涉及对象的移动、伸缩和旋转,因此往往需要用各种坐标系统来反映三维场景中对象之间的相互位置关系。例如,假如我们开着一辆汽车围绕树驾驶,从汽车内看该树,该树的视景就与汽车的运动模型非常相关,生成该树视景的计算机就应不断对该树移动、旋转和缩放。

在 3D 空间中移动对象共有 3 个平移参数 (x,y,z) 和沿它们做旋转的 3 个旋转参数。这些参数的测量结果组成一个 6 维的数据集,一般用 4×4 的齐次变换矩阵来描述:

$$T_{A \leftarrow B} = \begin{bmatrix} R_{3*3} & P_{3*1} \\ 0 & 1 \end{bmatrix}$$

这里 R_{3*3} 描述坐标系 B 的方向相对于坐标系 A 的旋转子矩阵,P_{3*1} 是描述坐标系 B 的原点对于坐标系 A 的变化矢量。

齐次变换矩阵节省了一定的计算量,由于旋转和平移是按照同一规则进行的,求其反置可用公式表示为

$$T_{A \leftarrow B} = (T_{B \leftarrow A})^{-1} = \begin{bmatrix} R^T & -R^T P \\ 0 & 0 & 0 & 1 \end{bmatrix}$$

在虚拟现实系统中,一般给每个对象捆绑一个坐标系,该坐标系成为对象坐标系,捆绑的

坐标系和对象一起移动,因此,在对象坐标系中对象顶点的位置和方向保持不变。图 3-24 显示了捆绑坐标系(X_1,Y_1,Z_1)和(X_2,Y_2,Z_2)的两个对象。

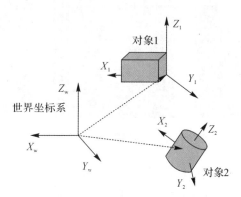

图 3-24　虚拟对象坐标系

对象的绝对位置是相对一个固定的坐标系而言的,这个坐标系称为世界坐标系(X_w,Y_w,Z_w),对象 1 坐标系与世界坐标系的变换公式为

$$T_{w\leftarrow 1}=\begin{bmatrix} X_{w\leftarrow 1} & Y_{w\leftarrow 1} & Z_{w\leftarrow 1} & P \\ 0 & 0 & 0 & 1 \end{bmatrix}$$

这里的 $X_{w\leftarrow 1}$,$Y_{w\leftarrow 1}$ 和 $Z_{w\leftarrow 1}$ 是描述世界坐标系中(X_1,Y_1,Z_1)分量的 3×1 向量;P 是从 O_w 到 O_1 的位置向量。如果对象 1 在移动,那么变换便成为时间的函数$T_{w\leftarrow 1}(t)$,(X_1,Y_1,Z_1)改变之后的位置$P^{(w)}(t)$ 可以按照方法$P^{(w)}(t)=T_{w\leftarrow 1}(t)P_{(1)}$计算。

3.5.3　物理建模

在几何建模和运动建模之后,虚拟现实环境建模的下一步是综合体现对象的物理特性,包括重力、惯性、表面硬度、柔软度和变形模式等,这些特征与几何建模和行为法则相融合,形成更具有真实感的虚拟环境。例如,用户用虚拟手握住一个球,如果建立了该球的物理模型,用户就能够真实地感觉到该球的重量、硬软程度等。物理建模是虚拟现实中比较高层次的建模,它需要物理学和计算机图形学的配合,涉及力学反馈问题,主要是重量建模、表面变形和软硬度等物理属性的体现。物理建模重点取决于科学合理的动态约束和运动方程的确立及求解。更改限制条件,互动环境即可自动解答更新的运动方程而且不存在显著延迟现象。研究中,多是通过模拟对象的位移、碰撞检测、旋转、表面形变等方面来实现模型搭建。分形技术和粒子系统就是典型的物理建模方法。

3.5.3.1　分形技术

分形技术可以描述具有自相似特征的数据集。自相似特征的典型例子是树,如图 3-25所示。若不考虑树叶的区别,当我们靠近树梢时,树的细梢看起来也像一棵大树。由相关的一组树梢构成的一根树枝,从一定距离观察时也像一棵大树。这种结构上的自相似成为统计意义上的自相似。自相似结构可用于复杂的不规则外形物体的建模。该技术首先用于水流和山体的地理特征建模。例如,我们可以利用三角形来生成一个随机高程的地理模型,去三角形三边的中点并按顺序连接起来,将三角形分割成 4 个三角形,同时,给每个三角形随机地赋一个高程值,然后递归上述过程,就可以产生相当真实的山体。

图 3-25　几种典型的分形结构

分形技术的优点是通过简单的操作就可以完成复杂的不规则物体的建模,缺点是计算量太大,不利于动态实时性,在虚拟现实中一般用于静态远景的建模。

3.5.3.2　粒子系统

粒子系统是一种典型的物理建模系统,粒子系统是用简单的元素来完成复杂的运动的建模。粒子系统是由总体具有相同的表现规律、个体却随机表现出不同的特征的大量显示元素构成的集合,如图 3-26 所示。

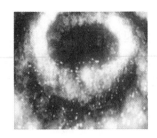

图 3-26　几种典型的粒子系统

粒子系统由大量的称为粒子的简单元素构成,每个粒子具有位置、速度、颜色和生命期等属性,可以根据动力学计算和随机过程得到。在虚拟显示中,粒子系统常用于描述火焰、水流、雨雪、旋风、喷泉等现象。在虚拟显示中粒子系统用于动态的、运动的物体建模。

粒子系统呈现出的几种要素如下。

(1)群体性:粒子系统是由"大量显示元素"构成的。比如,用粒子系统来描述一群蜜蜂是正确的,但描述一只蜜蜂没有意义。

(2)统一性:粒子系统的每个元素具有相同的表现规律。比如组成火堆的每一个火苗,都是红色、发亮、向上跳动的,并且会在上升途中逐渐变小以至消失。

(3)随机性:粒子系统的每个元素又随机表现出不同特征。比如蜂群中的每一只蜜蜂,它的飞行路线可能会弯弯曲曲,就像布朗运动一般无规则可寻,但整个蜂群,却看起来是向一个方向做直线运动,这就是上述统一性。

3.5.3.3　开源的物理引擎

物理引擎是一种用于模拟真实物理现象的中间件,可以用来创建虚拟的物理环境,并在其中运行来自物理世界的规则。物理引擎简单地说,就是计算 3D 场景中物体与场景之间、物体与角色之间、物体与物体之间的运动交互和动力学特性。在物理引擎的支持下,虚拟现实场景中的模型有了实体,一个物体可以具有质量,可以受到重力,可以落在地面上,可以和别的物体发生碰撞,可以被施加的推力,可以因为压力而变形,可以有液体在表面上流动。

物理引擎是一种仿真程序,可用来创建一种虚拟环境,在其中集成来自物理世界的规律。在这个虚拟环境中的物体,除了物体之间的相互作用(比如碰撞)外,还包括施加到它们身上的力(比如重力)。物理引擎可在仿真环境内模拟牛顿物理学,并处理这些力和相互作用。

物理引擎将开发者从开发复杂软件以便在软件中实现物理现象和碰撞检测的工作中解放出来。物理引擎最为人称道的应用之一就是在娱乐和游戏行业,其中物理引擎提供了游戏环境的实时仿真(包括玩家和可能出现的其他物体)。在应用于游戏领域之前,物理引擎在科学领域早已有诸多应用,从天体的大型仿真到气候仿真,再到可视化纳米粒子的行为及其相关作用力的小型仿真。

这些应用之间的一个关键差别是:以游戏为中心的物理引擎侧重于实时近似,而科学仿真中的物理引擎则更多地侧重于精确计算以获得高准确性。科学物理引擎依赖于超级计算机的原始处理能力,而游戏物理引擎则可运行于资源更为受限的平台(比如手持型游戏设备和移动手机)。游戏物理引擎通过避免诸如布朗运动这样的东西来缩减仿真,进而最小化仿真的处理复杂性。

目前已经有多种游戏物理引擎,其各自的需求尽管不同,但是它们全部都是相同主题的衍生。根据这些软件框架的流行性,有很多开源选项可供选择,见表 3-1。

表 3-1　开源物理引擎

引　擎	类　型	许　可
Box2D	2D	Zlib
Bullet	3D	Zlib
Chipmunk	2D	MIT
ODE(Open Dynamics Engine)	3D	BSD
PAL(Physics Abstraction Layer)	N/A	BSD
Tokamak	3D	BSD/Zlib

(1)Box2D。Box2D 是一个简单却用途广泛的物理引擎。它最初由卡托(Erin Catto)为了在 2006 年召开的游戏开发者大会上做物理学演示而设计。Box2D 起初被称为 Box2D Lite,但这个引擎现已被扩展,除了包括连续碰撞检测外,还增强了 API。Box2D 是用 C++语言写的,其可移植性从它可用于的平台(Adobe® Flash®、Apple iPhone 和 iPad、Nintendo DS 和 Wii 以及 Google Android)可见一斑。Box2D 为许多流行掌上游戏,包括"愤怒的小鸟"和"蜡笔物理学",提供了物理机制。

Box2D 支持像圆形或多边形这样的几何形状的刚体仿真。Box2D 可用接头连接不同的形状,甚至可以包括关节马达和滑轮。此引擎在处理碰撞检测和所产生的力学的同时可施加重力和摩擦力。Box2D 可被定义为一个能提供多种服务的富 API。有了这些服务就得以定义一个由很多物体和属性组成的世界。定义了对象和属性后,就可以以离散时间步长仿真该世界了。

(2)Bullet。Bullet 是一个 3D 的开源物理引擎,支持 3D 的刚体和软体力学以及碰撞检测。Bullet 由库曼斯(Erwin Coumans)在索尼电脑娱乐公司(Sony Computer Entertainment)工作时开发。这个引擎在多数平台上都受支持,比如 Sony Playstation 3、Xbox 360®、iPhone 和 Wii。它包括了对 Windows®、Linux® 和 Mac OS 操作系统的支持,也包括了针对 Playstation 3 内的 Cell Synergistic Processing Unit 以及 PC 上的 OpenCL 框架的许多优化。

Bullet 是一个产品物理引擎,在游戏和电影领域都有广泛的应用。使用了 Bullet 的游戏包括 Rockstar 的《红色死亡救赎》和 Sony 的《自由国度》(MMORPG)。Bullet 还在很多商业影片中的特效发挥了作用,包括维塔数码制作的电影《天龙特工队》(Weta Digital)和梦工厂制作的《怪物史瑞克 4》(Dream Works)。

Bullet 包括了具有离散和连续碰撞检测的刚体仿真,同时也支持柔性体(比如衣服或其他可变形物体)仿真。作为一个产品引擎,Bullet 包括了一个富 API 和 SDK。

Box2D 和 Bullet 是广泛使用的物理引擎的两个例子。除此之外还有很多侧重于物理仿真不同方面(性能或准确性)的其他的物理引擎,使用的许可也不尽相同。Box2D 和 Bullet 均使用的是 Zlib 许可(支持二者在商业应用中的使用)。表 3-1 列举了某些最常用的开源物理引擎及其所使用的许可。此外,虽然大多数引擎支持 C++ 或 C 语言,但很多引擎还支持对其他语言的绑定,比如 Ruby 或 Python。

(3)Chipmunk。Chipmunk 是由莱姆伯克(Scott Lembcke)在 Box2D 的基础上开发的,它包括了 2D 物理学的几个特性,比如对 C 语言的直接支持,它还包括了一个 Objective-Chipmunk 来支持 iPhone 绑定。其他的绑定包括 Ruby、Python 和 Haskell。

(4)Tokamak。Tokamak 是一个 3D 物理引擎 SDK,由林大卫(David Lam)用 C++ 语言编写。它包含了很多的优化,可最小化内存带宽,因而更适合于小型的便携设备。Tokamak 的一个有趣特性是它支持模型破坏,即复合物体可在撞击时破裂,然后再在仿真内创建多个物体。

(5)PAL(Physics Abstraction Layer)。PAL 是一种可移植的 C++ 物理抽象 API,提供了一个应用中的多个物理引擎的统一接口,这就使得开发人员无需移植就可以为特定的应用使用正确的物理引擎,这样就可以在一个应用程序中使用多个物理引擎。它不仅是一个简单的物理包装器,还为物理系统提供了一个可扩展的插件体系结构,以及通用仿真组件的扩展功能。PAL 的插件架构支持几个先进的开源物理引擎,比如 Box2D、Bullet、ODE、Tokamak 等。它还支持一些商业的物理引擎,比如在游戏开发领域很流行的 Havok。PAL 的缺点是由于它偏重于通用抽象,因此会限制某个物理引擎所提供的功能。

(6)ODE(Open Dynamics Engine)。ODE 是一个具有工业品质的刚体动力学的库,是开源的免费物理引擎,使用它可以仿真铰接式刚体运动。不管使用哪种图形库(如 OpenGL),都可以对真实对象的物理特性进行仿真。可以使用 ODE 来对合成环境中的各种对象进行建模,具有计算速度快、鲁棒性好和可移植的特点。除了速度快之外,ODE 还可以支持实时仿真的碰撞检测。ODE 目前可以支持球窝、铰链、滑块、定轴、角电机和 hinge-2(用于交通工具的连接)连接类型,以及其他一些连接类型。它还可以支持各种原型碰撞体(例如球面碰撞和平面碰撞)和几个碰撞空间。ODE 主要是使用 C++ 语言编写的,但是它也提供了 C 语言和 C++ 语言的清晰接口来帮助我们与应用程序进行集成。ODE 发行所采用的许可证为 LGPL

和 BSD License。在这两个许可证中,用户可以在商业产品中使用 ODE 的源代码,而不需任何费用。在很多商业游戏、飞行模拟器和虚拟现实仿真中都可以找到 ODE。

3.5.3.4　硬件加速

物理领域的硬件加速过去数年来一直在跟随图形处理单元的潮流不断发展。GPU (Graphics Processing Unit)是一种硬件协处理器,可加速计算机图形应用程序的计算。如今,GPU 已经发展成了通用计算图形处理单元(General-Purpose Graphics Processing Unit,GPGPU),从而可用于更多通用的加速任务。物理运算处理器(Physics Processing Unit,PPU)向加速物理引擎计算的发展方向有可能会因可用性更好的 GPGPU 的不断发展而受到影响。ATI 的 Stream 技术和 NVIDIA 的 CUDA(Common Unified Device Architecture)架构都是 GPGPU 的例子。

3.5.4　对象行为建模

几何建模与物理建模相结合,可以部分实现虚拟现实"看起来真实、动起来真实"的特征,而要构造一个能够逼真地模拟现实世界的虚拟环境,还需要行为建模的参与和加入。因此在构造模型时,不但要设计实现模型外观等表现特性,同时更要关联实现模型物理特性,进而符合真实存在的行为习惯和应激的能力。对象的运动与行为描述均可以通过行为建模的方式来执行设计操作。行为建模能够准确贴切地描述虚拟现实的特点,如果没有行为模型的实效支撑,那么任何虚拟现实的构建均不会存在任何意义。

虚拟现实本质上是客观世界的仿真或折射,虚拟现实的模型则是客观世界中物体或对象的代表。而客观世界中的物体或对象除了具有表观特征(如外形、质感)以外,还具有一定的行为能力,并且服从一定的客观规律。

行为建模就是在创建模型的同时,赋予模型质感、外形等表观特征,同时也赋予模型物理属性和"与生俱来"的行为与反应能力,并且服从一定的客观规律。换言之,就是要使"死的模型",变成"活的角色"。例如:①桌面上的重物移出桌面,重物不应悬浮在空中,而应当做自由落体运动,因为重物不仅具有一定的外形,还具有一定的质量并且受到地心引力的作用;②创建一个人体模型后,模型不仅应具有人体的表观特征,还应该拥有人体所具有的一般能力,具有在虚拟视景中呼吸、行走、奔跑等行为能力,甚至可以作出表情反应,具有一定的自主性。

虚拟现实建模过程中必须遵循一定的客观规律,这样的建模明显好于几何与物理建模,它是多学科的集中表现,比如在"天气变化仿真系统"中,行为建模得到了很好的表现,对云层、雨雪、冰雹等基本建模完成后,还要根据风向等自然因素的变化来对它们的强弱、走向、初始、终末等各方面做出反射条件,使天气预报更真实可靠,符合客观规律。

行为建模是处理物体的运动和行为的描述。如果说几何建模是虚拟现实建模的基础,行为建模则真正体现出虚拟现实的特征。行为建模主要有运动学法和动力学仿真法。

1)运动学法。通过几何变换如平移和旋转等来描述运动。在运动控制中,无需知道物体的物理属性。在关键帧动画中,运动是通过显示指定几何变换来实施的,内插帧可用各种插值技术来完成,如线性插值、三次样条插值等。

2)动力学法。运用物理定律而非几何变换来描述物体的运动,通过物体的质量和惯性、力和力矩以及其他物理作用计算出来,更适于物体间交互作用较多的虚拟环境建模。

3.5.5 模型管理

对一个复杂的虚拟世界,其包含许多的对象,每个对象又包含各种模型,这样由此带来的巨大计算负载使 VR 引擎(VR 实现的软件和硬件环境)几乎不可能做到信息的实时处理和吞吐。这就需要模型管理技术来帮助 VR 引擎以交互速度绘制复杂虚拟现实,同时对仿真质量不会产生重大影响。常用的模型管理技术有细节等级(Level of Detail,LOD)管理技术和单元分割技术。

3.5.5.1 细节等级分割

细节等级(LOD)也称为层次细节模型,是一种实时三维计算机图形技术,其工作原理是:视点离物体近时,能观察到的模型细节逐渐丰富,模型的复杂性增加;视点远离模型时,观察到的细节逐渐模糊,物体表面显示愈加简单,如图 3-27 所示。系统绘图程序根据一定的判断条件,选择相应的细节进行显示,从而避免了因绘制那些意义相对不大的细节而造成的时间浪费,渲染速度也有很大的提高,同时有效地协调了画面连续性与模型分辨率的关系。渲染效果主要利用 LOD 图形数据库来实现。

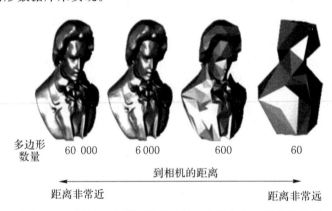

多边形
数量   60 000   6 000   600   60

到相机的距离

距离非常近   距离非常远

图 3-27   不同细节等级下多边形面片数与显示距离的关系

人的视觉通常有以下限制:

(1)视觉精度。虚拟现实显示设备的分辨率通常都远远小于人眼的分辨率。所以,显示设备的分辨率将最终决定处于虚拟显示系统中的用户的视觉精度。

(2)边缘视觉效果。人眼对于细节的敏感度是在整个视域中不均匀分布的,事实上人的视觉在视域中央的范围内最敏感,并向外沿指向边缘的方向逐渐下降。

(3)运动敏感度。对于运动的物体,人的视觉系统能分辨出的细节要少于物体处于静止状态下能分辨出的细节。

基于以上的分析,可产生 3 种对应的 LOD 切换选择标准:

(1)尺寸/距离标准。当复杂的对象离视点较远时,它在图像平面上的投影非常小,对象的许多细节常常投影到一个像素点上,此时这些冗余多边形可以从景物表面中删去而不会影响景物的显示精度。当景物距离视点较近时,这些多边形则需要一一绘制才能保证绘制精度。因此,可以定义一个距离门限值,如果视点和实体对象之间的距离超过这个门限值就选择低级的 LOD 模型。

(2)偏心距离标准。人的视觉系统只在一个很小的范围内保持很高的分辨率。虚拟显示的一个重要显示设备就是头盔,而头盔的视域一般是在 30°～120°。因此,实体很可能会超过视觉精度较高的范围,进入边缘区域。在这种情况下,如果使用精度高的模型就会造成浪费,因为人眼不能区分这一区域内的所有细节。因此可以根据实体偏离视域中心的程度来选择使用相应级别的 LOD 模型。

(3)运动标准。基于人眼对运动物体不敏感这一特性,产生了运动标准,即根据对象相对于视点的移动速度来选择相应的 LOD 模型。运动速度快就援用低级的 LOD 模型,速度慢就选择高级的 LOD 模型。

LOD 的目的就是尽量按照细节程度减少多边形的个数。至少有 4 种方法来减少多边形的数量:①删除隐藏的面;②多使用 2D 模型而少用 3D 模型,随着距离的增加,很难区分深度,因此使用 2D 模型即可;③使用简单的轮廓来代替复杂的形状;④使用纹理代替细节描述,首先创建模型的复杂版本,然后生成图形文件。它一般遵循 60%规则,即对于每个 LOD 将多边形数目减少到原来的 60%。

LOD 技术大多数情况下用于简化多边形几何模型,实现模型的快速显示。在实际应用中,三维场景模型最后一般被转化为三角形网格。从网格的几何及拓扑特性出发,存在着 3 种基本简化操作:

(1)边压缩操作。把网格上的一条边压缩为一个顶点,与该边相邻的两个三角形进行退化(面积为零),而它的两个顶点融合为一个新的顶点。

(2)顶点删除操作。删除网格中的一个顶点,然后对它的相邻三角形所形成的空洞(即删除顶点留下的空洞)作三角剖分,重新进行三角化填补,以保持网格的拓扑一致性。

(3)面片收缩操作。把网格上的一个面片收缩为一个顶点,该三角形本身和与其相邻的三个三角形都退化,而它的三个顶点收缩为一个新的顶点。

3.5.5.2　单元分割

单元分割是将虚拟环境分割成较小的单元,只有在当前模型中的物体才会被渲染,因此极大地减少了处理模型的复杂度。这种分割法对于大型的建筑物是非常实用的,因为在人视野中缩减的物体只是整个虚拟环境中的很小的一部分,只处理当前所见的物体大大提高了系统的处理速度。

3.5.6　主流虚拟现实开发引擎简介

各种各样虚拟现实技术的解决方案,看似五花八门,各种方法的方向与侧重点不同,但其实最终目标是一致的。为了实现制定的解决方案,需要制作出实现这种解决方案的硬件系统或软件系统,而实现的软件系统,就是所说的虚拟现实开发引擎。目前主流的引擎有 Unity 3D、UE4/5 等。

3.5.6.1　Unity 3D

Unity 3D 也称 Unity,是由 Unity Technologies 公司开发的一个让玩家轻松创建诸如三维视频游戏、建筑可视化、实时三维动画等类型互动内容的多平台的综合型游戏开发工具。Unity 3D 可以运行在 Windows 和 MacOS X 下,可发布游戏至 Windows,Mac,Wii,iPhone,WebGL(需要 HTML5),Windows Phone 8 和 Android 平台,也可以利用 Unity Web Player

插件发布网页游戏,支持 Mac 和 Windows 平台的网页浏览,是一个全面整合的专业游戏引擎。Unity 3D 以其强大的跨平台特性与绚丽的 3D 渲染效果而闻名,现在很多商业游戏及虚拟现实产品都采用 Unity 3D 引擎来开发。Unity 3D 引擎目前之所以炙手可热,与其完善的技术以及丰富的个性化功能密不可分。Unity 3D 引擎作为一款偏重于游戏开发的引擎,易于上手的特性降低了对开发人员的要求。Unity 3D 引擎的特色包括:

(1)跨平台。开发者可以通过不同的平台进行开发。游戏制作完成后,无需任何修改即可直接一键发布到主流平台上。Unity 3D 游戏可发布的平台包括 Windows、Linux、MacOS X、iOS、Android、Xbox360、PS3 以及 Web 等。跨平台开发可以为游戏开发者节省大量时间。以往游戏开发中,开发者要考虑平台之间的差异,比如屏幕尺寸、操作方式、硬件条件等,这样会直接影响到开发进度,给开发者造成巨大的麻烦,Unity 3D 几乎为开发者完美地解决了这一难题,将大幅度减少移植过程中不必要的麻烦。同时,第三方插件系统支持较为友好,能第一时间获得最新 VR 设备的插件支持,堪称宝库的 asset Store 第三方组件、素材商店让你仿佛是在与全世界的开发者联合开发。

(2)综合编辑。Unity 3D 的用户界面具备视觉化编辑、详细的属性编辑器和动态游戏预览特性。Unity 3D 创新的可视化模式让游戏开发者能够轻松构建互动体验,当游戏运行时可以实时修改参数值,方便开发,为游戏开发省大量时间。

(3)资源导入。项目可以自动导入资源,并根据资源的改动自动更新。Unity 3D 支持几乎所有主流的三维格式,如 3ds Max、Maya、Blender 等,贴图材质自动转换为 U3D 格式,并能和大部分相关应用程序协调工作。

(4)一键部署。Unity 3D 只需一键即可完成作品的多平台开发和部署,让开发者的作品在多平台呈现。

(5)脚本语言。Unity 3D 集成 Mono Developer 编译平台,支持 C♯、JavaScript 和 Boo 3 种脚本语言,其中 C♯ 和 JavaScript 是在游戏开发中最常用的脚本语言。

(6)联网。Unity 3D 支持从单机应用到大型多人联网游戏的开发。

(7)着色器。Unity 3D 着色器系统整合了易用性、灵活性、高性能。

(8)地形编辑器。Unity 3D 内置强大的地形编辑系统,该系统可使游戏开发者实现游戏中任何复杂的地形,支持地形创建和树木与植被贴片,支持自动的地形 LOD、水面特效,尤其是低端硬件亦可流畅运行广阔、茂盛的植被景观,能够方便地创建游戏场景中所用到的各种地形。

(9)物理特效。物理引擎是模拟牛顿力学模型的计算机程序,其中使用了质量、速度、摩擦力和空气阻力等变量。Unity 3D 内置 NVIDIA 的 PhysX 物理引擎,游戏开发者可以用高效、逼真、生动的方式复原和模拟真实世界中的物理效果,例如碰撞检测、弹簧效果、布料效果、重力效果等。

(10)光影。Unity 3D 提供了具有柔和阴影和高度完善的烘焙效果的光影渲染系统。

3.5.6.2 UE4/5

Unreal Engine /UE(虚幻引擎)是 Epic Games 公司打造的游戏引擎,UE4 是其第四个大版本,UE5 则于 2022 年 4 月发布正式版。UE4 是当前应用最广的、最稳定的虚幻引擎。虚幻引擎是目前世界最知名、授权最广的顶尖游戏引擎,占有全球商用游戏引擎 80% 的市场份额。虚幻引擎自称是"最强大的实时 3D 创造平台""最先进的实时 3D 创作平台",相比其他引擎,虚幻引擎不仅高效、全能,还能直接预览开发效果,赋予了开发者非常强的能力。

　　UE4 可以创建各种平台的游戏,包括 PC、主机、移动终端以及 Web 端。与 U3D 相比,UE4 的主要优势在于画面显示效果优秀、光照和物理效果好、可视化编程简单、插件齐全、对 VR 和手柄等外设支持良好并且提供各种游戏模板。虚幻引擎的 3D 图形画质较好,因为它采用了预烘培等技术,并且更充分地利用了着色器(Shader)。

　　经过持续的改进,UE4 已经不仅仅是一款殿堂级的游戏引擎,还能为各行各业的专业人员带去无限的创作自由和空前的掌控力。基于 UE4,游戏开发者可以进行游戏开发,影视创作者可以进行影视制作、建筑设计师可以进行建筑设计、汽车制造商可以进行模型搭建、城市规划行业可以进行三维仿真城市的建设、各工厂可以进行流水线模拟等。简言之,一切可以用到三维仿真表达、虚拟环境模拟的行业,都可以用 UE4 来进行模型表达、场景构建、动态仿真。

　　UE4 之所以功能强大、用户规模庞大离不开其成功的经营策略。首先 UE4 是全球开源的,任何人只要注册 EpicGames 官网账号即可获取其源码。其次是 UE4 的营销方式,EpicGames 公司对于 UE4 的收费方式是:游戏发布后,营收大于 100 万美元的部分收费 5%,也就是说如果营收小于 100 万美元的话是不用交费的,这样一来,普通的建筑、规划、汽车等行业的一个可视化项目的营收一般不会达到 100 万美元,所以大多数用户是属于免费使用的。此外,UE4 为了降低门槛,吸引初学者,在其官网发布了很多教学文档和视频,使得游戏开发爱好者可以轻松入门。UE4 引擎的特性包括:

　　(1)实时逼真渲染。基于物理的渲染、高级动态阴影选项、屏幕空间反射和光照通道等强大功能将帮助用户灵活而高效地制作出令人赞叹的内容,可以轻松获得好莱坞级别的视觉效果。

　　(2)可视化脚本开发。游戏逻辑的开发提供了独创的蓝图方式和 C++代码方式,其中蓝图是一种比较简单易用但功能强大的可视化脚本开发方式。

　　(3)专业动画与过场。动画方面提供了由影视行业专家设计的一款完整的非线性、实时动画工具(Sequencer),包括了动态剪辑、动画运镜以及实时游戏录制。

　　(4)完善的游戏框架。游戏框架方面提供了包含游戏规则、玩家输出与控制、相机和用户界面等核心系统的 GamePlay 框架,同时内置了各种类型的游戏模板和多人游戏模板等。

　　(5)灵活的材质编辑器。材质编辑器方面提供了基于节点的图形化编辑着色器的功能。

　　(6)先进的人工智能。UE4 引擎提供了行为树、场景查询系统等 AI 相关的先进工具。

　　(7)源代码开源。UE4 引擎可以通过源代码更深入地学习或解决问题。

　　UE5 的目标正是让实时渲染细节能够媲美影视级计算机动画(Computer Graphics,CG)和真实世界,如图 3-28 所示。UE5 最核心技术包括:

　　(1)Nanite。虚拟微多边形几何体可以让美术师们创建出人眼所能看到的一切几何体细节。Nanite 虚拟几何体的出现意味着由数以亿计的多边形组成的影视级美术作品可以被直接导入虚幻引擎——无论是来自 Zbrush 的雕塑还是用摄影测量法扫描的 CAD 数据。Nanite 几何体可以被实时流送和缩放,因此无需再考虑多边形数量预算、多边形内存预算或绘制次数预算了;也不用再将细节烘焙到法线贴图或手动编辑 LOD,画面质量不会再有丝毫损失。

　　(2)Lumen。Lumen 是一套全动态全局光照解决方案,能够对场景和光照变化作出实时反应,且无需专门的光线追踪硬件。该系统能在宏大而精细的场景中渲染间接镜面反射和可以无限反弹的漫反射,小到毫米级、大到千米级,Lumen 都能游刃有余。美术师和设计师们可以使用 Lumen 创建出更动态的场景,例如改变白天的日照角度,打开手电或在天花板上开个洞,系统会根据情况调整间接光照。Lumen 的出现将为美术师省下大量的时间,大家无需因为在虚幻编辑器中移动了光源再等待光照贴图烘焙完成,也无需再编辑光照贴图 UV。同时,光照效果将和在主机上运行游戏时保持完全一致。

图 3 - 28　由 UE5 制作的游戏场景和使用 Lumen 技术制作的光影效果

3.6　图形碰撞检测技术

预测仿真系统的一项重要功能是对虚拟环境中可能发生的碰撞进行预警,因此碰撞检测是预测仿真中的关键技术之一。碰撞检测技术是虚拟现实场景中改善用户的真实体验感以及获得极佳感觉体验的至关重要的核心技术。

在各种虚拟现实的应用中,由于用户与虚拟环境中对象间的交互,虚拟系统中物体对象模型之间经常会发生碰撞。在碰撞的基础上发展出了以发生碰撞为操作判定条件的操作方式。为了使虚拟环境保持真实性,即真实地表达对象的运动情况和物体发生碰撞后的形变和环境变化,虚拟现实系统需要及时地检测到碰撞的发生,并及时操作,不正确的处置会产生大量穿模现象,并破坏虚拟环境的真实感和用户的沉浸感。这就是碰撞检测算法提出的由来,并且碰撞检测算法的实时性很大程度上影响到了虚拟系统的实时性。因而碰撞检测是构建三维场景一个必不可少的环节。

碰撞检测也是许多计算机图形应用基础而又重要的部分,它在虚拟操控、CAD/CAM、计算机动画、物理建模、游戏、飞行和驾驶模拟、路径和运动规划、虚拟装配等,以及几乎所有虚拟现实的模拟中扮演着重要的角色。随着虚拟现实技术和分布式仿真技术的深入研究与推广,虚拟现实系统正变得越来越复杂。在复杂的碰撞检测系统中,对象模型的数量变多,形状变得更加复杂,其面片数量暴增,导致作为虚拟现实关键技术的碰撞检测的实时性受到了极大的挑战。如何在复杂系统中保证碰撞检测的实时性,也就成了碰撞检测问题的一个难点和研究热点。由于它被广泛使用,碰撞检测仍然是人们不断扩展研究的课题。

3.6.1　碰撞检测基本原理

在虚拟现实环境中碰撞检测的研究目标是如何在实时交互要求下完成对复杂物体的碰撞检测,进行碰撞检测的目的主要有三个:检测模型之间是否会发生碰撞;确定发生或即将发生碰撞的位置;动态地查询模型间距离。碰撞检测是碰撞处理的一部分,碰撞处理可以分为碰撞检测、碰撞计算、碰撞响应三部分。碰撞检测的结果通常是一个布尔量,它告知了是否存在两个或者更多的物体相撞;而碰撞计算求出物体间碰撞的实际交点;最终,碰撞响应决定针对两个物体的碰撞,该采取什么样的行动。

碰撞检测的核心目标是确定对象之间是否存在交集。从空间几何的角度来讲就是要求取两个物体在空间上的布尔交集,如果存在布尔交集,则意味着两个对象发生了碰撞。

在三维空间中,与二维空间中的平面多边形相比,三维物体通常由数以万计个多边形模块组成,其几何特性比二维复杂得多,因此三维场景下的碰撞检测问题比较复杂并且计算量较大。在三维空间中的碰撞检测算法中,如果按照传统方法在两个或更多个对象之间直接执行碰撞检测测试,其计算过程往往代价高昂,初步估计得出算法的时间复杂度为二次方级别,并且在实际计算中,二次方级别是属于非常大的度量级别,特别是当物体包含成百上千个多边形时,很难进行实时的碰撞检测。因此,减少基本几何元素两两相交测试的数目,提高算法速度是虚拟现实中碰撞检测的最核心问题。目前,碰撞检测亟待解决的问题包括:

(1)大规模复杂场景中的物体间碰撞检测能力。随着图形硬件技术的发展,系统已经可以实时显示大规模场景,这些场景常常包含成百上千万的面片,甚至包含数据量大到内存都无法容纳的物体。在这种场景中进行碰撞检测,对碰撞检测算法提出了更高的要求,碰撞检测算法的效率与场景中物体复杂度成反比关系。很多方法已经解决了两物体之间的碰撞问题,有些方法的时间复杂度也不高,但随着场景中多边形面片数的增多,多数算法的效率往往会迅速下降。这样就无法保证虚拟环境中物体碰撞检测的实时性和稳定性。研究虚拟环境中多物体之间的碰撞检测成为碰撞检测算法的一个问题。

(2)场景中运动物体连续碰撞检测能力。目前多数算法是离散的碰撞检测算法,或者说在某个时间点上物体静止状态下碰撞检测。这类算法有两个共同的缺陷:一是存在刺穿现象,当离散检测步长过大时,两物体可能已发生了一定深度的刺穿才被检测到已发生碰撞,这就无法保证物体的运动真实性;二是会遗漏发生碰撞的情况,对于较狭窄的物体,当运动物体在相邻离散时间点处于该狭窄物体两侧时,离散算法无法正确地检测出应有的碰撞。采用连续碰撞检测算法虽然可以解决这两个问题,但连续算法的计算量太大,往往会成为实时系统的计算瓶颈。因此,如何有效结合离散碰撞检测算法和连续碰撞检测算法的优势成为目前碰撞检测领域中有待解决的一个问题。

(3)变形物体间碰撞检测能力。目前一些特定应用领域中的碰撞检测问题,如针对衣物布料、虚拟手术仿真等可变形物体的碰撞检测情况,往往有更特殊甚至更苛刻的要求,而目前多数针对刚体碰撞检测算法还无法满足其要求。一方面,衣物布料、人体皮肤等可变形物体在仿真中的结构不断发生变化,需要重新构建物体的结构,而目前多数碰撞检测算法都要求有较长的预处理时间来完成物体结构的重新建构,通常很难达到实时,而虚拟手术仿真等工作对精度要求也很高。因此,这类碰撞检测所花时间往往是刚体间碰撞检测所花时间的几倍,一般的刚体间碰撞检测算法对此是无法胜任的。需要找到比现有方法更好的算法以满足这类应用要求。

(4)基于网络的虚拟环境中物体间碰撞检测能力。网络虚拟环境具有自身的特点。网络带宽的限制、描述物体太大的数据量和计算量,使得许多在单机上实现的碰撞检测方法无法在因特网上正常使用,而过多的算法简化和优化又使得网上虚拟场景质量大打折扣。如何实现基于网络的虚拟环境中物体间碰撞检测是一个值得关注的问题。

在虚拟现实系统中,如何合理地解决碰撞检测中实时性与精确性的矛盾是碰撞检测算法的主要难点,而在不同的虚拟环境中,虚拟环境对碰撞检测算法在实时性和精确性的要求又不尽相同,这就导致了实时性与精确性的矛盾变得更加复杂。为解决这一问题,研究人员提出了大量实用有效的方法,这些碰撞检测算法总体上分为空间剖分法和层次包围盒法两大类。

3.6.1.1 空间剖分法

空间剖分法就是将整个虚拟空间沿 X 轴、Y 轴、Z 轴方向进行划分,划分成一系列较小的子空间,这样使每个物体能够被划分到一个或多个子空间中,进行碰撞检测时只需要检测同一个子空间或相邻子空间中的物体就可以了,如图 3 - 29 所示。

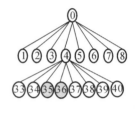

图 3 - 29　空间剖分法原理示意图

空间剖分法非常适合于对象在虚拟空间中位置变动不大且均匀稀疏分布的环境,能够很简单地从大量物体对象中排除不相交的物体对象。但该方法有一个难点:虚拟环境不可能都是均匀且稀疏分布的环境。当虚拟环境为一般的环境时,空间划分算法很难选择出一个最优的尺寸来划分虚拟空间。如果尺寸选择不当,会导致算法的空间耗费变大,算法计算效率降低。因此空间剖分法在一般的虚拟环境中是一种较少会用到的方法。

经过多年的研究,空间剖分法已经有很多分支,根据空间划分方法对其进行分类,可以将空间剖分法分为非均匀划分法和均匀划分法两大类。顾名思义,均匀划分就是指将虚拟空间分成均匀一致的子空间;非均匀划分法则正好相反,采用的是大小不相同的子空间进行划分。

均匀网格空间剖分法是利用均匀网格对虚拟空间的覆盖而进行的子空间划分方法。网格单元是指虚拟空间被均匀网格空间剖分法划分成的许多大小一致的子空间单元。均匀网格空间剖分法使每个对象都会有与其相关联的网格单元。网格单元有很大概率会覆盖多个对象,且这些对象很可能处于碰撞状态。当两个网格单元间距越大时,其内部对象相交的可能性就越小。因此,均匀网格划分法可以将整个虚拟空间划分成多个相同的子空间,将整个空间的物体碰撞检测转化成同一个网格单元的对象之间的碰撞检测,这样可以限定碰撞检测对象的范围,减少不必要的碰撞检测。由于均匀网格空间剖分法容易从大量物体中找出彼此可能相交的对象,所以一般会用在改进算法的预处理阶段,找到可能相交的对象,并在算法下一阶段对其执行进一步的相交测试。基于均匀网格划分的均匀位置排列特点,可以快速得到网格单选的坐标值。具体方法为:用坐标轴的坐标值除以网格单元在该坐标轴的长度,这样就得到了网格单元的坐标;知道网格单元的坐标,通过位置特性可以非常轻松地得到与其相连的网格单元的坐标值。这种优点使得均匀网格成为空间划分中最常用的方法。

均匀网格划分法有很多常用的尺寸划分,其中比较常用的确定网格尺寸的方案是 $n^{1/3}$ 规则:将含有 n 个对象的虚拟空间按 X 轴、Y 轴、Z 轴分别划分为 K 份,即将整个空间划分为 $K \times K \times K$ 个网格,其中 $K = n^{1/3}$。这种分割方法简单易懂且操作方便,由于分割的空间数与物体数量相同,在物体相对稀疏的虚拟空间中,能够达到很好的划分效果。

基于对划分算法性能的考虑,均匀网格的尺寸选择变得十分重要。网格太过密集或太过稀疏都会影响算法检测效率。在物体尺寸很大且被不同网格单元分割的情况下,一旦物体发生位移后,数据的更新将变得非常复杂。若将网格单元的尺寸变大到能包含较大对象,虽然可以解决上面的问题,但网格单元中包含的物体数也必将增加,空间网格的划分作用就会变小,影响算法的碰撞测试性能。这导致尺寸问题变成了均匀网格的一个难点,单一的网格单元无法满足对所有的物体的划分。这一尺寸问题可以通过层次网格有效地加以解决,层次网格是一类适用于装载动态移动对象的网格结构。层次网格包含了多个不同尺寸的网格单元,且相互交叠并覆盖在同一空间。首先用较大尺寸的网格单元对虚拟空间进行划分,再用与其交叠的小尺寸网格单元对较大单元格进行划分。按这种划分方式进行递归的层次划分,可以弥补均匀网格划分法在尺寸选择上的缺点。

二分空间划分(Binary Space Partition,BSP)树碰撞检测算法是最为通用的一类空间非均匀空间划分算法。BSP 树是一种采用任意位置任意方向的分割面递归的将空间划分为多个子空间的二叉树。通过划分平面可以判断在虚拟空间中的两个对象是否相交。若两个对象间不存在划分平面,则说明两个物体会发生碰撞;否则,则说明两个物体没有发生碰撞。基于 BSP 树的碰撞检测算法还是有一些缺点的,尤其是其预处理时间较长且容易产生大量多边形,所以不适合大规模场景的虚拟空间。

3.6.1.2　层次包围盒法

层次包围盒法是碰撞检测算法中广泛使用的一种方法,它在计算机图形学多个领域中得到深入的研究。其基本思想是利用体积略大而几何特性简单的包围盒来近似地描述复杂的几何对象,采用包围盒包围对象,对包围对象进行测试,从而有效改善测试性能。将包围盒整合至树状层次结构中,即层次包围盒(Bounding Volume Hierarchy,BVH),不断逼近对象的几何模型,直到几乎完全获得对象的几何特性,虽然测试组数并未改变,但可使碰撞检测的时间复杂度降至对数级别。

层次包围盒结构中,原包围盒对应树中的多个叶节点,叶节点形成多个小集合,可以采用一个较大的包围盒加以限定,最终将构造出一棵层次树结构,并在树根节点处呈现一个独立的包围盒。采用层次包围盒结构进行碰撞检测过程中,如果父节点不存在相交,则无需对子节点进行检测。层次包围盒结构的构造原则必须使包围盒结构具备以下特征:①子树中的节点彼此靠近,随着树的深度增加,节点间更加紧凑;②层次结构中的节点是最小盒体;③全部包围盒体积保持最小;④根节点附近节点谨慎处理;⑤兄弟节点间的相交体空间应保持最小;⑥层次结构应参照节点的结构及其数据内容尽量保持平衡。

层次包围盒的构造流程是:按照某种包围盒划分规则构建物体的层次包围盒,递归迭代构建层次包围盒的终止条件是树的叶子节点一直要划分到只有三角面片或者达到设定的终止条件。层次包围盒的划分过程中,树的高度逐层增加,包围盒对物体越来越逼近,直到叶子节点几乎和物体间发生碰撞位置的几何特性一样。图 3-30 所示为一个物体的层次包围盒树结构。从图中可以看出 A、B、C、D 分别为某一个物体的层次二叉包围盒树的叶子节点,它们要么是叶子节点中只有简单三角面片,要么是达到了设定的终止条件。

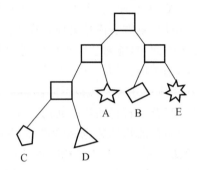

图 3-30　物体的层次包围盒树结构图

两棵分层包围盒的碰撞检测过程是两棵树按层级进行遍历和交叉测试直到叶子节点遍历的判断过程。假设有两棵层次包围盒 A 和 B,碰撞检测过程描述如下:

(1)首先相交测试 A 和 B 的根节点。如果检测到交叉穿透,则继续测试。

(2)检测到穿透的情况下,A 的根节点和 B 的根节点的左右子节点分别进行交点测试。如果测试相交,测试继续进行,否则可以直接判断 A 和 B 没有发生碰撞并且测试结束。

(3)检测到相交的情况下,假设 A 的根节点检测到和 B 的根节点的左子节点相交,则又转向用 B 的根节点的左子节点分别和 A 的根节点的左右子节点进行相交测试,如果检测到相交则继续测试,否则可以判断 A 和 B 没有发生碰撞并终止测试。

(4)继续上述测试步骤,直到 A 和 B 的测试单元都是叶节点。否则在中间任何步骤检测到没有发生相交则判断 A 和 B 没有发生碰撞并终止测试。

算法流程如图 3-31 所示。

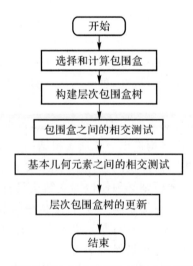

图 3-31　层次包围盒树之间的交叉相交遍历检测流程图

基于层次包围盒的碰撞检测算法的核心部分在于如何构造层次树,这其中包括构造算法的策略和包围盒的分割方法。包围盒的分割方法决定了层次包围盒是否平衡,而构造策略的选择则决定了不同的应用场景中层次包围盒的构建性能是否够高,所以在不同的应用场景中选择恰当的层次包围盒构建方法是非常应该的,也是必须的。构建层次包围盒的策略包括自根向下、自下而上和中间插入等方法。三类方法各有自己的特点,层次包围盒的构造策略的选取需要根据具体虚拟场景的环境而选定。

3.6.2　包围盒技术

在碰撞检测过程中,物体形状可能很复杂,采用直接检测的方法会导致测试的计算量过大,从而导致效率低下。此时,为了提高计算效率,在进行虚拟模型对象之间的碰撞检测之前需要进行包围盒测试。包围盒是指对于不规则的三维模型,使用几何上简单的空间边界框模型最小限度地包围住虚拟对象的三维模型,在确定出包围盒之后,以包围盒代替三维模型来进行空间中的碰撞检测。包围盒是一个简单的体空间,且包围了一个或多个具有复杂形状的物体。这种简单体测试与具有复杂形状的物体相比,具备一定的计算优势。

为了减少计算消耗,在虚拟环境中的三维模型集合体相交测试之前,通常先执行物体的包围盒测试。由于求包围盒的交比求模型的交简单,因此可以快速排除许多不相交的模型,若相交则只需对包围盒重叠的部分进行进一步的相交测试,从而加速了算法。

如图 3-32 所示,对象 A 和 B 的包围盒边界框处于分离状态。相反地,物体 C 和 D 的包围盒边界框有重叠部分,这时需要通过第二阶段的检测结果来判断 C 和 D 是否发生碰撞。

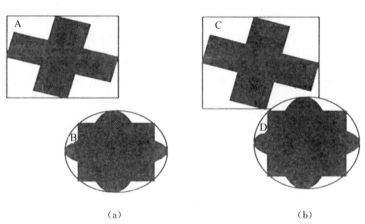

（a）　　　　　　　　　　　　　　　　　（b）

图 3-32　不同包围盒的相交状态

(a)A 和 B 的包围盒处于非重叠状态；　(b)C 和 D 的包围盒处于重叠状态

在碰撞检测的初始筛选阶段,通过包围盒技术尽可能地排除未参与碰撞的对象,从而减少参与精确检测的对象的数量。包围盒背后的核心理念为:优先使用代价低廉的测试类型,且尽快地使测试提早退出。为支持这种低消耗的相交测试,包围盒应具有简单的几何形状,同时,为使这种提早退出尽可能高效,包围盒形状应尽量与物体对象之间实现较紧密的拟合,并且在紧密拟合与测试耗费之间形成某种平衡。

对于某些应用程序,包围盒测试可以提供足够的碰撞依据。对于未曾产生碰撞的某一部分,削减其包含对象的数量仍然是值得的,因为这样可以限制对包围盒内部冗余多边形的进一步测试。物体对象 A、B 之间的多边形测试,其复杂度一般为 $o(n^2)$。因此,如果待测试多边形的数量能够减少 50%,则相应的工作量将减少 75%。并非所有几何对象都可以充当有效包围盒,包围盒应具有以下特征:①低消耗相交测试;②实现紧密拟合;③计算耗费较少;④易于旋转和变换;⑤内存占用少。

当物体对象之间真正产生碰撞时,进一步的处理将导致计算量显著增加。然而,在大多数情况下只是存在少数物体彼此靠近并可能产生碰撞。因此,包围盒通常可以获取有效的性能改善;同时,复杂物体对象的前期剔除更验证了为包围盒测试所付出的较小代价是值得的。

常用的包围盒包括包围球、轴对齐包围盒(Aligned Axis Bounding Box,AABB)、有向包围盒(Oriented Bounding Box,OBB)和离散有向多面体(Discrete Orientation Polytope,K-DOP)等,其他还包括混合层次包围盒树等。图 3-33 所示为 4 种常用类型的包围盒之间的比较。

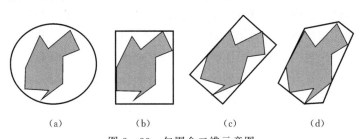

(a)　　　　(b)　　　　(c)　　　　(d)

图 3-33　包围盒二维示意图

(a)包围球;　(b)AABB;　(c)OBB;　(d)6-DOP 包围盒

一般情况下,包围盒计算须采用预处理方式而非实时计算。需注意的是,当包围盒包含的物体移动时,一些包围盒需要实现空间重对齐。

一个应用程序中的包围盒类型的选择受到不同的因素影响:计算物体包围盒所需的计算开销、物体移位、形状或者尺寸发生变化时在程序中更新所需开销,以及相交检验所需精度。通常使用几种类型的组合,例如用来快速、大致检验的费用较低方法与精确费用较高的方法组合在一起使用。

除了几何体数据,包围盒一般也占用内存。理想情况下,几何体应额外附加少许内存数据,因此,简单的几何体形状将占用较少的内存空间。由于期望特征值之间的互斥性,没有哪一种包围盒适用于所有的情况。相比较而言,对于特定的应用,可以针对不同的包围盒执行相关测试,最终确定较好的一个。

相交测试不仅限于同类型包围盒之间的比较,还包含异类型包围盒之间的测试。相应的测试应涵盖"点包含""线-体相交测试"以及"面-面相交测试"。

3.6.2.1　包围球

球体是较为常见的包围盒,是一个包容虚拟对象物体的最小球体(见图 3-34)。球体具备快速相交测试的特征,同时不受旋转变换影响,按照球心坐标 $c = \begin{bmatrix} c_x & c_y & c_z \end{bmatrix}$ 和半径 r 加以定义。

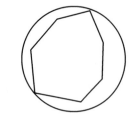

图 3-34　包围球包围盒二维图

球体的相交测试简单明了:计算两球体 a,b 之间的中心距离,并与半径和相比较,通常采用距离平方进行计算,避免计算成本较高的开方运算:

$$\begin{cases} (a.c - b.c) \cdot (a.c - b.c) \leqslant (a.r + b.r)^2, & \text{不相交} \\ \text{其他}, & \text{相交} \end{cases}$$

式中:$a.c$ 为球体 a 的球心坐标;$b.c$ 为球体 b 的球心坐标;$a.r$ 为球体 a 的半径;$b.r$ 为球体 b 的半径。球体不受旋转变换影响,物体发生运动后只需要对包围球进行平移,用于物体可以向任意方向移动的场合。

包围球具有以下特点：①包围盒建立过程简单，要计算给定对象的边界包围球球体，可以从对象的 AABB 边界框的任意三个顶点计算出对象的包围球的边界球；②存储量小，包围球的球体边界结构只需要存储球体中心坐标值和半径值；③相交测试简单，相交测试只需要比较两包围球边界球体中心之间的距离和两球体半径之和的大小；④紧密性差，只适用于接近球体的物体，对于其他斜物体会产生大的空白区域；⑤旋转物体时无需重新计算包围盒边界球；⑥对于变形物体，其碰撞适用度中等。

3.6.2.2　轴对齐包围盒 AABB

轴对齐包围盒（Axis-Aligned Bounding Box，AABB）是应用最为广泛的包围盒之一，AABB 包围盒是沿坐标轴的包围盒，该包围盒是指包含某一个对象且其各边均平行于坐标轴的最小六面体（见图 3 - 35）。

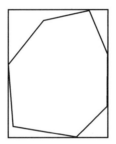

图 3 - 35　AABB 包围盒二维示意图

在三维空间中，AABB 是一个六面盒状长方体（在二维空间中是包含四条边的矩形），且其面方向性划分按面法线皆平行于给定的坐标轴方式进行。AABB 的最大特点是能够实现快速的相交测试，即仅进行相应坐标值之间的比较。AABB 包围盒能够实现两个包围盒快速的相交测试，相交测试时仅执行相应坐标值之间的比较，最多只需要进行 6 次比较就可以得出两个包围盒是否相交。

AABB 存在三种常规表达方式，如图 3 - 36 所示。图 3 - 36(a)所示为最小值-最大值方式，图 3 - 36(b)为最小值-宽度值方式，图 3 - 36(c)为中心值-半径方式。其中，中心值-半径方式存储代价最小，最小值-最大值方式存储代价最高。

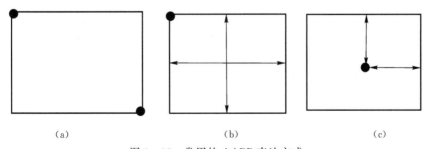

(a)　　　　　　　　　　　　　(b)　　　　　　　　　　　　　(c)

图 3 - 36　常用的 AABB 表达方式

(a)最小值-最大值；　(b)最小值-宽度值；　(c)中心值-半径

AABB 的相交测试比较直观。若 AABB 在 3 个轴上都相交，则 AABB 相交，其中 AABB 沿每一个维度的有效范围可以看作对应轴上的数值区间。

对于最小值-最大值方式,物体 a,b 的 AABB 用最小值坐标 $\begin{bmatrix} x_{\min} & y_{\min} & z_{\min} \end{bmatrix}$ 和最大值 $\begin{bmatrix} x_{\max} & y_{\max} & z_{\max} \end{bmatrix}$ 坐标描述。相交测试如下:

$$\begin{cases} ax_{\max} < bx_{\min} \;||\; ax_{\min} > bx_{\max} \text{(不相交)} \\ ay_{\max} < by_{\min} \;||\; ay_{\min} > by_{\max} \text{(不相交)} \\ az_{\max} < bz_{\min} \;||\; az_{\min} > bz_{\max} \text{(不相交)} \\ \text{其他} \qquad\qquad\qquad\qquad \text{(相交)} \end{cases}$$

式中:$ax_{\max}$,$ay_{\max}$,$az_{\max}$ 分别为物体 a 的 x,y,z 坐标的最大值,$ax_{\min}$,$ay_{\min}$,$az_{\min}$ 分别为物体 a 的 x,y,z 坐标的最小值。b 物体同理。

对于最小值-宽度值方式,物体 a、b 的 AABB 用最小值坐标 $\begin{bmatrix} x_{\min} & y_{\min} & z_{\min} \end{bmatrix}$ 和宽度 $\begin{bmatrix} d_x & d_y & d_z \end{bmatrix}$ 描述,相交测试如下:

$$\begin{cases} (ax_{\min} - bx_{\min}) > bd_x \;||\; (ax_{\min} - bx_{\min}) < ad_x \text{(不相交)} \\ (ay_{\min} - by_{\min}) > bd_y \;||\; (ay_{\min} - by_{\min}) < ad_y \text{(不相交)} \\ (az_{\min} - bz_{\min}) > bd_z \;||\; (az_{\min} - bz_{\min}) < ad_z \text{(不相交)} \\ \text{其他} \qquad\qquad\qquad\qquad\qquad\qquad \text{(相交)} \end{cases}$$

式中:ad_x、ad_y、ad_z 分别为物体 a 在 x、y、z 坐标上的宽度。b 物体同理。

对于中心值-半径方式,物体 a、b 的 AABB 用中心坐标 $\begin{bmatrix} c_x & c_y & c_z \end{bmatrix}$ 和宽度 $\begin{bmatrix} r_x & r_y & r_z \end{bmatrix}$ 描述,相交测试如下:

$$\begin{cases} |ac_x - bc_x| > (ar_x + br_x) \text{(不相交)} \\ |ac_y - bc_y| > (ar_y + br_y) \text{(不相交)} \\ |ac_z - bc_z| > (ar_z + br_z) \text{(不相交)} \\ \text{其他} \qquad\qquad\qquad\qquad \text{(相交)} \end{cases}$$

式中:ac_x、ac_y、ac_z 分别为物体 a 的 AABB 中心的 x、y、z 坐标。b 物体同理。

当对象发生平移或转动时,需要更新或重构 AABB。通常采用基于固定尺寸且较为松散的 AABB 更新、基于原点的 AABB 重构、利用爬山法的构造 AABB、旋转 AABB 等方法。对以上这三种 AABB 包围盒的表示方式进行比较,从物体发生移动后的数据更新方面来说,则最小值-最大值方式最好,因为它只需改变中心点坐标即可;从存储的需求方面考虑,则中心-半径方式对存储的需求最少;存储需求最多的方式则是最小值-最大值方式。

3.6.2.3 有向包围盒 OBB

有向包围盒(Oriented Bounding Box,OBB)是一个包含对象的具有方向性的长方体,与 AABB 类似但不一定平行于坐标轴,具体图形如图 3-37 所示。

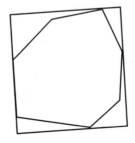

图 3-37 OBB 包围盒二维示意图

OBB 存在多种表达方式：8 个顶点的点集、6 个平面的面集、3 组平行面集合、1 个顶点和 3 个彼此正交的边向量，以及中心点 1 个旋转矩阵和 3 个 1/2 边长。通常，最后一种表达式最为常用，并且与其他表达式相比，其 OBB 间相交测试更加便捷，该测试基于分离轴理论。

由于 OBB 包围盒方向的任意性，可以使它在构造包围盒时构造出更加适合物体形状的紧密的包围盒。相对于 AABB 包围盒来说，物体的 OBB 包围盒更加难以得到，计算也更加复杂。如何寻找最佳方向并得到该方向上的最小尺寸成为了其计算的难点。尽管 OBB 紧密性好，但其计算量比较大，不适合处理变形物体的缺点也很明显。

不同于包围球和 AABB 相交测试，OBB 的相交测试相对复杂，基于"分离轴测试"来判断两个 OBB 是否碰撞，需要看两个 OBB 之间是否有这样的平面和分割轴存在。如果存在，则没有碰撞；如果不存在，则碰撞。对第一种情况，每个盒子有 6 个表面（其中每两个平行），可以决定 3 个分割轴。两个 OBB 一共有 6 个可能的分割轴需要考虑。对第二种情况，两个 OBB 之间的边的组合可以有 3×3＝9（种），也就是有 9 个可能的分割轴。这样对任意两个 OBB，只需要考察 15 个分割轴就可以。如果在任一分割轴上的阴影不重合，则 OBB 之间没有碰撞。

分离轴测试源于凸体分析基本原理——分离轴平面理论。该理论表明：给定两个凸体集 A 和 B，若两个集合不存在交集，必定存在一个分离超平面 P。使得 A 和 B 分别位于该超平面的两侧。

分离轴测试是上述理论的直观体现，由于两个凸体彼此无法实现相互环绕，因此，若凸体间不相交，则必存在一个间隙并可以插入一个平面，从而分离两个凸体对象。若物体对象间存在凹体，一般情况下，平面不足以分离这两个非相交物体对象，且需要采用相应的曲面实现物体对象间的分离。

若物体对象之间相交，则无论平面还是曲面都无法进行插入操作以实现对象间的分离。给定一个超平面 P 且分离两个凸体集 A 和 B，则直线分离轴 L 垂直于 P。之所以称为分离轴，是因为 A 和 B 在 L 上的正交投影生成了两个非重叠的区间，如图 3-39 所示。两个区间不存在交集，其结论为几何体间彼此独立。当且仅当超平面存在时分离轴存在，且二者均可以作为分离测试依据，实际操作中采用成本低廉的分离轴测试。

针对分离轴测试，值得注意的是多种碰撞检测图元——线段、AABB、OBB、K-DOP，以及球体——通常为对称几何体。其包含中心 C 且为投影轴上投影之间的中心位置，见图 3-38。给定分离轴 L，两个对称物体对象 A 和 B 之间的高效分离测试则转换为：计算其投影区间的 1/2 宽度或半径，求和并与其中心投影间的距离进行比较，若和值小于中心投影之间的距离，则物体对象间处于分离状态。

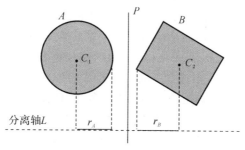

图 3-38　分离轴测试

针对非对称物体对象也可以应用分离轴测试方案,测试方法需要相应修改,即需要将凸体顶点投影至分离轴上以计算相应的投影区间。

通过相应的检测手段分离轴易于计算,然而在具体实现过程中,需要将无穷多个潜在分离轴控制在少数几个可测试轴上。对于凸多面体,可以显著地降低测试轴的数量。不考虑碰撞顺序,两个多面体对象依据其特征可以产生 6 种不同的碰撞方式:面-面、面-边、面-顶点、边-边、边-顶点以及顶点-顶点。由于顶点可以视为边的一部分,则上述顶点测试组合可归类于边碰撞情形。因而,碰撞分类减少至三类组合,即面-面、面-边以及边-边。

对于面-面测试,可以将物体的面法线作为潜在的测试分离轴;对于边-边测试,潜在的测试分离轴对应于两条边的叉积。总体上讲,多面体对象间的分离测试需要考查下列轴:

(1)平行于物体 A 的面法线的轴;

(2)平行于物体 B 的面法线的轴;

(3)平行于物体 A、B 各边生成的叉积向量的轴。

3.6.2.4　离散有向多面体包围盒 *K*-DOP

离散有向多面体包围盒(K-DOP)将顶点投影到 K-DOP 的每条法线方向上,然后保存投影的最大值和最小值,这两个值定义了这个方向上的最紧密的平板层,所有这些值共同定义了一个最小的 K-DOP。K-DOP 被定义为一个包含对象且所有面的法向量均来自一个固定的方向(K 个向量)集合的凸多面体。它被由 $K/2$ 对平行平面包围而成,其二维示意图如图 3-39 所示。K-DOP 是一般化的 AABB,AABB 就是 6-DOP 的一种特例。

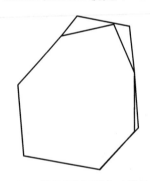

图 3-39　K-DOP 包围盒二维示意图

三维图形中构建 DOP 的流行方法有从 6 个按照坐标轴排列的平面得到的按坐标轴排列的包围盒,以及 10(竖直边上取斜面)、18(所有边取斜面)或者 26 个平面(所有边及定点上取斜面)得到的斜面包围盒。从 K 个平面构建的 DOP 称为 K-DOP;但是由于一些表面可能会缩减到一条边或者一个定点,所以实际的表面数目可能会少于 K。凸包是包容物体的最小凸体。如果物体是有限个点的集合,那么凸包就是一个多面体,能比其他包围盒更紧密地包围原物体,创建的层次树也就有更少的节点,相交测试时就会减少更多的冗余计算。但 K-DOP 包围盒之间的相交检测会更复杂一些,一般通过判别 $K/2$ 个法向量方向上是否有重叠的情况来判定两个 K-DOP 包围盒是否相交。所以,法向量的个数越多,K-DOP 包围盒包围物体越紧密,但相互之间的求交计算就更复杂,因此需要找到恰当个数的法向量以保证最佳的碰撞检测速度。

从数学意义上讲,离散有向多面体是由 $K/2$(K 是偶数)个归一化法线 n_i($1 \leqslant i \leqslant K/2$)定义,每个 n_i 有两个标量值 $d_i^{\min}$ 和 $d_i^{\max}$,其中 $d_i^{\min} < d_i^{\max}$。每个三元组 $(n_i, d_i^{\min}, d_i^{\max})$ 描述的是

一个平板层S_i，表示的两个平面之间的空间，这两个平面分别是$n_{i,x}+d_i^{\min}=0$和$n_{i,x}+d_i^{\max}=0$，其中所有平板层的交集是K-DOP 的实际体积。图 3-40 所示是二维环境下的 8-DOP。

图 3-40　二维环境下的 8-DOP

3.6.2.5　各典型包围盒优缺点比较

4 种包围盒中的每一种都有优点和缺点，要根据不同的虚拟场景选择不同的包围盒，不同包围盒之间的比较见表 3-2。

表 3-2　不同包围盒之间的比较

包围盒类型	球	AABB	OBB	K-DOP
相交测试简单性	很简单	较简单	较复杂	很复杂
包围盒紧密性旋转	不紧密	较紧密	紧密	很紧密
更新速度	无需更新	更新快	更新慢	更新慢
是否适用于刚体	适用	适用	适用	适用
是否适用于变形体	适用	适用	不适用	适用

不同包围盒之间的包围紧密度和相交测试的简单性见表 3-2。同时，由表 3-2 不难看出：

（1）AABB 法紧密性差，但 AABB 之间的相交测试简单。AABB 法另一个突出优点是适应于变形对象的碰撞检测。

（2）OBB 法紧密性好，但 OBB 的方向任意性，使得 OBB 间的相交测试复杂。OBB 是包裹对象最紧密的包围盒，但相交测试最复杂。

（3）K-DOP 是介于 AABB 和 OBB 之间的包围盒，它的突出特点是只要合理地选取平行平面对的个数和方向，就可以在碰撞检测的简单性和包裹物体的紧密性之间灵活取舍，即紧密性要优于 AABB，而相交测试的复杂度要小于 OBB（见图 3-41）。K-DOP 相交测试的算法复杂度远低于 OBB。

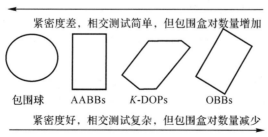

图 3-41　各种包围盒方法特点比较

3.7 增 强 现 实

与传统虚拟现实所要达到的完全沉浸的效果不同,增强现实(Augmented Reality,AR)致力于将计算机生成的物体叠加到现实景物上。它通过多种设备,如与计算机相连接的光学透视式头盔显示器或配有各种成像元件的眼镜等,让虚拟物体能够叠加到真实场景上,以便它们一起出现在使用者的视场中。同时,使用者可以通过各种方式与虚拟物体进行交互。例如:在装配或维修工作中,基于增强现实技术的应用系统会在操作人员视野的相应位置显示出有用的提示信息;在使用增强现实的培训系统中,甚至可以将虚拟物体和实际配件装配在一起。增强现实在工业设计、机械制造、建筑、教育和娱乐等领域都有广泛的应用前景,它不仅提供了一种更容易实现的虚拟现实的方法,更代表了下一代更易使用的人机界面的发展趋势。

由于 AR 系统在实现时涉及多种因素,因此 AR 系统研究对象的范围十分广阔,包括信号处理、计算机图形和图像处理、人机界面和心理学、移动计算、计算机网络、分布式计算、信息获取和信息可视化,以及新型显示器和传感器的设计等。AR 系统虽不需要显示完整的场景,但是需要通过分析大量的定位数据和场景信息来保证由计算机生成的虚拟物体可以精确地定位在真实场景中。因此,AR 系统中一般都包含四个基本步骤:①获取真实场景信息;②对真实场景和摄像机位置信息进行分析;③生成虚拟景物;④合并视频或直接显示。图形系统首先根据摄像机的位置信息和真实场景中的定位标记来计算虚拟物体坐标到摄像机视平面的仿射变换,然后按照仿射变换矩阵在视平面上绘制虚拟物体,最后直接通过头戴式显示设备显示,或与真实场景的视频合并后一起显示在普通显示器上。简单 AR 系统的基本流程图如图 3-42 所示。

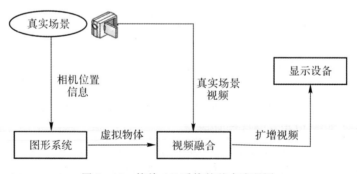

图 3-42　简单 AR 系统的基本流程图

视频融合的目的是将视频图像和仿真图形在同一个二维平面中进行显示。在计算机图形学中,虚拟三维物体经过视点变换、模型变换、投影变换、视口变换等一系列的变换投影到二维的显示平面上,这个过程与实际摄像机的原理是一致的。因此,只要虚拟摄像机模型参数与真实摄像机参数保持一致,就可以实现仿真图形和视频图像在同一个二维空间的同时显示。这就要求人们首先必须通过摄像机标定来确定真实摄像机的参数。

实现视频融合的关键部分是要对摄像机进行建模。只有正确地对摄像机建模后,才能模拟出仿真的虚拟"摄像机",使得它"拍摄"的虚拟模型和真实摄像机拍摄的真实模型重合,这是虚实叠加的基础。

通过对摄像装置标定可以获取摄像装置参数,从而建立图像中像点位置与空间中物体点位置的关系。传统的摄像机标定是指在一定的摄像机模型下,基于特定的实验条件(如形状、尺寸)已知的定标参照物,经过对其图像进行处理,利用一系列数学变换和计算方法,求取摄像机模型的内部参数和外部参数。比如,传统方法中使用一个带有非共面专用标定标识的三维标定物来提供图像点和其对应三维空间点的对应关系并计算标定参数,或者使用一个平面标定团(标定板)的至少两幅不同角度视图来进行标定。传统的摄像机标定算法在标定过程中始终需要标定物,且标定物的制作精度会影响标定结果,有些场合不适合放置标定物也限制了传统标定的应用。还有一些摄像机自标定方法不需要标定物,而是依靠机器视觉的相关知识就可以对摄像机进行标定。如基于场景约束的自标定需要寻找特定场景;基于几何约束的自标定不需要外在的场景约束,仅依靠多视图彼此间的内在几何限制来完成标定任务。摄像机自标定方法的缺点是它需要一些约束条件,而不是无限制地应用于任意图像或视频序列,而且摄像机自标定方法是基于绝对二次曲线或曲面的方法,鲁棒性较差。

如图 3-43 所示,点 O 代表摄像机光心所在位置,X 轴、Y 轴代表焦平面的坐标轴,Z 轴代表光轴;X_i、Y_i 轴代表成像平面,摄像机的感光器件在这平面上接收来自摄像机外部的光线,从而最终成像。光轴垂直穿过该成像平面,两者的交点即为成像平面的原点。假设摄像机镜头外有一点 $P(X_w,Y_w,Z_w)$,其中 (X_w,Y_w,Z_w) 是其在世界坐标系下的坐标,该点发出的光线必然通过光心,因此光心和 $P(X_w,Y_w,Z_w)$ 连线在成像平面上的交点就是该点在图像上的投影点,以 $P(x,y)$ 表示。光心到成像平面的距离称为焦距(这与透镜成像的焦距定义不同,在透镜成像模型中,焦距定义为焦点到透镜中心的距离),以 f 表示。X,Y,Z 轴构成的坐标系称为摄像机坐标系,因此 $P(X_w,Y_w,Z_w)$ 在摄像机坐标系下存在一个坐标值 (X_c,Y_c,Z_c),(X_c,Y_c,Z_c) 在图中的几何意义如箭头所示。应用几何学中相似三角形的知识,极易推导出以下公式:

$$\frac{f}{Z_c}=\frac{x}{X_c}$$

对上式整理,得

$$x=\frac{fX_c}{Z_c} \tag{3-1}$$

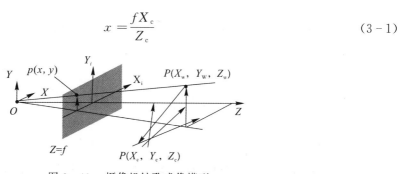

图 3-43　摄像机针孔成像模型

该公式表明,摄像机外一个点在针孔成像模型下,其在图像坐标系的投影点坐标 x 方向上的值为焦距与摄像机坐标系下 X_c 的值的积除以摄像机坐标系下的 Z_c 的值。类似的,得到投影点坐标 y 方向的值的公式为

$$y=\frac{fY_c}{Z_c} \tag{3-2}$$

这样,如果知道所拍摄物体的一个点在摄像机坐标系下的坐标和摄像机在针孔模型下的焦距,就能得到其在图像平面上的二维坐标。但这还不够,因为程序最终只能处理的是像素坐标。假设成像平面(感光器件)为一矩形,高度为 height,宽度为 width,像素采样在平面上均匀分布,高度方向上有 pix_Y 个像素采样,宽度方向上有 pix_X 个像素采样,可以在图像平面上建立一个以像素为单位的像素坐标系。

假设可以知道图像坐标系原点在像素坐标系下的坐标(u_0, v_0),还知道平面上 x 方向上相邻像素的距离 $\mathrm{d}x$,y 方向上的相邻像素的距离 $\mathrm{d}y$,那么图像平面上的一个点(x, y)用像素坐标表示为

$$u = \frac{x}{\mathrm{d}x} + u_0 \tag{3-3}$$

$$v = \frac{y}{\mathrm{d}y} + v_0 \tag{3-4}$$

换句话说,图像上的点(x, y)被像素(u, v)所表现,如图 3-44 所示。

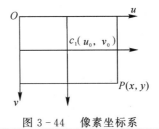

图 3-44 像素坐标系

将式(3-3)、式(3-4)以齐次坐标形式表达成矩阵形式为

$$\begin{bmatrix} u \\ v \\ 1 \end{bmatrix} = \begin{bmatrix} \dfrac{1}{\mathrm{d}x} & 0 & u_0 \\ 0 & \dfrac{1}{\mathrm{d}x} & v_0 \\ 0 & 0 & 1 \end{bmatrix} \begin{bmatrix} x \\ y \\ 1 \end{bmatrix}$$

再结合式(3-3)和式(3-4),可以得到在摄像机坐标系下描述的一个空间点与图像平面以像素来描述的对应投影点的坐标的关系式,即空间点由在图像的像素来表示:

$$Z_c \begin{bmatrix} u \\ v \\ 1 \end{bmatrix} = \begin{bmatrix} \dfrac{1}{\mathrm{d}x} & 0 & u_0 \\ 0 & \dfrac{1}{\mathrm{d}y} & v_0 \\ 0 & 0 & 1 \end{bmatrix} \begin{bmatrix} f & 0 & 0 & 0 \\ 0 & f & 0 & 0 \\ 0 & 0 & 1 & 0 \end{bmatrix} \begin{bmatrix} X_c \\ Y_c \\ Z_c \\ 1 \end{bmatrix} = \begin{bmatrix} \dfrac{f}{\mathrm{d}x} & 0 & u_0 & 0 \\ 0 & \dfrac{f}{\mathrm{d}y} & v_0 & 0 \\ 0 & 0 & 1 & 0 \end{bmatrix} \begin{bmatrix} X_c \\ Y_c \\ Z_c \\ 1 \end{bmatrix} \tag{3-5}$$

此时空间上的点是在摄像机坐标系下描述的,一般可以在任意设定的世界(真实的)坐标系下描述这个点,如前所述,该点表示为 $P(X_w, Y_w, Z_w)$。如果能建立起世界坐标系到摄像机坐标系的映射关系,则可得到完整的针孔成像模型。

假设空间中存在两个不同的坐标系 A、B,已知 B 相对与 A 的旋转矩阵$^A_B\boldsymbol{R}$,B 的原点在坐标系 A 下的描述是$^A\boldsymbol{P}_{\mathrm{BORG}}$,那么坐标系 B 下描述的一个点$^B\boldsymbol{P}$ 在坐标系 A 下可以表示成

$$^A\boldsymbol{P} = {}^A_B\boldsymbol{R}\,{}^B\boldsymbol{P} + {}^A\boldsymbol{P}_{\mathrm{BORG}}$$

应用该公式,采用空间坐标的齐次形式,可得空间坐标系到摄像机坐标系下的映射关系为

$$\begin{bmatrix} X_c \\ Y_c \\ Z_c \\ 1 \end{bmatrix} = \begin{bmatrix} {}_w^C\boldsymbol{R} & {}^C\boldsymbol{P}_{\mathrm{WORD}} \\ \boldsymbol{0}^{\mathrm{T}} & 1 \end{bmatrix} \begin{bmatrix} X_w \\ Y_w \\ Z_w \\ 1 \end{bmatrix} = \boldsymbol{M} \begin{bmatrix} X_w \\ Y_w \\ Z_w \\ 1 \end{bmatrix} \qquad (3-6)$$

式中：${}_w^C\boldsymbol{R}$ 为世界坐标系相对摄像机坐标系的旋转矩阵；${}^C\boldsymbol{P}_{\mathrm{WORD}}$ 为世界坐标系原点在摄像机坐标系下的表示。

综合式(3-5)和式(3-6)得到针孔成像模型的最终模型公式为

$$Z_c \begin{bmatrix} u \\ v \\ 1 \end{bmatrix} = \begin{bmatrix} \dfrac{f}{\mathrm{d}x} & 0 & u_0 & 0 \\ 0 & \dfrac{f}{\mathrm{d}y} & v_0 & 0 \\ 0 & 0 & 1 & 0 \end{bmatrix} \begin{bmatrix} {}_w^C\boldsymbol{R} & {}^C\boldsymbol{P}_{\mathrm{WORD}} \\ \boldsymbol{0}^{\mathrm{T}} & 1 \end{bmatrix} \begin{bmatrix} X_w \\ Y_w \\ Z_w \\ 1 \end{bmatrix} \qquad (3-7)$$

式(3-7)表明了世界坐标系下的一个空间点对应于图像上的像素点。所有的未知参数都与摄像机有关，式中，$f/\mathrm{d}x$、$f/\mathrm{d}y$、u_0、v_0 与摄像机内部结构有关，称为内部参数。这些参数构成的摄像机内部参数矩阵 $\boldsymbol{k}$（简称内部矩阵）：

$$\boldsymbol{k} = \begin{bmatrix} \dfrac{f}{\mathrm{d}x} & 0 & u_0 & 0 \\ 0 & \dfrac{f}{\mathrm{d}y} & v_0 & 0 \\ 0 & 0 & 1 & 0 \end{bmatrix}$$

$\begin{bmatrix} {}_w^C\boldsymbol{R} & {}^C\boldsymbol{P}_{\mathrm{WORD}} \\ \boldsymbol{0}^{\mathrm{T}} & 1 \end{bmatrix}$ 则描述了摄像机相对世界坐标系的姿态和位置，称为摄像机外部参数矩阵，简称外部矩阵。

因此，当已知空间某点 P 的三维坐标为 (X_w,Y_w,Z_w)，则可以通过式(3-1)、式(3-2)求出该点在摄像机坐标系成像平面上 P_0 点的坐标 (X_c,Y_c)，再通过式(2-41)计算出其在投影平面的像素坐标系二维坐标 (u,v)。三维到二维投影流程图如图3-45所示。

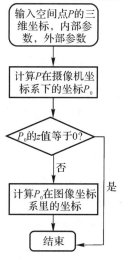

图 3-45　三维到二维投影流程图

第4章　人机交互技术

为了开展安全、高效、精确的遥操作工作,操作者对于远端环境的"感知"显得非常重要。只有操作者能充分地感受远端的环境信息,才能作出正确的判断和决策,所以本地操作端和远端现场执行器之间的信息交互就显得尤为重要。

人机交互(Human-Robot Interaction,HRI)是一个致力于理解、设计和评估供人类使用或与人类一起使用的机器人系统的研究领域。人与机器人的交互可以由人实现机器人在非确定环境中难以做到的规划和决策,而机器人则可在人所不能到达的环境中进行灵巧作业。机器人与环境的交互包含机器人对环境的感知,由传感器采集环境信息然后传输给操作者,从而达到有效反馈和精确操控的目的。操作者只有充分地感受远端的环境信息,并根据视觉和力觉等反馈信息判断遥操作任务执行的进度状态,调整自身的操作,才能作出正确的判断和决策。操作者对于远端现场环境的充分"感知"才能安全、高效、精确地开展遥操作作业。操作者通过交互设备准确无误地传递操作意图,确保可以自然、高效地向远端的执行机构发送遥操作命令,降低操作技能要求和心理负担。

人类从外界环境获取的信息中视觉信息所占的比例最大,因此视觉临场感技术可以为遥操作提供大部分信息,提高操作者对操作环境的认知。但是当机器人与环境相互作用时,如果仅提供视觉图像信息,操作者就不能从中获得真实的感受,因此只有在力觉临场感的指导下操作者才能完成比较复杂和精细的作业任务。遥控作业系统的实验表明,力和触感反馈的加入可以大大提高遥控作业的效率和精确性。

在遥操作过程中,操作员与远端的机器人之间的人机交互的一般工作过程为:操作者操纵处于地面主端交互设备运动并生成对应的从端机器人运动控制指令,从端机器人执行运动控制指令,通过天地通信环节,在从端空间机器人的末端安装的摄像机为操作者提供视觉辅助信息,在机器人末端执行机构安装的力传感器将力信息传递至操纵设备以反馈给操作者,操作者根据视觉和力觉等反馈信息判断遥操作任务执行的进度状态,调整自身的操作动作。遥操作系统的性能在很大程度上取决于操作员和机器人、环境的人机交互能力。友好、高效的遥操作人机交互技术不但可以有效地克服通信时延对系统可操作性的影响,而且可以辅助操作者更好地完成操作任务,提高遥操作系统的操作性能和效率,为减轻操作者负担提供有效的解决途径。因此,遥操作系统中良好的人机交互性能包含两点:一是操作者必须获得远端环境充分的临场感信息;二是操作者可以自然、高效地向远端的执行机构发送遥操作命令。优良的人机交互能力是系统快速、安全、准确地完成遥操作任务的重要保障。

4.1 人机交互技术发展

4.1.1 发展历程

遥操作中的人机交互(HRI)是关于人与机器人之间如何相互作用、相互影响的技术,是"人与机器交互"在机器人领域的发展。HRI 是通过人与计算机交互(Human-Computer Interaction,HCI)来实现的。机器人技术的迅猛发展,对 HRI 提出了更高的要求。HRI 涉及多个学科,包括人类学、机器人科学、认知科学、心理学、计算机科学、机械学等。随着科技的发展,特别是计算机技术和机器人技术的发展,HRI 已经逐渐发展成为一个独立的研究领域。HRI 是 HCI 的具体化,它以人与计算机的交互为基础,并且更加智能化和拟人化,使人与机器人交互呈现多种形式。

人机交互(HCI)技术已成为 21 世纪信息领域亟需解决的重大课题和当前信息产业竞争的焦点之一,世界各国都将人机交互技术作为重点研究的一项关键技术,美国在 21 世纪信息技术计划中,将软件、人机交互、网络、高性能计算列为基础研究内容,美国国防关键技术计划也把人机交互列为软件技术发展的重要内容之一。

人机交互是关于设计、评价和实现供人们使用的交互式计算机系统,并围绕这些方面主要现象进行研究的一门学科。狭义地讲,人机交互技术主要研究人与计算机之间的信息交换,包括人到计算机和计算机到人的信息交换两部分。对于前者,人们可以借助键盘、鼠标、操纵杆、数据服装、眼动跟踪器、位置跟踪器、数据手套、以及压力笔等设备,用手、脚、声音、姿势或者身体的动作、眼睛甚至脑电波等向计算机传递信息;对于后者,计算机通过打印机、绘图仪、显示器、头盔式显示器以及音箱等输出或者显示设备给人提供信息。

人机交互技术是通过计算机输入、输出设备以有效的方式实现人与计算机对话的技术,涉及计算机图形学、控制理论、人工智能、计算机等多个学科,与认知学、人机工程学、心理学等学科领域有密切的联系,如图 4-1 所示。其中,认知心理学与人机工程学是人机交互技术的理论基础,而多媒体技术和虚拟现实技术与人机交互技术相互交叉和渗透。

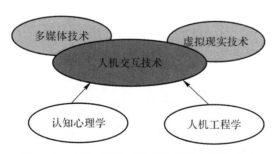

图 4-1 人机交互技术与其他学科之间的关系

在人机交互技术的发展过程中,首先形成了以窗口、菜单、图符和指示装置为基础的图形人机界面。20 世纪 80 年代以来,随着多媒体技术的发展,人机交互的方式和要求发生了很大变化,计算机的输入、输出不仅仅局限于单一的文本,而是文本、图形、图像、声音等多种媒体的集合。90 年代后期,随着高速处理芯片、多媒体技术和 Internet Web 技术的迅速发展和普及,人机交互的研究重点放在了智能化交互、多模态-多媒体交互、虚拟交互以及人机协同交互等方面,即放在以人为中心的人机交互技术方面。人机交互系统包含的主要元素为人的因素、交互设备(即计算机 I/O 设备)及实现人机对话的软件,如图 4-2 所示。

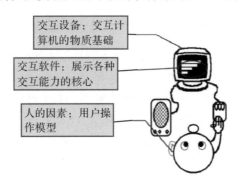

图 4-2 人机交互系统的三要素

人机交互的发展大致分为语言命令交互、图形用户界面(Graphical User Interface,GUI)交互和自然人机交互等 3 个阶段。这一系列的人机交互方式也是从人适应计算机到计算机不断适应人的发展过程。

(1)语言命令交互阶段。

人机交互开始于世界上第一台计算机 ENIAC 的出现,该计算机没有操作系统,人们通过一步步地按压开关直接与主机打交道输入主机要执行的操作,主机通过两排小灯泡的闪烁来实现输出。当时人机交互带给人们更多的是对计算机的神秘感,语言上的障碍给人很强的专业感。但由于语言的特殊性,人们必须主动去适应这样的情况才能正确地操作计算机。在这样的过程中,复杂的计算机以及难以让人理解的语言使得人与机器的交互显得极为困难,加上在操作过程中的低效和枯燥性使得人们开始寻找更好的方式来实现人机交互。

这一阶段从早期的手工操作输入机器语言指令(二进制及其代码)控制计算机开始,经历了 FORTRAN,PASCAL,COBOL 等语言,并在 20 世纪 60 年代中期出现了命令行界面(Command Line Interface,CLI)。这样的交互形式不符合人的习惯,费时、易错,且需要专业学习和训练,交互过程中人是操作员,通过操作键盘输入数据和命令信息,而计算机只是根据指令产生被动反应并且界面输出主要以字符为主,这种人机界面交互方式的自然性较差。早期的计算机人机交互设备如图 4-3 所示。

图 4-3 早期的计算机人机交互设备

（2）图形人机界面交互阶段。

随着进一步的探索，人们发现需要对人的行为方式进行必要的研究，于是认知心理学开始逐步运用到计算机的设计中，人机交互的重要性开始受到人们的关注。图像形式的用户界面 GUI 是当时用户界面的主流，GUI 为人机交互带来了巨大的进步。GUI 技术从 20 世纪 60 年代应用于美国麻省理工学院发明的 Sketohpad 开始，结合 1963 年由美国斯坦福研究所发明的鼠标，成熟于 1970 年代的施乐公司发明的现代 GUI。施乐定义的图形用户界面由窗口（Windows）、按钮（Button）、鼠标（Mouse）、图标（Icon）、视觉隐喻（Visual Metaphors）和下拉菜单（Drop-Down Menus）组成。由于整体的优越性，这在当时的业界形成了牢不可破的标准。到了 1980 年代，在此基础上，苹果公司推出的 WYSISWYG（What You See Is What You Get，所见即所得）的桌面板式界面逐渐丰富并取代了现代 GUI。至此，以 WIMP（Windows，Icon，Menu，Pointing Device）为基础的人机界面成形。以美国微软和苹果作为代表，GUI 从根本上改变了以前要记大量的语言形式的情形。图形用户界面都有一个共同的特征，就是通过窗口来传达和显示信息，另外都是用键盘和鼠标来操作。GUI 的主要特点是界面隐喻、WIMP 技术、直接操纵和"所见即所得"。WIMP 界面概念模型如图 4-4 所示。

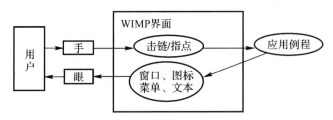

图 4-4　WIMP 界面概念模型

与命令行界面相比，这种基于鼠标的操作方式和直观的 GUI 简单易学，减少了键盘操作和命令记忆，且操作的直观性和效率都有显著提高，普通用户可以熟练地使用，拓展了用户群，使计算机技术得到了普及。同时，与命令行界面相比，图形用户界面的人机交互自然性和效率都有较大的提高，鼠标驱动的人机界面便于初学者使用，引发了人机界面的历史性变革。但这样的人机交互方式会给有经验的用户造成不便，如他们有时倾向使用命令键而不是选择菜单，但是图形用户界面很大程度上依赖于菜单选择和交互构件（Widget），且在输入信息时用户只能使用手这一种输入通道，还有图形用户界面有是需要重复操作和串联操作等。另外，图形人机界面需要占据较多的屏幕空间，并且难以表达和支持非空间性的抽象信息的交互。

（3）自然人机交互阶段。

随着虚拟现实、移动计算、普适计算、传感器技术、智能计算技术、云计算、大数据等新兴技术的飞速发展，人机交互技术逐渐成为信息领域的重大课题之一。信息空间与物理空间进一步融合发展，人与计算环境的交互将从计算机面前扩展至人们生活的整个三维物理空间。人的活动场所，时时处处皆有交互，这种交互需求对人机交互提出了新的挑战和更高的要求。人机交互技术朝着以人为本、增强体感、方便用户的方向不断发展。

传统的鼠标、键盘等交互方式已经不能满足新型、高效、便捷的人机交互需求，人们通过声音、动作、表情等自然的人与人交互方式与计算机进行交互，衍生出基于语音、手写、手势、视线跟踪、表情识别等的一系列新的交互手段，使用户利用多个通道以自然、并行、协作的方式进行人机对话，配合大量新型的交互设备，如头盔式立体显示器、沉浸式虚拟现实环境 CAVE 系统以及多点触控技术等,通过有效整合这些来自多个通道的、精确的和不精确的输入来捕捉用户的交互意图,提高了人机交互的自然性和高效性。多通道人机交互技术的兴起进一步改善了人机交互的效率和友好性。多通道人机交互概念模型如图4-5所示。

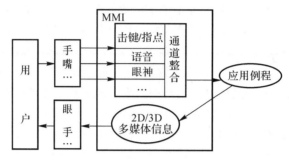

图 4-5　多通道人机交互概念模型

　　自然人机交互的目标是利用人们的日常技能与习惯进行交互,同时尽可能不分散用户对工作本身的注意力,其终极目标是使得人与计算环境的交互变得和人与人之间的交互一样自然和方便。与传统的交互方式相比,它更强调交互方式的自然性、人机关系的和谐性、交互途径的隐含性、感知通道的多样性。自然人机交互技术主要关注人机交互中用户向计算机输入信息以及计算机对用户意图的理解,所要达到的目标可以归纳为以下几方面:

　　(1)交互的自然性:使用户尽可能多地利用已有的日常技能与计算机交互,降低认识负荷。

　　(2)交互的高效性:使人机通信信息交换吞吐量更大、形式更丰富,发挥人机彼此不同的认知潜力。

　　(3)兼容性:与传统的用户界面特别是广泛流行的 WIMP/GUI 兼容。

　　自然人机交互有下述基本特点:

　　(1)使用多个感觉和效应通道。感觉通道侧重于多媒体信息的接受,效应通道侧重于交互过程中控制与信息的输入,两者密不可分、相互配合。一种通道(如语音)不能充分表达用户的意图时,需辅以其他通道(如手势指点)的信息;有时使用辅助通道来增强表达力。交替而独立地使用不同的通道不是真正意义上的多通道技术,真正的多通道必须允许充分地并行、协作的通道配合关系。

　　(2)允许非精确的交互。人类语言本身就具有高度模糊性,人类在日常生活中习惯于并大量使用非精确的信息交流,允许使用模糊的表达手段可以避免不必要的认识负荷,有利于提高交互活动的自然性和高效性。多通道人机交互技术主张以充分性代替精确性。

　　(3)交互的双向性。人的感觉和效应通道常具有双向性的特点,如视觉可看可注视,手可控制、可触及等。多通道用户界面使用户避免生硬的、不自然的、频繁的、耗时的通道切换,从而提高了自然性和效率。视线跟踪系统可促成视觉交互双向性,听觉通道利用三维听觉定位器实现交互双向性。

　　(4)交互的隐含性。追求交互自然性的多通道用户界面并不需要用户显式地说明每个交互成分,反之是在自然的交互过程中隐含地说明。例如:用户的视线自然地落在所感兴趣的对象之上;用户的手自然地握住被操纵的目标。

　　(5)直接操纵。人在现实生活中的活动具有直接操纵的特点,使用多个通道非精确交互降低单个通道的认知负荷,提高交互的自然性和有效性。目前流行的图形人机界面实际上操作的直接性是受限的,用户的交互意图首先要"翻译"成多交互手段(如鼠标、键盘等)的操作步骤才能完成。多通道技术允许用户自由选择和利用最方便的交互手段来表达交互意图,这才是真正直接操纵的。在三维环境的支持下,这种直接操纵将与人的自然交互方式更为接近。

根据人机交互过程中人体动作控制信息的获取方式,自然人机交互方式可以划分为两种:

(1)外设附着方式,即附着在人肢体上的感应设备对人体动作信息进行采集。该方式需要在人身体上附加额外感应设备,虽然响应速度快且识别精确度高,但增加了设备成本,降低了人机交互的自然性,不易于普及应用,更偏向应用于快速响应及精确控制的工业控制领域。

(2)计算机视觉方式,即视频捕捉设备对人体的运动信息进行检测,将获得的 RGB 彩色图像、红外图像等数据信息进行分析和处理,从而提取出人体动作信息。该方式对外设的要求相对简单,通常只需要摄像头或传感器,作为随着机器视觉、人工智能、模式识别等学科的发展而产生的新技术领域,相对于穿戴式的方法,具有轻便无需佩戴、对设备要求低等优点,更易于该应用技术的推广与普及。

按自然交互的方式分类,人机交互主要可以分为体态语言交互、语音交互、其他姿态语言交互等,体态交互主要包括手势识别、肢体动作识别、姿态行为理解等:

(1)手势识别交互方式。手势是指人通过意识来控制手部动作,从而表达特定的含义和交互意图,通过具有符号功能的手势来进行信息交流和控制计算机,用户与计算机的交互方式变得更为自然、直接。

(2)动作识别交互方式。动作是指人的多关节协同完成的身体动作,一般需要对运动特征归一化来消除身高、体形、臂长等方面的差异,人的运动具有多样性,对运动语义的分析更加复杂,通过全身动作与计算机交互,人机交互的方式变得更为自然。

(3)语音识别交互方式。语音识别就是让机器通过识别和理解过程把语音信号转变为相应的文本或命令,通过语音与机器进行对话交流,让机器明白用户的交互意图。

(4)其他交互方式。其他交互方式如眼球、意念、表情、唇读等,针对不同的应用和人群,在特殊情况下更为有效。

4.1.2　人机交互的主要研究内容

人机交互的研究内容十分广泛,涵盖了建模、设计、评估等理论和方法,以及在移动计算、虚拟现实等方面的应用研究与开发,主要有下述 6 个方向。

(1)人机交互界面表示模型与设计方法。一个交互界面的好坏,直接影响到软件开发的成败。友好人机交互界面的开发离不开好的交互模型与设计方法。因此,研究人机交互界面的表示模型与设计方法,是人机交互的重要研究内容之一。

(2)可用性分析与评估。可用性是人机交互系统的重要内容,它关系到人机交互能否达到用户期待的目标,以及实现这一目标的效率与便捷性。人机交互系统的可用性分析与评估的研究主要涉及支持可用性的设计原则和可用性的评估方法等。

(3)多通道交互技术。在多通道交互中,用户可以使用语音、手势、眼神、表情等自然的交互方式与计算机系统进行通信。多通道交互主要研究多通道交互界面的表示模型、多通道交互界面的评估方法以及多通道信息的融合等。其中,多通道整合是多通道人机界面研究的重点和难点。

(4)认知与智能人机界面。智能人机界面(Intelligent User Interface,IUI)的最终目标是使人机交互和人人交互一样自然、方便。上下文感知、眼动跟踪、手势识别、三维输入、语音识别、表情识别、手写识别、自然语言理解等都是认知与智能人机界面需要解决的重要问题。

（5）虚拟环境中的人机交互。"以人为本"的自然人机交互理论和方法是虚拟现实的主要研究内容之一。通过研究视觉、听觉、触觉等多通道信息融合的理论和方法，以及协同交互技术和三维交互技术等，建立具有高度真实感的虚拟环境，使人产生"身临其境"的感觉。

（6）移动界面设计。移动计算、普适计算等对人机交互技术提出了更高的要求，面向移动应用的界面设计问题已成为人机交互技术研究的一个重要应用领域。针对移动设备的便携性、位置不固定性和计算能力有限性以及无线网络的低带宽、高延迟等诸多的限制，移动界面的设计方法、移动界面可用性与评估原则、移动界面导航技术以及移动界面的实现技术和开发工具，成为当前的人机交互技术的研究热点之一。

人机交互技术目前已经取得了不少研究成果，很多产品已经问世。侧重多媒体技术的有触摸式显示屏实现的"桌面"计算机、能够随意折叠的柔性显示屏制造的电子书；从电影院搬进客厅的三维显示器、使用红绿蓝光激光二极管的视网膜成像显示器。侧重多通道技术的有"汉王笔"手写汉字识别系统，微软的 Tablet PC 操作系统中的数字墨水技术，广泛应用于 Office 的中文版等办公、应用软件中的 IBM/Via Voice 连续中文语音识别系统，输入设备为摄像机、图像采集卡的手势识别技术，以 iPhone 为代表的可支持更复杂的姿势识别的多触点式触摸屏技术，以及 iPhone 中基于传感器的捕捉用户意图的隐式输入技术等。

人机交互技术领域热点技术的应用潜力已经显现，比如智能手机配备的地理空间跟踪技术，应用于可穿戴式计算机、隐身技术、浸入式游戏等的动作识别技术，应用于虚拟现实、遥控机器人及远程医疗等的触觉交互技术，应用于呼叫路由、家庭自动化及语音拨号等场合的语音识别技术，对于有语言障碍人士的无声语音识别技术，应用于广告、网站、产品目录、杂志效用测试的眼动跟踪技术，针对有语言和行动障碍的人开发的"意念轮椅"采用的基于脑电波的人机界面技术，等等。

热点技术的应用开发是机遇也是挑战，基于视觉的手势识别率低、实时性差，需要研究各种算法来改善识别的精度和速度，眼睛虹膜、掌纹、笔迹、步态、语音、唇读、人脸、DNA 等人类特征的研发应用也正受到关注，多通道的整合也是人机交互的热点。另外，与"云计算"等相关技术的融合与促进也需要继续探索。

4.1.3 发展趋势

在人机交互领域，视频捕捉技术、语音识别技术、红外遥感技术、多通道技术等的整合发展，必然给人机交互技术带来前所未有的突破。新的技术层出不穷，人机交互技术的发展将带给人们更多的科学技术的期盼和惊喜。未来人机交互的发展主要体现在交互理念的变化及交互设备的升级：计算机从被动接受用户的输入信息到主动去理解人的操作意图，人机交互系统从满足基本交互功能要求到关注和强调用户使用体验的理念转变；交互设备也向方式自然化、内容多样化发展。

在未来的计算机系统中，将更加强调"以人为本""自然、和谐"的交互方式，以实现人机高效合作。概括地讲，新一代的人机交互技术的发展将主要围绕以下四方面：

（1）集成化。人机交互将呈现出多样化、多通道交互的特点。桌面和非桌面界面，可见和不可见界面，二维与三维输入，直接与间接操纵，语音、手势、表情、眼动、唇动、头动、肢体姿势、触觉、嗅觉、味觉以及键盘、鼠标等交互手段将集成在一起,成为新一代自然、高效的交互技术的一个发展方向。

(2)网络化。无线互联网、移动通信网的快速发展,对人机交互技术提出了更高的要求。新一代的人机交互技术需要考虑在不同设备、不同网络、不同平台之间的无缝过渡和扩展,支持人们通过跨地域的网络(有线与无线、电信网与互联网等)在世界上任何地方用多种简单的自然方式进行人机交互,而且包括支持多个用户之间以协作的方式进行交互。另外,网络技术的发展也为人机交互技术的发展提供了很好的机遇。

(3)智能化。目前,用户使用键盘和鼠标等设备进行的交互输入都是精确的输入,但人们的动作或思想等往往并不很精确,人类语言本身也具有高度模糊性,人们在生活中习惯使用大量的非精确信息交流。因此,在人机交互中,使计算机更好地自动捕捉人的姿态、手势、语音和上下文等信息,了解人的意图,并做出合适的反馈或动作,提高交互活动的自然性和高效性,使人机之间的交互像人人交互一样自然、方便,是计算机科学家正在积极探索的新一代交互技术的一个重要内容。

(4)标准化。目前,在人机交互领域,ISO 已正式发布了许多的国际标准,以指导产品设计、测试和可用性评估等。但人机交互标准的设定是一项长期而艰巨的任务,并随着社会需求的变化而不断变化。

4.2 典型自然人机交互技术

自然人机交互强调使用多种通道与计算机通信交互。交互通道涵盖了用户表达意图、执行动作或感知反馈信息的各种通信方法,如言语、眼神、脸部表情、唇动、手动、手势、头动、肢体姿势、触觉、嗅觉或味觉等。自然人机交互的各类通道(界面)技术中,有不少已经实用化、产品化、商品化。

4.2.1 人机界面技术

人机界面又称用户界面,是系统和用户之间进行交互和信息交换的媒介,它实现信息的内部形式与人类可以接受形式之间的转换。人机界面是人与计算机之间传递、交换信息的媒介和对话的窗口,是计算机系统的重要组成部分。人机交互是研究人、计算机以及它们之间相互影响的技术。人机界面和人机交互紧密相连,但二者又是完全不同的概念:前者强调的是计算机的关键组成部分,后者强调的是技术和模型,人机界面要在交互技术的支持下实现。人机界面主要经历了命令语言人机界面、图形人机界面、直接操纵人机界面、多媒体人机界面、多通道人机界面和虚拟现实人机界面这几个发展阶段。

人机界面设计流程主要包括以下 5 个环节。

(1)用户研究。用户研究是研究用户类型,定位目标用户,收集和归纳关于目标用户的详细信息,分析约束条件等。

(2)用户建模。用户建模是用户界面设计中独特而有效的方法,它最突出的优势是能够使设计者将前期用户研究阶段收集整理的相关用户信息与行为模式、需求与动机等研究结果,通过总结、归纳、整理转化为更为直观、更易理解的用户角色模型。

(3)概要设计。根据用户需求、交互过程设计交互框架和视觉框架的过程,通常以交互按钮的布局、界面元素的分组以及界面整体版式的框架图等方式进行展示。概要设计是用户研究与界面设计之间相结合的过程,是将用户需求转化为具体设计方案的重要阶段。

(4)详细设计。界面设计方案的细化和具体实现阶段,按照概要设计阶段建立的视觉框架进行深入的元素制作与界面集成。

(5)设计验证与可用性测试。真实用户通过具体使用校验用户界面设计的合理性和可用性,根据测试结果进一步完善设计方案。

未来人机界面的主要发展趋势是"以人为本"的界面设计。根据这一主要趋势,2008年微软公司总裁比尔·盖茨首次提出了自然人机界面的概念,并预言人机交互的模式将在不久的将来发生根本性的改变。人机界面设计的发展趋势有以下3个主流方向:

(1)可缩放人机界面。可缩放人机界面是图形人机界面发展演变的结果,这种人机界面描述为在一个包含了多种细节的无限桌面上平移时,可以选择其中的某个对象放大查看或操作,在完成操作任务后将其缩小为最初的状态。目前,可缩放人机界面仅限于部分移动终端,如iPhone、iPad等移动设备,或者某些网站中对地理位置的访问与搜索。未来可缩放人机界面的普遍适用将成为人机界面的主要发展趋势之一。

(2)手势触控人机界面。手势触控人机界面是直接操纵人机界面发展演变的结果。这种人机界面依靠用户的手部姿势输入和操控界面,用户只需移动手和胳膊就可以操作屏幕上的对象。目前,对手势触控人机界面的研究越来越多,已经由最初的假想进入到现今的产品研发。2002年,电影 Minority Report 中描绘了 2054 年计算机使用的手势界面,用户只需移动手和胳膊就可以操作屏幕上的对象。2009年,微软公司和三菱集团联合开发的 Lucid Touch 设备的虚拟透视技术,使手势触控成为可能,如图 4-6 示。手势触控人机界面尚且处于研究开发阶段,是人机界面的主要发展趋势之一。

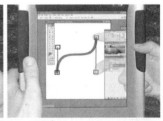

图 4-6　Minority Report 中的手势界面和 Lucid Touch 相关界面

(3)自定义人机界面。自定义人机界面是以自然交互为原则的一种人机界面模型,指允许用户通过人机界面来定义和控制整个系统,如通过改变命令参数来满足用户的特殊需要等。自定义人机界面的另一种形式是以提示用户潜在的问题来引导用户,从而吸引用户的注意力,如用户输入的信息不完整而无法让应用程序继续任务时,人机界面将出现提示操作。这种界面的关注点在于用户是否已将注意力转移到其他地方。

4.2.2　虚实融合和三维人机交互

虚实融合的三维人机交互技术是随着计算机软、硬件的发展而开始拥有应用需求的一种新型人机交互技术。虚实融合技术能够将计算机生成的虚拟环境融合到用户周围的真实场景中,从而提供直观的使用体验;三维人机交互技术是一种非传统的脱离桌面系统的人机交互技术,用户在三维空间中拥有更高操作自由度,以求达到自然的人机交互目的。

　　虚实融合技术作为虚拟现实技术的一个重要分支,包括增强现实、混合现实、增强虚拟,它们的产生得益于计算机图形学技术的迅速发展和计算机硬件性能的快速提升。它利用光电显示技术、交互技术、多传感器技术和计算机图形与多媒体技术将计算机生成的虚拟环境与用户周围的真实场景相融合,使用户从感官效果上确信虚拟环境是其周围真实场景的组成部分。由于虚实结合的独特性,虚实融合技术在工业设计、机械制造、建筑、教育、娱乐、医疗和远程机器人控制等领域具有显著的优势。图 4-7 所示为虚实融合技术的应用实例,用户通过操作交互设备,间接地控制了虚拟物体的形变,给人的感官感受是像直接与虚拟物体进行交互一样,从而达到虚实融合的效果。

图 4-7　虚实融合的应用实例

　　虚实融合技术的关键子技术是配准技术,是把虚拟物体准确地叠加到真实场景中,这是现阶段虚实融合技术发展的一个主要挑战,而视觉跟踪技术由于具有高精度、低成本、快速部署和广泛适用性等特点,在虚实融合技术中应用最为广泛。

　　当前三维交互设备还处在探索阶段,应用于桌面系统的如:Logitech 公司的 Magellan 三维控制器既可用作三维控制,又可模拟二维鼠标,可以看成一种具有模式选择的三维交互设备;日本任天堂公司的家用游戏主机 Wii 的遥控器通过加速度感知和光学定位,可以准确掌握玩家手持控制器的一举一动,从而实现有趣的体感游戏,如图 4-8 所示;国内的永新视博公司研制一种基于图像传感器的脱离桌面遥控鼠标的技术,以此代替现有的电视机遥控器。

图 4-8　任天堂 Wii 遥控器及其网球游戏

4.2.3 多点触控技术

多点触控技术是一种允许多用户、多手指同时传输输入信号,并根据动态手势进行实时响应的新型交互技术。该技术能在没有鼠标、键盘等传统输入设备时,使用裸手作为交互媒介,采用电学或视觉技术完成信息的采集与定位,进而进行人机交互操作。

多点触控技术是当前人机交互领域的一项重要突破,以裸手作为交互控制媒介,侧重于以自然化、生活化的手势定义来降低人对设备的操作陌生度。多点触控技术以触摸屏作为基本硬件触控平台,完成信号的采集。触摸屏作为一种特殊的计算机外设,提供了用户"所见即所得"的自然交互方式并已得到广泛应用。按照工作原理划分,触摸屏包括电阻式触摸屏、电容式触摸屏和基于光学原理触摸屏 3 种。基于光学原理的多点触摸屏具有高扩展性、低成本和易搭建等优点,已成为目前最受关注的多点触摸平台之一。典型的基于光学原理的多点触摸屏技术包括受抑全内反射(Frustrated Total Internal Reflection,FTIR)多点触摸技术和散射光照明(Diffused Illumination,DI)多点触摸技术,其中 DI 又分为正面散射光照明(Front-DI)和背面散射光照明(Rear-DI)两种形式。多点触控技术在实现上通常包括触点检测和定位、手指触点跟踪、触摸手势的识别等环节。

基于触摸屏的二维多点触控已成为主流的人机交互技术之一,并在移动终端等领域得以广泛应用。二维多点触控中需要通过触摸屏收集触控数据进而实现多点触控手势识别。当前二维多点触控技术的研究重点已从触摸屏底层的结构设计转移到如何增强用户体验的手势识别上,特别是对具有在时间上连续操作的滑动手势的研究。

典型的二维手势包括触点手势、指点手势和自然手势。触点手势与指点手势识别主要通过定位、跟踪,分析触点的轨迹,与预先定义的手势动作进行比对,识别出匹配的手势动作的含义,进而实现对移动终端图形界面的控制和操作。自然手势期望能够通过表征性动作来表达想法和预期的命令,与使用者的思维习惯更加接近。但由于该类手势动作定义和识别的复杂性及设备的局限性,在移动终端领域中实现还具有较大的困难。

三维多点触控技术结合了手势输入和计算视觉技术,是一种基于动态和变形手势识别的非接触式多输入交互方式,从多点触控的操控优势的角度来看,基于大屏的三维多点触控技术符合自然手势交互的应用需求,能够完成更加复杂的操作任务。

多点触摸技术改变了人和信息之间的交互方式,可以实现多点、多用户、同一时间直接与虚拟环境进行交互,符合人的行为与认知特点,其交互对象多元,可有效增强用户体验,是自然人机交互思想的一种重要体现。多点触控技术以裸手作为交互媒介,使用电学或者视觉技术完成信息的采集与定位。从定义上来看,多点触控技术主要包含两个关键内容:

(1)多输入信号。不同于以往鼠标等设备的单一输入信号,多点触控技术可以对采集到的数据源进行分析,从而定位多个输入信号。当然,在原有的软件配置基础上,在某些环境需要特定的软件支持。

(2)手势输入。多点触控技术采用动态手势作为控制指令。具体地说,它使用触点的运动轨迹作为系统的输入指令,不同的点数及不同的运动方向都代表了不同的操作意图。多点触控技术打破了传统单输入响应的局限,并且使用手势输入方式也更加贴近自然,可以根据不同的运动轨迹设计不同的操作含义,达到扩展的目的。

4.2.3.1　触控技术的实现途径

依照感应方式的不同,目前触控技术的实现途径大致可以分为电阻式、热感式、光学式和超声波式等 4 种,其中以下 3 种应用较为广泛。

(1)电阻式触控屏。

电阻式触控屏由上、下两层相互绝缘的膜构成,一层有电阻,另一层可以认为是纯导体,中间用隔离物进行分离。当按压发生时,两层膜发生碰撞,电流产生变化,改变电阻值点位。传感器贴片用以计算力量与电流之间的关系,评定屏幕受压位置,同时使系统作出反应。由于电阻式屏幕需要上、下两层碰撞后才能作出反应,因此若屏幕上同时有两点受到按压时,屏幕的压力将变得不平衡,导致判断触控位置出现误差。所以这样的原理使电阻式方案很难实现多点触控,即使通过技术手段实现了多点触控技术,灵敏度也将会受到大幅影响,此外由于频繁的挤压,容易形成表面材料的磨损,或者上、下两层失去弹性进而导致接触不良等问题的出现。

(2)热感应式触控屏。

热感应式触控屏即电容触控屏,它包括两种具体的实现途径,即表面电容技术和投射电容技术。

表面电容技术以一层 ITO(Indium Tin Oxides)导电玻璃为主体,外围至少有 4 个电极,在玻璃的四角提供电压,于是在玻璃表面形成一个均匀的电场,当使用者用手指进行接触时,控制器就能利用人体手指与电场静电反应所产生的变化,检测出触控坐标的位置。因为它采用一个同质的感应层,而这种感应层只会将触控时任意位置感应到的所有信号汇聚成一个更大的信号,同质层破坏了太多的信息,以至于无法感应到多个触点信息。

投射电容技术是实现多点触控的希望所在。它的基本原理仍是以电容感应为主,但相较于表面电容技术,投射电容技术采用多层 ITO 层,形成矩阵式分布,以 X 轴、Y 轴交叉分布作为电容矩阵,当手指触碰屏幕时,可通过对 X 轴、Y 轴的扫描,检测到触碰位置电容的变化,进而计算出手指的具体位置。基于此种结构,投射电容技术可以做到多点触控操作。

电容式触控屏反应灵敏、快速,而且能够支持多点触控交互,但较高的硬件成本在一定程度上限制了其在大尺寸多媒体产品领域的应用。

(3)光学式多点触控屏。

采用光波作为信号源的多点触控方案需要用到计算机视觉的相关技术。由于现实环境中存在大量的可见光源,光源多点触控选择不当会给系统带来极大的不稳定性,所以此方案选用特定波段的红外线作为信号源,并通过滤波片减少其他波段光信号对图像传感器的干扰,其中比较有代表性的实现方案有受抑全内反射与激光浮面技术。

受抑全内反射只需一块用于交互的厚度为 10 mm 的亚克力板、若干 850 nm 波长红外 LED 灯以及一个装有相应红外波段带通滤镜的摄像机。这是一种低成本、高灵敏度的多点触控硬件方案,能够感应微小的触点信息。将作为光源的红外线 LED 灯排列在触控表面的四周,使光线能够直接射入亚克力板,由于亚克力的特殊折射率,光线进入亚克力板后会因为到达临界角而不能产生折射,所有的光线将在亚克力板内不停反射进而达到受抑全内反射效果。考虑到平台的维护便利性,可将 LED 光源封装在一个固定框内便于安装和卸下维修,如图 4-9 所示。当有手指按压亚克力板时,接触部分的红外全内反射被破坏并溢出,从而形成影像被摄像头接收。

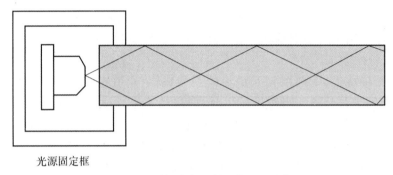

光源固定框

图 4-9 受抑全内反射红外光源设备

激光浮面(Laser Light Plane,LLP)与受抑全内反射的采集原理类似,通过激光发射器在交互屏幕上方铺满一层薄薄的红外激光平面,这个激光红外面与平面的高度需要控制在1 mm左右。由于手指尖部具有弧形特性,当手指接触屏幕时,原本平静的激光平面会被打破,接触到手指的光线因为阻挡形成折射,于是被放在屏幕下方的图像传感器捕获,若光平面过高,则会产生"假触碰"现象,图 4-10 阐释了这一原理。

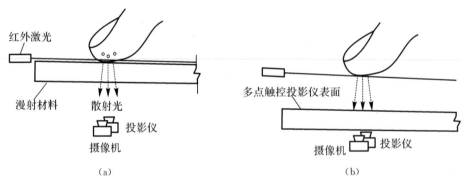

红外激光

漫射材料 散射光 投影仪
摄像机

(a)

多点触控投影仪表面
摄像机 投影仪

(b)

图 4-10 激光浮面原理

(a)激光平面高度为 1 mm; (b)激光平面高度大于 2 mm

4.2.3.2 多点触控中的手势识别

多点触控技术是从硬件到软件的一个有机的整体,是一个系统工程,多点触控技术由硬件和软件两部分组成。硬件部分即多点触控平台,负责完成信号的采集;软件部分是在硬件平台采集数据的基础上进行触点的检测定位、跟踪、手势定义与识别,最后将识别出的手势映射为面向具体应用的用户指令。

在终端使用者利用多个手指控制图形界面的过程中,根据手指或者触摸笔的触控方向、坐标及轨迹等相关特征信息和组合进行预先定义,从而识别出触控手势的相应含义。触控设备在检测出多个触点后,对触点进行定位、跟踪和记录,识别出轨迹信息,进行手势动作的识别和处理,从而实现控制和操作。

多点触控技术最大的优点就是能实现基于手势的自由交互,手势定义是其中的关键基础。实际应用中用户的手势与应用背景紧密相关,所以在强调通用性的同时应重视应用的导向作用。手势的定义过程应当首先要知道用户意图,即在特定的应用环境下用户想要完成何种语义功能,然后确定用户要实现的功能通过何种手势来完成,并将手势分解为多个原子手势的组合,最终用户的一个意图被转换为一系列原子手势在特定关系下的组合。

多点触控手势识别技术的基础是触点检测技术。它需要保证触点检测的精确性,同时要做到防止触点抖动和重叠对触点识别的误判。多点触摸系统在检测和定位出多个触点后,为每个触点分配唯一的 ID,并对触点进行跟踪,记录每个触点的坐标变化(x,y)及触点的生命周期(Time),将识别出的触点信息封装成遵循 TUIO(Table-top User Interfaces Objects)格式的可扩展标记语言(Extensible Markup Language,XML)数据包。

三维多点触控技术是具有较大发展和研究潜力的新兴人机交互研究领域。三维多点触控技术继承了二维多点触控技术交互直观、使用方便的优点,支持用户在三维空间中的非接触式多点控制。但在交互手势识别上,三维多点触控技术不采用静态手势或者手型作为交互的手段,而是基于动态和变形手势的识别技术,在实现上更为复杂。通过视觉所获取的深度信息,需要在背景复杂、光线变换和肤色干扰的情况下首先分割出人手和人脸并进行区分,然后使用约束条件提取出手指的位置并进行有效跟踪,同时计算交互部位的三维信息,进而实现交互。

4.2.4　手势交互

手势是一种常用的肢体语言,是人们在交流中传递信息的惯常手段。在日常生活中人与人之间的交流通常会辅以手势来传达一些信息或表达某种特定的意图。人们通过自己的意识来控制手部动作,形成特定的手势以传递对应的含义和交互意图。手势所具有的符号性使其成为虚拟现实应用中一种重要的输入通道,特别是在三维人机交互应用场合,手势具有生动、形象和直观的特点,手势交互作为一种自然、直观的人机交互方式被越来越多地采用。人与计算机的交互也不再局限于键盘、鼠标或触摸屏,利用手势识别技术,将人们习惯的手势符号作为与计算机交互的直接输入,传递交互意图,可以极大降低用户的学习成本。

手势识别是新一代自然人机交互中非常重要的一项关键技术。手势包括静态手势和动态手势两种类型。在手势交互应用中,手势定位与识别是交互过程中的关键环节,良好的交互体验要求兼顾准确率和实时性。按照信息采集方式的不同,手势数据的获取可分为基于视觉的识别和基于可穿戴设备(数据手套)的识别两个基本类别。

最初的手势识别主要利用机器设备的直接检测来获取人手与各个关节的空间信息,其典型代表设备是数据手套。自 1983 年人们发明了最早的数据手套以来,数据手套经历了数十年的发展,目前已有较多成熟的产品和应用。基于数据手套的手势交互是利用传感器获取手部的三维空间位置和手指动作等信息,并利用这些信息内容进行手势的识别,进而实现交互。数据手套具有精确度高、实时性好等优点,但通常结构复杂、成本较高、应用不够灵活。

视觉手势识别是人机交互技术和机器视觉技术领域的结合,是涉及模式识别、人工智能、图像处理、计算机视觉等多个学科的交叉研究领域。采用摄像机捕获手势图像,通过图像处理技术进行手势分割、特征提取和建模、分析和识别,通常采用肤色训练、直方图匹配、运动信息与多模式定位等技术完成特征参数估计。典型的视觉手势识别设备包括微软公司的 Kinect 体感交互设备和 Leap 公司的 Leap Motion 体感控制器等。手势识别的方法主要有模板匹配法、统计分析法、神经网络法、隐马尔可夫模型法和动态时间规整法等,不需要高昂的设备费用,但计算过程相对复杂,识别准确率和实时性容易受到复杂背景等因素的影响。视觉手势交互由于具有学习成本较低、非接触式控制、交互动作丰富自然等优势,受到了广泛的关注,在理论及应用研究中均取得了很大的发展,代表了手势识别与交互技术的发展趋势。

4.2.4.1 手势的分类

手势一般可以分为以下几种:

(1)交互性手势与操作性手势。前者手的运动表示特定的信息(如乐队指挥),靠视觉来感知;后者不表达任何信息(如弹琴)。

(2)自主性手势和非自主性手势。后者与语音配合用来加强或补充某些信息(如演讲者用手势描述动作、空间结构等信息)。

(3)离心手势和向心手势。前者直接针对说话人,有明确的交流意图,后者只是反应说话人的情绪和内心的愿望。

手势的另一种分类方法是将手的运动分解为两个可测量分量:

(1)手掌位置和方向;

(2)手势弯曲度,并根据这两个分量进行不同组合。

手势的各种组合相当复杂。在实际的手势识别系统中通常需要对手势做适当的分割、假设和约束。例如,可以给出约束:A. 如果整个手处于运动状态,那么手指的运动和状态就不重要;B. 如果手势主要由各手指之间的相对运动构成,那么手就应该处于静止状态。

4.2.4.2 基于视觉的手势识别

基于计算机视觉的手势识别技术是采用摄像机捕获手势图像,通过图像处理技术进行手势的分割、建模、分析和识别,通常采用基于肤色训练、直方图匹配、运动信息与多模式定位等技术完成特征参数估计。手势识别的方法主要有模板匹配法、统计分析法、神经网络法、隐马尔可夫模型法和动态时间规整法等。视觉手势识别方法可以使用户手的运动受到的限制较少,其优点是费用较低,交互方式更自然,不足之处是需要处理的数据量大,处理方法相对比较复杂,获得手部信息精确性和准确性不够。

通常,在模型参数空间中将手势描述为对应一个点或一条轨迹,通常由时间和空间相关特征来表述,一个基于视觉图像的手势识别系统由手势分割、手势建模、手势分析、手势识别等部分组成,基于视觉的手势识别系统的总体构成如图 4-11 所示。

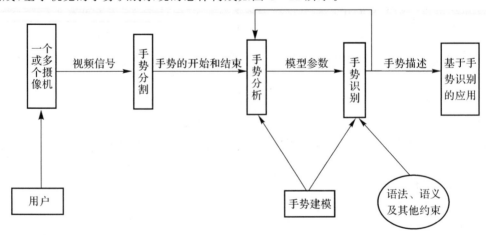

图 4-11　基于视觉的手势识别系统总体构成

由单个或多个传感器或摄像机捕获视觉数据流,系统由输入的手势交互模型来检测视觉数据流中有无相关的手势信息,并将该手势从数据流中分割。根据手势交互模型对手势进行特征提取、模型参数估计等分析过程,根据手势模型参数对手势进行分类和描述,实现手势识别,从而驱动具体人机交互应用。

基于视觉的手势识别技术的发展是一个从二维到三维的过程。早期的手势识别是基于二维彩色图像的识别技术,就是指通过普通摄像头拍出场景后,得到二维的静态图像,然后再通过计算机图形算法进行图像中内容的识别。随着摄像头和传感器技术的发展,可以捕捉到手势的深度信息,三维的手势识别技术就可以识别各种手型、手势和动作。

(1)二维手型识别。二维手型识别,也称静态二维手势识别,识别的是手势中最简单的一类。只能识别出几个静态的手势动作,比如握拳或者五指张开,但是不能感知手势的"持续变化"。说到底是一种模式匹配技术,通过计算机视觉算法分析图像,和预设的图像模式进行比对,从而理解这种手势的含义。因此,二维手型识别技术只可以识别预设好的状态,拓展性差,控制感很弱,用户只能实现最基础的人机交互功能。

(2)二维手势识别。二维手势识别仍不含深度信息,停留在二维的层面上。这种技术比起二维手型识别来说稍复杂一些,不仅可以识别手型,还可以识别一些简单的二维手势动作,比如对着摄像头挥挥手。二维手势识别拥有了动态的特征,可以追踪手势的运动,进而识别将手势和手部运动结合在一起的复杂动作。这种技术虽然在硬件要求上和二维手型识别并无区别,但是得益于更加先进的计算机视觉算法,可以获得更加丰富的人机交互内容。在使用体验上也提高了一个档次,从纯粹的状态控制,变成了比较丰富的平面控制,如图 4 - 12 所示。

图 4 - 12　PointGrab 公司手势识别软件的智能家居

(3)三维手势识别。三维手势识别可以识别各种手型、手势和动作。这种包含一定深度信息的手势识别,需要特别的硬件来实现,常通过传感器和光学摄像头来完成。目前主要有 3 种硬件实现方式,加上先进的计算机视觉软件算法就可以实现三维手势识别了。

1)结构光(Structure Light)。这种技术的基本原理如图4-13所示。加载一个激光投射器,在激光投射器外面放一个刻有特定图样的光栅,激光通过光栅进行投射成像时会发生折射,从而使得激光最终在物体表面上的落点产生位移。当物体距离激光投射器比较近的时候,折射而产生的位移就较小;当物体距离较远时,折射而产生的位移也就会相应地变大。这时使用一个摄像头来检测、采集投射到物体表面上的图样,通过图样的位移变化,就能用算法计算出物体的位置和深度信息,进而复原整个三维空间。不过由于依赖折射光的落点位移来计算位置,这种技术不能计算出精确的深度信息,对识别的距离也有严格的要求。

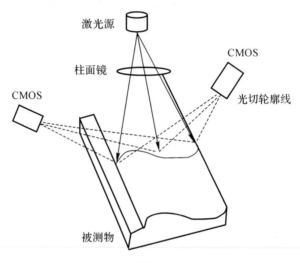

图4-13　结构光测量原理

2)光飞时间(Time of Flight)。光飞时间是SoftKinetic公司所采用的技术,该公司为业界巨鳄Intel提供带手势识别功能的三维摄像头。Kinect也使用了这一硬件技术。

光飞时间测距基本原理基本原理如图4-14所示。加载一个发光元件,其发出的光子在碰到物体表面后会反射回来。使用一个特别的CMOS传感器来捕捉这些由发光元件发出又从物体表面反射回来的光子,就能得到光子的飞行时间。根据光子飞行时间进而可以推算出光子飞行的距离,也就得到了物体的深度信息。就计算上而言,光飞时间是三维手势识别中最简单的,不需要任何计算机视觉方面的计算。

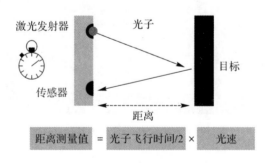

图4-14　光飞时间测距基本原理

3)多角成像(Multi-Camera)。这种技术的基本原理是使用两个或者两个以上的摄像头同时摄取图像,就好像是人类用双眼、昆虫用多目复眼来观察世界,通过比对这些不同摄像头在同一时刻获得的图像的差别,使用算法来计算深度信息,从而实现多角三维成像。

双摄像头测距是根据几何原理来计算深度信息的。使用两台摄像机对当前环境进行拍摄,得到两幅针对同一环境的不同视角照片,实际上就是模拟了人眼工作的原理。

两台摄像机的各项参数以及它们之间相对位置的关系是已知的,只要找出相同物体在不同画面中的位置,我们就能通过算法计算出这个物体距离摄像头的深度了。

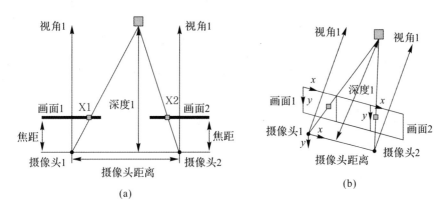

图 4 - 15　基于双摄像头的手势识别

(a)双摄像头测距俯视图；　(b)双摄像头测距立体图

多角成像是三维手势识别技术中硬件要求最低,但也是最难实现的。多角成像不需要任何额外的特殊设备,完全依赖于计算机视觉算法来匹配两张图片里的相同目标。相比于结构光或者光飞时间这两种技术成本高、功耗大的缺点,多角成像能提供“价廉物美”的三维手势识别效果。

手势识别作为人机交互的重要组成部分起着至关重要的作用。目前手势识别仍有一系列问题(如受复杂环境因素制约等)亟待解决。相信随着计算视觉技术的全面发展,手势识别必然向更自然和灵活的方向发展,未来的人机交互也将更加自然、更加融合。

4.2.4.3　基于视觉的手势识别的流程

手势无论是静止或动态,其识别顺序首先需进行图像的获取、手的检测和分割、手势的分析,然后进行静态或者动态的手势识别,如图 4 - 16 所示,各个阶段的关键技术如图 4 - 17 所示。

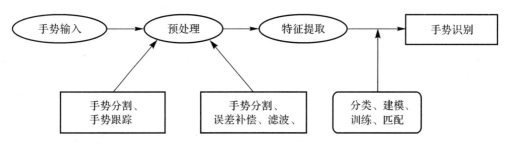

图 4 - 16　手势识别处理流程

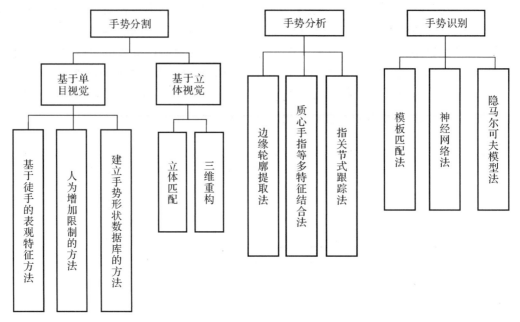

图 4-17　手势识别流程中的关键技术

（1）手势分割。手势分割是手势识别过程中关键的一步，手势分割的效果直接影响下一步手势分析及最终的手势识别。目前最常用的手势分割法主要包括基于单目视觉的手势分割和基于立体视觉的手势分割。

单目视觉是利用一个图像采集设备获得手势，得到手势的平面模型。建立手势形状数据库的方法是将能够考虑的所有手势建立起来，利于手势的模版匹配，但其计算量随之增加，不利于系统的快速识别。

立体视觉是利用多个图像采集设备得到手势的不同图像，转换成立体模型。立体匹配的方法与单目视觉中的模板匹配方法类似，也要建立大量的手势库；而三维重构则需建立手势的三维模型，计算量将增加，但分割效果较好。

（2）手势分析。手势分析是完成手势识别系统的关键技术之一。通过手势分析，可获得手势的形状特征或运动轨迹。手势的形状和运动轨迹是动态手势识别中的重要特征，与手势所表达意义有直接的关系。手势分析的主要方法有边缘轮廓提取法、质心手指等多特征结合法以及指关节式跟踪法等。

边缘轮廓提取法是手势分析常用的方法之一，手型因其特有的外形而与其他物体区分；采用结合几何矩和边缘检测的手势识别算法，通过设定两个特征的权重来计算图像间的距离，实现对字母手势的识别。多特征结合法则是根据手的物理特性分析手势的姿势或轨迹。指关节式跟踪法主要是构建手的二维或三维模型，再根据人手关节点的位置变化来进行跟踪，其主要应用于动态轨迹跟踪。

（3）手势识别。手势识别是将模型参数空间里的轨迹或点分类到该空间里某个子集的过程，其包括静态手势识别和动态手势识别，动态手势识别最终可转化为静态手势识别。从手势识别的技术实现来看，常见手势识别方法主要有模板匹配法神经网络法和隐马尔可夫模型法。

模板匹配法是将手势的动作看成是一个由静态手势图像所组成的序列，然后将待识别的手势模板序列与已知的手势模板序列进行比较,从而识别出手势。

隐马尔可夫模型法(Hidden Markov Model,HMM)是一种统计模型,用隐马尔可夫模型法建模的系统具有双重随机过程,包括状态转移和观察值输出的随机过程。其中状态转移的随机过程是隐性的,通过观察序列的随机过程表现。

4.2.4.4　基于数据手套的手势交互技术

最初的手势识别主要是利用机器设备的直接检测来获取人手与各个关节的空间信息,其典型代表设备是数据手套。数据手套是一种穿戴在用户手上的可以实时获取用户手掌、手指姿态的设备,可将手掌和手指伸屈时的各种姿势转换成数字信号传送给计算机,并可提供一定程度的触觉、力觉反馈。基于数据手套的手势识别方法是利用传感器传输手部的参数信息,利用这些信息内容进行手势的识别。基于数据手套的手势识别方法识别率高、速度快,并且实时性强。

基于数据手套的手势识别方法主要有模板匹配法、人工神经网络方法、基于推理的方法和决策树方法,基于不同手势识别算法的虚拟手交互在性能、沉浸感方面也存在差异。

模板匹配方法最初用于图像处理领域,主要用于解决在已知图像中检索子目标的问题。该方法是基于模式识别问题中的最近邻决策提出的。假定有 n 个类别的模式$(c_1,c_2,\cdots,c_n)$,为每个类别建立一个或一组模板构成模板库,对于待识别样本,通过与模板逐个匹配的方法来确定其分类,匹配时通过计算相关性或距离进行分类决策。该方法易于进行模板的建立与改进,可动态扩展模板库以识别新的手势,算法简单,在模式类别较少时识别效率较高;但是当待识别手势类别较多时,会因手势空间的重叠造成识别率明显降低。

人工神经网络(Artificial Neural Networks,ANN),也简称为神经网络(Neural Networks,NN),是一种模仿动物神经网络行为特征进行分布式并行信息处理的算法数学模型。这种网络依靠系统的复杂程度,通过调整内部大量节点之间相互连接的关系达到处理信息的目的。神经网络具有自学习、联想存储以及高速寻找优化解的优越性,为解决高复杂度问题提供了一种相对有效的方法。基于推理的方法大多是将原始数据离散化到有限的状态空间中,通过状态或状态组合构成推理的前件,手势类别构成推理的后件,这样手势识别问题就变成了状态映射和规则匹配问题。从状态空间划分边界的精确或模糊来区分,又可分为精确推理和模糊推理两大类方法。基于推理的方法计算量小、识别速度快,但可识别手势的种类受划分状态约束,对于动态扩展手势类别的情况,需要根据具体情况重新划分状态空间。

决策树是以实例为基础的归纳学习算法,它从一组无次序、无规则的元组中推理出决策树表示形式的分类规则。它采用自顶向下的递归方式,在决策树的内部节点进行属性值的比较,并根据不同的属性值从该节点向下分支,叶节点是要学习划分的类。从根到叶节点的一条路径就对应着一条析取规则,整个决策树就对应着一组析取表达式规则。决策树算法用于手势识别时,算法简单、计算量小、识别速度快,可以生成易理解的规则。但决策树算法一般根据一个字段进行分类,当类别太多时识别错误会迅速增加,容易造成误差的累积,在分类树中离根节点较远的样本识别率较低。此外,决策特征、决策规则及树的结构都会对分类结果产生影响。

国内外基于数据手套的相关研究工作主要集中在虚拟手精确建模、手势识别空间定位等问题上,并取得了较多的成果。

数据手套在实际应用中的问题主要体现在:手势识别精度取决于传感器节点的布设数量

和位置,相应的标定和解算复杂,对处理芯片运算能力要求高;采用外骨骼、气动肌肉等形式获取力反馈通道,造成结构复杂、重量增加,影响用户体验;传感器本身无法提供位置信息,通常需要在手套上加装位置跟踪系统,采用电磁、超声、红外等方式反馈手部的空间信息,需要增加更多的模块,实现过程复杂,效果不稳定;不同型号与规格导致相应的特征提取、手势识别算法缺乏通用性等。因此,相对视觉手势识别技术而言,其成本高、灵活性不足。但与基于视觉的手势交互技术相比,数据手套与虚拟手交互的实现过程能更加直接地反映出用户的交互意图,操作自由度高,具有反应灵敏、精度高、实时性高、交互沉浸感强的优点,其信息获取通道独立,不产生摄像头视场区域约束和遮挡问题,不受空间限制,在医学仿真、工业制造、辅助训练等领域具有广泛应用前景。总体来说,数据手套有不同的实现方案,主要功能体现在弯曲检测和旋转姿态解算方面,要实现自由的空间移动还需要借助额外的检测设备。如何融合手势检测与空间位置检测,同时提供力反馈通道,是今后的研究方向。

4.2.5 人体动作识别技术

人体动作是人表达意愿的重要信号,包含了丰富的语义,在人机交互系统中发挥着重要的作用。人体动作是一种有目的的行为,或者说人体动作是指包括头、四肢、躯干等各个身体部分在空间中运动的过程,其目的在于人与外界环境进行信息互换,并且得到响应。人体动作分析是人机交互系统的重要支撑技术,通过特定的硬件设备对人体进行检查、动作跟踪、动作数据记录,对数据进行处理和分析,从而使计算机系统能够"善解人意",理解人的动作指令,理解人与周围环境的交互关系,并最终智能化地为人类提供服务。

基于人体动作识别的人机交互语义丰富、表达自然,具有巨大的理论和实用价值及广阔的应用前景。完整的人体动作识别分析过程包括动作捕捉、动作特征描述和动作分类识别三部分,相关的研究工作各有侧重,其中三维人体动作分析研究是人体动作识别领域的重要问题。

根据外部环境和执行复杂度的不同,人体动作有4种不同的表现形式:静态姿势、由静态姿势序列组成的动作、人与物或人与人的交互动作、群体行为。一个完整的人体动作分析过程主要包括动作捕捉、动作特征描述和动作分类识别三部分。动作捕捉一般需要借助特定的传感器设备,如彩色摄像机、三维动作捕捉系统、深度传感器等对人体进行检测、跟踪和动作数据记录。不同的动作设备捕获得到的动作数据类型不同,人体动作分析方法主要分为三大类:基于二维视频图像序列的人体动作分析方法、基于深度图像序列的人体动作分析方法以及基于三维人体骨架序列的动作分析方法。这三类动作分析方法的主要区别在于动作特征的描述,而动作分类识别方法原理大致相同,可相互借鉴,主要是模板匹配识别、状态空间分类识别和基于语义的识别方法。典型的算法包括动态时间规整(Dynamic Time Warping,DTW)、隐马尔可夫模型(Hidden Markov Model,HMM)、支持向量机(Support Vector Machine,SVM)、ANN、有限状态机(Finite State Machine,FSM)等。

根据交互过程中人体动作控制信息获取方式,人体动作识别交互可以划分为两大方式:

(1)外设(即外部设备)附着方式,即附着在人肢体上的感应设备对人体动作信息进行采集,该方式需要在人身体上附加额外感应设备,虽然响应速度快且识别精确度高,但增加了设备成本,降低了人机交互的自然性,不易于普及应用,更偏向应用于快速响应及精确控制的工业控制领域。

(2)计算机视觉方式,即视频捕捉设备对人体的运动信息进行检测,将获得的RGB彩色图像、红外图像等数据信息进行分析和处理,从而提取出人体动作信息。该方式对外设的要求相对简单,通常只需要摄像头或传感器,相对于穿戴式,该方式具有轻便、无须佩戴、对设备要求低等优点,更易于该应用技术的推广与普及。

完整的人体动作分析过程主要包括动作捕捉、动作特征描述和动作分类识别三大部分。动作捕捉一般需要借助特定的传感器设备,如彩色摄像机、三维动作捕捉系统、深度传感器等对人体进行检测、跟踪和动作数据记录。动作特征描述根据不同动作设备捕获到的动作数据类型的不同,主要分为基于二维视频图像序列的动作特征描述、基于深度图像序列的动作特征描述及基于三维人体骨架序列的动作特征描述等类别。动作分类识别方法主要包括模板匹配识别方法、状态空间分类识别方法和基于语义的识别方法三类,典型的算法包括动态时间规整、隐马尔可夫模型、支持向量机、人工神经网络、姿势序列有限状态机等。

4.2.6　可穿戴式人机交互

可穿戴交互(Wearable HCI):可穿戴计算机是一类超微型、可穿戴、人机"最佳结合与协同"的移动信息系统。可穿戴计算机不只是将设备微型化和穿戴在身上,它还实现了人机的紧密结合,使人脑得到"直接"和有效的扩充与延伸,增强了人的智能。这种交互方式由微型的、附在人体上的计算机系统来实现,该系统总是处在工作、待用和可存取状态,使人的感知能力得以增强,并主动感知穿戴者的状况、环境和需求,自主地作出适当响应,从而弱化了"人操作机器",而强化了"机器辅助人"。

穿戴计算与传统计算模式(如桌面计算、便携式计算等)有显著的不同:穿戴计算是一种可穿戴的、以人为中心的、人机协作的计算模式,旨在建立持续、自然的人机交互接口,增强、扩展人的感知、记忆和通信等能力,通过人机协作方式更高效地实现交互任务。穿戴计算的特点:

(1)具有持续性。持续性不仅指计算机连续工作,更是指一种人机共生的形式,体现了人机紧密结合与协同的新型计算模式。持续性的涵义是始终处在开启、就绪和可访问状态。

(2)具有环境感知的能力。穿戴计算系统主动感知用户所处的环境,如用户的位置、行为和周围的物体等,并对其进行分析和判断,最终向穿戴者提供适时的提示和反馈。

(3)具有自然友好的人机交互界面。穿戴计算系统能尽量少地分散人的注意力,解放人的双手,使穿戴者专注于交互任务本身。穿戴环境对人机交互方式的自然性和友好性提出了很大的挑战,计算机视觉和语音识别技术为发展自然友好的人机界面奠定了坚实的基础。

(4)具有移动性。穿戴计算机随人到处移动,与人一起观察和感知外部世界,随时随地为穿戴者提供交互服务。

穿戴计算机的概念最早由 Thorp 在 1955 年提出,经过数十年的发展已经成为了计算机领域的一个重要研究方向。美国国防部曾资助举办了针对穿戴计算机的专题研讨会,讨论穿戴计算机在未来各领域尤其是军事领域的应用潜力。欧盟通过第六框架计划,大力资助WearIT@Work 项目的研发。多个国家参与该项目,重点研究穿戴计算在工业领域的潜在应用价值以改进传统的工业流程和提高作业效率。世界著名商业公司(如 IBM、HP、Nokia、Sony 和 NEC 等)也纷纷展开穿戴计算相关的研究工作。Xybernaut 公司成功推出了一系列商品化的穿戴计算机,已经应用到工业、医疗、军事和日常生活等各个领域。从 1997 年开始,IEEE 每年都举办穿戴计算机国际研讨会(International Symposium on Wearable Computers,ISWC),该会议现在已经成为穿戴计算领域的重要国际会议。下面将介绍穿戴视觉交互方面已取得的研究成果。

Mann 等人于 1997 年提出了穿戴摄像机的概念并设计、研发了个人穿戴摄像机系统"Wear Cam"，由基于普通眼镜的特殊内置超微型摄像机和头盔显示器（Head Mounted Display, HMD）和穿戴计算机组成。该系统利用计算机视觉和图形学技术提供了一种介入现实的机制，即系统通过对外界信息进行过滤、增强和重建以调整穿戴者对现实场景的主观感受。这部分研究工作开创了穿戴视觉系统研究的先河。此外，Wear Cam 还具备无线通信功能，可实现多人之间对现实世界的互相调整。

麻省理工多媒体实验室的普拉纳夫（Pranav Mistry）等提出了一种可穿戴的手势交互界面系统 WUW（Wear Ur world），如图 4-18 所示，通过在人手上添加颜色标记实现手势的跟踪和识别。WUW 系统配备了微型的投影仪和摄像机，能将图像投影显示到穿戴者周边的物体（如墙壁和手掌等），允许穿戴者通过自然的手势或手臂的运动实现与虚拟物体的交互。基于该交互系统，研究人员进一步提出了一个称为"第六感"的概念框架，即尝试利用穿戴交互系统建立连接现实世界与虚拟网络世界的通道，通过大量可用的网络信息和知识来提高人类感知周围环境的能力。

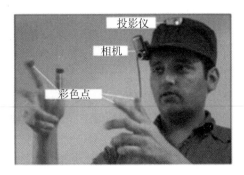

图 4-18　WUW 穿戴手势交互系统

基于穿戴视觉的手势交互（HandVu）系统是一个开源的手势识别的库，如图 4-19 所示。该系统配置了单目摄像机，通过 AdaBoost 算法实现人手检测，然后学习肤色直方图的分布规律，并将其用于实现人手区域的分割，最后利用 KLT 特征实现鲁棒的手势跟踪和几种简单手势的识别。手势的跟踪和识别结果可用于增强现实环境中实现对虚拟物体的自然操控。

图 4-19　HandVu 系统

美国加州大学洛杉矶分校研制了穿戴视听觉系统 SNAP & TELL，如图 4-20 所示，利用视觉和语音通道的协作实现场景中特定标志物的圈取和识别。视觉通道根据颜色线索进行人手分割，通过对分割结果的形状分析得到指尖的位置，然后采用不确定模型的状态空间方法实现指示手势的跟踪。视觉跟踪结果用于获取穿戴者的兴趣区域,听觉通道识别穿戴者的语音输入,获取具体的交互操作。

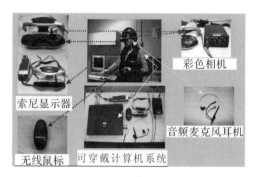

图 4－20　SNAP & TELL 系统

4.2.7　脑机交互

脑机接口(Brain-computer Interface,BCI)是指通过在人脑神经与具有高生物相容性的外部设备间建立直接连接通路,实现神经系统和外部设备间信息交互与功能整合的技术。即使不通过直接的语言和行动,大脑的所思所想也可以借由这条通路向外界传达。脑机接口是在人或动物脑与计算机或其他电子设备之间建立的不依赖于常规大脑信息输出通路(外周神经和肌肉组织)的一种全新通信和控制技术。其中,脑是指有机生命形式的脑或神经系统,机是指任何处理或计算的设备(可以是简单电路或者硅芯片或者外部设备),接口是指用于信息交换的中介物。

脑机接口具有非侵入式、侵入式和半侵入式等 3 种实现形式。非侵入式脑机接口无需侵入大脑,只需通过附着在头皮上的穿戴设备来对大脑信息进行记录和解读,避免了昂贵和危险的手术,但是记录到的信号强度和分辨率不高。

侵入式脑机接口通过手术等方式直接将电极植入大脑皮层,这样可以获得高质量的神经信号,但是却存在着较高的安全风险和成本。半侵入式脑机接口将脑机接口植入颅腔内,但是在大脑皮层之外,虽然其获得的信号强度及分辨率弱于侵入式,但优于非侵入式,同时可以进一步降低免疫反应和愈伤组织的概率。

人类在进行各项生理活动时都在放电。如果用科学仪器测量大脑的电位活动,那么在荧幕上就会显示出波浪一样的图形,这就是"脑波"。脑波活动具有一定的规律性特征,和大脑的意识存在某种程度的对应关系。人在兴奋、紧张、昏迷等不同状态之下,脑电波的频率会有明显的不同,在 1～40 Hz 之间,依照不同的频率,脑波又被进一步分为 α 波、β 波、δ 波、θ 波。正是因为脑波具有这种随着情绪波动而变化的特性(见表 4－1),人类对于脑波的开发利用成为了可能。

表 4－1　脑电波特性表

波　形	频　率	状　态	时　间
α 波	8～13 Hz	轻松状态,大脑清醒放松,容易集中注意力学习、工作,不易被外界事物干扰,大脑不易疲劳	人在清醒、安静并闭眼时该节律最为明显,睁开眼睛或接受其他刺激时,α 波即刻消失

续表

波 形	频 率	状 态	时 间
β波	14～30 Hz	紧张状态,对周围环境很敏感,但难以集中注意力,且容易疲劳	当精神紧张和情绪激动或亢奋时出现此波,当人从睡梦中惊醒时,原来的慢波节律可立即被该节律所替代
θ波	4～7 Hz	深度轻松状态,睡眠的初级阶段	睡意朦胧时,于全醒与全睡之间的过渡阶段
δ波	3 Hz以下	深度睡眠状态,呼吸深入,心跳缓慢,血压和体温下降	完全进入深睡时

由表4-1我们不难发现:

(1)当人在一定的压力之下精神高度集中时,脑波的频率在12～38 Hz之间,这个波段被称为β波,是"意识"层面的脑波;

(2)当人注意力下降,处于放松状态时,脑波的频率会下降到8～12 Hz,这被称为α波;

(3)进入睡眠状态后,脑波频率进一步下降,被分为4～8 Hz的θ波和0.5～4 Hz的δ波,它们分别反映的是人在"潜意识"和"无意识"阶段的状态。

最理想的人机交互形式是直接将计算机与用户思想和目的进行连接,无需再包括任何类型的物理动作或解释,实现"Your wish is my command"(你的意愿即是我的命令)的交互模式。虽然在可预见的未来这种思想不太可能实现,但对脑机交互的初步研究可能是迈向这个方向的一步,它试图通过测量头皮或者大脑皮层的电信号来感知用户相关的大脑活动,从而获取命令或控制参数。人脑交互不是简单的"思想读取"或"偷听"大脑,而是通过监听大脑行为决定一个人的想法和目的,是一种新的大脑输出通道,一个可能需要训练来掌握技巧的通道。

到目前为止,大部分脑机交互都采用的是"输入"方式,即由人利用思想来操控外部机械或设备,而由人脑来接收外部指令并形成感受、语言甚至思想还面临着技术上的挑战。BCI有大量的问题尚待解决,其主要问题如下:

(1)速度太慢。从整体性能上看,大多数信息传输率在20 b/min以下,对于一些实际应用还太慢。

(2)稳定性不高。系统稳定性随研究方法、受试者和控制系统不同变化较大;缺乏自适应能力。

(3)缺乏统一标准。目前尚无统一的BCI基础理论框架,兼容性较差。

(4)实用性不强。目前的BCI系统大多都是在特定的实验室环境下设计的,真正在日常生活环境下的应用极少;BCI装置的制作费用一般都很昂贵;这些都使得BCI系统的实际应用受到限制。

(5)采样信号缺乏具体意义,很难把脑电信号类型与心理意识活动直接联系起来。

(6)没有统一信号处理方法。信号处理方法是目前BCI研究的重点,"百家争鸣"也造成目前研究方法的多样性,特征提取方法和分类方法没有统一的标准,没有任何一种信号处理方法能够为所有BCI研究者所采纳。

(7)反馈的必需性。要不要反馈?如何反馈?目前仍有争议。一方面,反馈提高了系统的准确性和稳定性,另一方面,反馈也给整个系统带来额外的负荷,可能会降低信息传输率,同时也给受试者带来操作上的困难。

(8)训练的必要性。目前对要不要训练及采取何种训练尚有不同观点。有些 BCI 系统还需要较长时间的训练过程,需要受试者掌握改变自身脑电变化的技巧,需要耗费大量的时间和精力,容易疲惫和反感。

(9)难以持续工作。目前大多数 BCI 系统都只是在特定范围内工作,系统的连续工作能力受到了限制,受试者难以在实验中实时"观察"自己所有的意识。

(10)个体差异造成很大影响。由于每个人的思维方式、行为习惯等都不完全一样,需要针对每一类人设计不同的实验参数和训练方法。即使是同一个人,他(她)的注意力、身体状况、心理状况、情绪态度、操作适用性、目的性等的改变,也可能会改变实验参数,造成已设计好的 BCI 装置可能无法继续使用。

不过,人工耳蜗和人造视觉系统这类神经系统修复方面的一些应用很有可能让人们开辟出一条新思路:也许在某一天,科学家能够将我们的感觉器官相连,控制大脑产生声音、影像甚至思想行为等。

4.3 手控器交互技术

在机器人遥操作系统中,本地操作者可以通过手控器,利用手控器末端和远端机械臂末端位姿之间运动学等效的原理,将操作意图转化为远端机械臂的关节角信息,生成实时遥操作控制命令来控制远端机械臂的运动,即通过手控器可以将本地操作者的智能很好地向远端进行拓展。

手控器是遥操作系统的关键设备,它不仅是机械手进行实时运动控制的输入设备,而且是将机械手与未知环境之间的相互作用力提供给操作者的力觉遥现装置,是人与机器人之间建立紧密联系的重要接口。它是人们感知操作环境,并完成对遥控机器人进行控制的重要的中间信息媒介,一方面它可以向操作系统传送位置、姿态、速度和力等多种信息,另一方面可以接收控制系统发来的力/力矩等环境信息,以便为操作者提供力觉临场感;操作者的手指还可以传达一些附加命令,实现对机器人系统的有效干预和控制。这种实时操作的形象性、直接性、连续性和力觉临场感,使操作者与机器人之间建立了一种紧密的动态耦合,与计算机键盘操作或用操纵杆操作形成鲜明的对比,使系统操作更简捷、更方便。

手控器的机构本体与操作员直接接触,将操作员手臂空间位姿的变化转换为机构关节角的变化,使其变为可以测量的量;同时手控器系统生成的反馈力也是通过手控器机构直接作用于人手。可以看到,手控器机构的类型对测量精度和力反馈性能有着直接的影响,因此手控器本体是手控器系统的基础部分,也是手控器系统的关键部分。

手控器大多使用连杆机构设计,他们的主要构件都是杆件,因此,机构也主要由转动副构成,按照不同的结构形式,可以分为串联式、并联式。

传统的手控器多为串联式,它的前一级子机构的输出构件是后一级子系统的输入构件。如图 4-21 所示,串联机构的每个组成单元间的相互约束很少,关节的活动空间很大。一般串联机构手控器有较大的工作空间,便于遥操作机器人的运动映射。每个关节的活动空间基本都超过了 180°。串联机构手控器的各单元在空间尺寸上没有相互重叠、交叉或平行的部分,便于手控器上其他元件的安装和设计,便于采用直流伺服电机直接驱动方式,简化了传动链的设计和非线性误差。

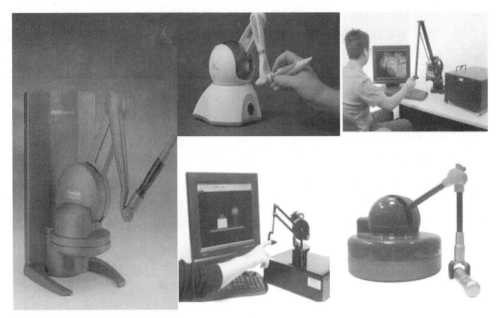

图 4 - 21　一些典型串联机构手控器

串联机构的工作空间内有多个奇点,机构在奇点附近的传动性能也将迅速变坏,必须采取措施清除,这就有可能降低手控器的操作功能,并使控制系统变得复杂。由于是悬臂结构,为了得到一定的刚度,导致结构比较笨重,增大了机构的质量和转动惯量,降低了操作者的力觉临场感。当需要的自由度较多时,串联机构手控器将十分复杂,反馈力控制也较难实现。串联机构刚度较低,容易变形,这不利于形成有效的力反馈。在越来越重视力觉反馈的双边控制系统中,这无疑大大限制了串联式手控器的应用。

在组合机构中,若几个机构共用同一个输入构件,而它们的输出又同时输入给一个多自由度的子机构,从而形成一个自由度为1的系统,则称其为并联式组合机构。并联机构靠各分支间的相互约束达到消除过多的自由度的目的,一些典型的并联机构手控器如图 4 - 22 所示。并联结构手控器通常采用三支结构自由度完全相同的多自由度连杆机构按 120°间并联成一个运动平台,所有的驱动元件都安装在机架上,有效地减轻了手控器中运动部件的重量,减少了机构运动的惯性,布局紧凑。并联机构手控器还有可能实现机构平动与转动的解耦,使得手控器的运动控制和力反馈变得比较简单。

相比串联机构,并联机构的运动精度较高,具有机构强度高的优点,是实现力反馈更好的平台。但并联机构相对而言机构复杂,不仅给设计带来困难,而且在复杂的运动机构中,运动副的摩擦会显著增加,这些摩擦力是构件空间位置的函数,并且相互耦合,往往难以在设计中控制,也不容易在设计后由驱动元件补偿。当机构制造精度较差时,在某些位置还会发生构件运动自锁,并联机构由于其机构自由度耦合的本质,工作空间较小且控制比较困难。

一般情况下,并联机构的运动学与串联机构呈现对偶性质。并联机构的运动学反解相对容易,而正解则比较困难。偏置式 Delta 机构与非偏置式 Delta 机构的位置正、反解有很大差别：偏置式 Delta 机构的反解较为容易，正解则极为复杂；但非偏置式 Delta 机构的正、反解都比较容易。

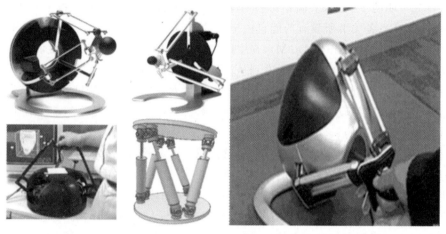

图 4-22 一些典型并联机构手控器

手控器的性能，将直接影响整个遥操作系统的执行性能、系统可靠性及其对各种作业的实用性。因此，开展手控器的研究工作，是发展遥操作机器人的关键技术之一。

4.3.1 手控器设计准则

手控器机构设计、工作空间计算和操纵性能的研究，前向运动学、逆运动学、雅可比矩阵公式的推导，以及手控器控制系统的设计等，是研究实现手控器的核心内容，也是其技术实现难点。其核心问题在于实现高精度的虚拟力反馈。带有力反馈的手控器在操作过程中可以感受到反馈力的大小、方向，从而作出正确、自然的反应，大大提高操作性能。

手控器的设计应遵循以下 6 个一般性准则：

(1)手控器的结构应能从机械上解耦，简化运动学和动力学的解算工作量。

(2)机械手的结构应减少(最好消除)非线性因素对关节力矩控制的影响，以提高力/力矩控制的精度，为操作者提供高保真的力觉临场感。

(3)为保证力觉临场感在手控器的工作空间的各向同性，手控器在各个位姿下的惯性参数的分布应比较稳定，差别不大。

(4)具有足够的机械刚度、低惯性和低摩擦的关节结构。

(5)应尽量采用直接驱动，缩短传动链，以提高传动精度，改善频率响应和力控制精度。

(6)具有供操作员进行多项操作转换的功能。

4.3.2 手控器评价指标

手控器应该具有结构简单紧凑、操作灵活轻便、摩擦和惯性小、操作空间和出力合适、通用性强等特点。手控器是遥操作系统的人机接口，工作时手控器末端始终与操作员手部接触。因此，手控器设计既要满足一般机电一体化装置的设计指标，同时必须满足人手操作的特殊要求。

(1)手控器的自由度数。从两方面看手控器的自由度数需求：一方面，手控器是人手位姿测量装置,必须具有满足位姿测量的要求的自由度数目;另一方面,手控器要有效控制远端机械手,也必须提供相应的自由度数目。

这里首先声明两个概念,末端相对参考坐标系能够独立运动的数目称为自由度(Degree of Freedom,DOF);各关节所具有的能自由运动的数目称为机动度。人体手臂和手腕本身有7个机动度(Degree of Motility,DOM),在空间中能完成具有3个平移自由度和3个转动自由度的运动,但手指有21个自由度。考虑到从端机械手完成的任务通常是单自由度的,如抓握、旋转(钻孔、拧紧)等,因此在手控器上设置一个自由度对就能控制远端机械手的末端工具的动作。综合两个方面,选择设计手控器具有6个基本自由度,同时设置控制键来控制从机械手末端工具的动作是合适的。

(2)位置检测精度。通常,手控器上的位移传感器实时检测手部的运动并将位移信息作为控制信号传送给从手。位移传感器的检测精度决定了从手跟踪主手位移的精度。

从主从映射的角度出发考虑手控器测量精度,测量精度要高于控制精度。本质上讲,手控器是一种人手测量装置,那么这种装置的测量精度只要与人手的运动精度相适应就足够了,过高的测量精度并不能更多包含人手的运动特征。需要注意的是,从手的工作精度并不唯一由手控器的测量精度决定。

(3)工作空间及转动能力。工作空间指的是手控器末端能够到达的工作区域,转动能力是评价手控器能否完成某一任务的重要性能指标。手控器工作时,手控器的末端的位置和姿态是由操作员手部驱动控制的,手控器的工作空间指标和转动能力指标与人手的特性密不可分,同时与应用在手控器上的控制方式密切相关,通常有速率控制和位置控制。

根据手控器工作空间和转动能力的大小以及应用控制方式的不同,将手控器分为有限位移力反馈手控器和大位移力反馈手控器。

有限位移力反馈手控器一般采用基本的速率控制模式。操作员控制远端机械手的速度,使机械手末端靠近目标。当远端机械手末端与目标足够接近后,有限位移力反馈手控器可以实行有效的位置控制。在需要将物体进行大范围转移的场合,这种方案非常有效,其主要缺点是位置控制模式的性能有限,在装配和维修任务中,这种手控器的效率低下。

大位移力反馈手控器设计保证了力反馈手控器在速率控制模式和位置控制模式下都可以进行良好的操作。大位移力反馈手控器可以在远端机械手末端作大范围移动时使用速率控制模式,而且在完成位置控制任务时也可以保证工作的效率。这种设计的缺点在于整体机构较大,也比较沉重。

设计大位移力反馈具有更广泛的通用性。解决整体机构体积大且沉重的问题考虑将三自由度移动平动机构与三自由度转动机构分开设计,使用双手操作方案。

(4)力反馈的范围。从机械手反馈至人手的作用力应处于适当的范围,力的下限与其机械结构、摩擦力、惯性力有关。手控器的力觉阈值小于人手的最小阈值将是设计的目标之一。人手能够感知的最小阈值力大约是1.7 mN(约175 mg物体的重力)。具有良好力觉临场感效果的手控器,其力反馈要能给操作者一个明显可分辨大小和方向的力觉,显然,可调空间越大,人的分辨感受越明显,但是过大的力会使操作者很快疲劳,还可能造成对人体的伤害。应当使手控器的最大力觉反馈在人体手臂的可承受的范围内,并有一个既明显又相对舒适的感觉。

(5)控制周期。手控器作为一种接口设备,在控制环路中一端与人类操作员接口,一端与远端机械手接口,其控制周期的确定需考察人类力觉感受和远端机械手控制两个需要。

人手具有在不同的层次上感知信息的能力,具有触觉反馈(与物体接触时对压力的感觉)、肌肉力觉反馈(对肌肉收缩和拉伸的感觉)和运动觉反馈(对手部进行与身体的相对运动的感觉)。人的肌肉力感觉和运动觉可达到 20～30 Hz,而触觉可以感受高达 320 Hz 的信息。为了使人类操作员在操作手控器时感受平滑,手控器的控制频率应设计得更高。同时,遥操作控制环路要求控制周期越小越好。

(6)手控器的各向同性。各向同性主要指的是手控器在任何位置和姿态下动力学参数的一致性,如摩擦力、重力和惯性张量在不同位姿下的一致性。特别是惯性张量的一致性,它是手控器位置的函数,其较大的变化,会使同样大小的反馈力在不同位置给人造成不同的感觉。

4.4　虚拟夹具辅助操作技术

良好的人机交互性能,应使操作者具备充分的远端临场感,以获得足够的力觉、视觉等信息,控制从端执行机构的运动。针对有人工智能参与的遥操作,操作者通过交互设备向遥操作对象发出控制命令,由于时延的存在,现有的预测仿真技术所提供的视觉信息滞后,稳定的双边控制系统所提供的力觉反馈信息不真实,无法为操作者提供实时的临场感,容易误导操作者的操作行为,进而影响遥操作任务的安全执行。此外,由于人体生理的局限性,在操作者操作手控器等主端设备运动时,徒手操作的不精确性以及肌肉颤抖等因素,使得一些精细遥操作任务无法完成。这两点在很大程度上限制了交互方式下的遥操作机器人系统的应用。

为了尽可能减少上述因素对空间遥操作的影响,本节将介绍基于虚拟夹具的技术解决方案。采用虚拟夹具的方法,可以增强操作临场感,提高遥操作的安全性。作为一种"虚拟的"约束,虚拟夹具存在于空间遥操作对象的仿真环境中,用于产生额外虚拟的临场感信息(力觉信息、视觉信息等),以引导操作者的操作行为,减轻操作者的操作压力。

虚拟夹具的概念由斯坦福大学的罗森博格(Louis Rosenberg)教授首次提出,他认为虚拟夹具是一种应用于远端反馈信息的抽象传感信息,以虚拟约束的形式由计算机生成并在主端与操作者进行交互,为操作者提供额外的、虚拟的反馈信息。虚拟夹具的表现形式可为刚性阻抗平面、阻尼阻抗平面、摩擦接触平面甚至引力或斥力平面等。罗森博格设计了一组远程轴孔装配实验,使用刚性阻抗平面虚拟夹具以及不同的平面组合,辅助操作者在主端操作从端机械手完成任务。实验结果表明,由刚性阻抗平面的形式组合而成的虚拟夹具应用于远程操作中,为操作者提供了抽象传感信息,提高了 70% 的操作性能。

总之,虚拟夹具是指在软件里实现的一组通用的引导方式,通过限制机器人的运动区域(禁止虚拟夹具)或使机器人沿着既定轨迹运动(引导虚拟夹具),将由虚拟环境下产生的抽象感官信息,如力觉、触觉等,反馈至主端操作者,并以此来辅助人机协作系统快速准确地完成任务。虚拟夹具在提高操作准确性和操作效率的同时,一定程度上减轻了操作者在操作过程中的精神压力。

虚拟夹具有多种实现方式,但总体来说,输入量是当前操作臂和虚拟夹具的相对结构。基于这些相对结构,虚拟夹具提供各向异性的运动限制。虚拟夹具的各种实现方式各具特色,这使得它们有特定的应用。为了介绍它们,并助于选取适合不同环境的虚拟夹具,作出图 4-23 所示的树形图,以此来提高区分辨别能力。这个树形图根据几个关键判据进行布局。在本书中将机器人、操作臂、末端执行器等统称为工具,而术语 CTG(Constrained Tool Geometry)则指需要被限制运动的工具的几何构型。

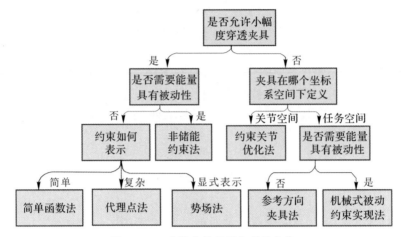

图 4 - 23　虚拟夹具实现方式的分类

4.4.1　简单函数法

起初,最常用的夹具实现方法是夹具和 CTG 位置之间的简单函数,其中最常用线性函数进行表示,在限制型虚拟夹具和导引型虚拟夹具中均得到了应用。可以用机械上的连接 CTG 和虚拟夹具之间的弹簧对线性函数进行类比,也可以看成典型的比例控制。在笛卡尔坐标系中,力表示为

$$f_p = k_p(p_{vf} - p_{ctg}) \tag{4-1}$$

式中:f_p 表示夹具产生的力;p_{vf} 是虚拟夹具上离 CTG 最近的点的位置;p_{ctg} 表示的是 CTG 上离夹具最近的点;k_p 是劲度系数。改变 k_p 的正负就改变了力的类型,决定其是吸引力还是排斥力。

微分项的加入改善了线性函数的性能。若操作者以很高的速度朝夹具运动,微分项的引入会使控制器产生力从而使操作者减速。力表示为

$$f_{pd} = k_p(p_{vf} - p_{ctg}) + k_d(\dot{p}_{vf} - \dot{p}_{ctg}) \tag{4-2}$$

式中:k_d 为比例增益。

4.4.2　代理点法

代理点技术最早是在阻抗控制设备中,为了产生虚拟环境表面的触觉而构思出的。由于上文所述的简单函数法忽略了末端执行器的路径,通常来说,这样的忽略影响不大,但当禁止型虚拟夹具很薄,假设用户迫使操作臂到达禁止区域的中点时,那么离操作臂最近的禁止区域边缘点就会跳变到另一面,从而使虚拟力改变方向,反而指向禁止区域内部,还可能导致控制不连续。

因此,代理点(proxy)作为完全虚拟的物体,具有控制所需的动力学属性。在仿真中,代理点通过某种类型的虚拟连接装置与操作臂相连。连接模型通常是弹性或黏弹性的。如果操作臂违背虚拟夹具的限制,那么代理点会停留在其表面,与夹具分离,这样虚拟连接装置会产生力。因为后续的实验验证使用代理点法(见图 4 - 24),所以在此重点介绍代理点法的几种方式。

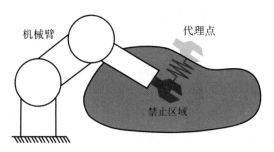

图 4 - 24　代理点法

（1）隐式力和修正阻尼控制。

这是两种基于代理点法的算法。它们是由 Ho 等人基于膝盖替换手术提出的。在这些方法中，使用比例微分控制器（即黏弹性连接装置）驱动操作臂到达期望的位置（即代理点的位置），从而防止操作臂进入禁止区域。实现这个算法需要两个并行控制器，一个确定代理点的运动和控制参数，一个计算并产生基于黏弹性装置的约束力。

这两种方法和传统的代理点法大体相似，但在夹具边缘处考虑附加的结构。在这个结构中，代理点会提升到夹具的边界，以此来保证在外形切割过程中提供平滑表面。隐式力和修正阻尼的区别在于代理点速度计算。在隐式力的方法中，代理点运动是准静态的，不论末端执行器是否进入禁止区域，控制律中的微分项总是与末端执行器远离代理点的运动相反；在修正阻尼方法中，代理点速度是由操作者施加到末端执行器上的力计算产生。此方法意味着微分项是各向异性的，并根据情况使运动遵照或违背虚拟夹具。

（2）虚拟机械法。

该法由乔利（Luc Joly）和安德里奥（Claude Andriot）提出。他们模拟主、从设备之间的连接装置，之后控制算法对其理想化模型进行仿真。通过选择虚拟机械合适的运动学结构，末端执行器的运动被限制到任务空间，这样通过连接装置限制了主、从端的运动。乔利和安德里奥展示了不同应用的虚拟机械运动学模型如何构建，但这些夹具的运动学描述会很复杂且有局限性。之后使用虚拟机械的复合版本来解耦限制和非限制性的多自由度运动，并取得更好的控制效果。在这个方法中，使用二级虚拟设备来去除传统弹簧-阻尼模型的各向同性。这使得其在限制和非限制方向都完全可控。

（3）伪导纳控制。

该法是为了在阻抗控制遥操作系统中使用导纳控制而开发的。这带来准静态透明性和手部震颤的减弱。为了达到上述目的，雅培（Jake J. Abbott）和冈村（Allison M. Okamura）使用一种基于代理点的方法。这种方法使用三种控制律定义力，包括施加到主设备、从设备和代理点上的力。主端力的计算是根据主端与从端的偏离，从端力的计算是根据从端与代理点的偏离，代理点的力的计算是基于主端和从端的偏离。代理点将会遵从导纳限制，且由于从端跟随代理点，所以从端也会被限制。通过控制代理点的速度，还可以使用此方法对从端的速度进行限制。

4.4.3　人工势场法

人工势场法是由斯坦福机器人实验室主任哈提卜教授（Oussama Khatib）提出，用于机器人系统实时避障的方法，如图 4 - 25 所示。处在笛卡尔工作空间中的每个点，根据其周边障碍物和目标位置的分布情况,相应地受到特点的力。

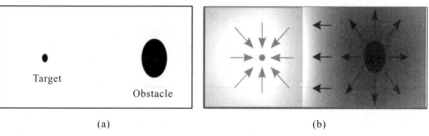

图 4-25　人工势场法

(a)目标和障碍物;　(b)工作空间中点受到的力

当在目标点附近时,点被指定较小的值指向目标点;而在障碍物附近时,点被指定较大的力背离障碍物。通过计算该势场负梯度值,就可得每点的力。之后把力施加到机器人的末端执行器上。通过这个方法不仅能够考虑工作空间中的障碍物,当在关节空间中使用势场法时,还可以远离关节奇异点。自主机器人使用势场法避障是一个已深入研究的领域。

通过扩展此方法,人就能通过无力映射的主端设备来指导操作臂的运动。哈提卜提出应建立一个标准任务空间的势场法,具有吸引力的"井"和排斥力的"峰"。在操作中,势场梯度可以用来计算发送到从端的机器人速度指令。有两种结合使用者指令和势场法的方法,一种是主端设备的速度先加入到速度场再送给从端机器人;另一种是利用主端设备的运动来放缩势场内的障碍物。

4.4.4　非储能约束法

由于夹具具有存储势能的效果,故存在一个问题,即当操作臂强制进入夹具内部时,一旦释放设备,突然的力会给设备带来不需要的潜在危险运动。常用的基于距离接近的方法还存在一个显著缺陷,即只有当产生违背夹具的微小运动时才能产生对运动的修正。

(1)模拟弹性法。

模拟弹性由柳菊薇(Ryo Kikuuwe)提出。弹簧对首次碰撞有一定的劲度,如果发生穿透夹具的情况,夹具只是消失,但从不储存能量。但这种虚拟夹具的实现方式存在一个问题,在离散实现的过程中,当操作臂穿透夹具边界时会产生高度不连续性,且这能导致不稳定性或触觉的不一致性。

柳菊薇等人提出的解决方法是将弹性用库伦干摩擦建模,再把其应用到代理点上。他们宣称其离散代理点模型能应用到非储能静态边界夹具,使得操作者在不穿透边界的同时感受到它们。此方法可以用到阻抗和导纳设备。

(2)连续冲力法。

此方法与在阻抗设备中模仿非弹性碰撞的夹具实现方法类似。冲击力是在单控制器步长内应用的,目的在于消除操作臂运动中违反夹具的部分。在每一步中,若有违反夹具的现象发生,控制器就会产生新的冲力 f_{CIF} 防止任何后续的侵入。冲力 f_{CIF} 的计算是由侵入夹具的等效操作臂质量 M_{vc}、操作臂速度中违反夹具的速度 $\dot{p}_{vc}$、步长 Δt 决定的:

$$f_{CIF} = \frac{-M_{vc}\dot{p}_{vc}}{\Delta t} \tag{4-3}$$

尽管这种方法依然储存能量,但结合冲力和 PD 控制器的输出,就能防止单靠连续冲力法不会响应的慢速进入。通过两者结合,就能提高的初始劲度,减少侵入幅度。

4.4.5　约束关节优化法

机器人关节速度的约束二次优化与大多数方法不同,这个方法在机器人的关节空间进行考虑,并可以高效地限制各个关节的运动。丰达(Janez Funda)等人将此方法运用到遥操作机器人内窥镜控制上,并提出三个限制:限制末端执行器的位置从而防止组织损伤;限制内窥镜的焦点位置;限制关节在机械极限内。通过将这三个限制整合到代数不等式中并用矩阵表示,从而解算出关节偏置,但可能会有多个关节增量的组合符合要求,所以需要进行优化。丰达等人建立最小化转动误差、最小化末端执行器增量、关节增量的最优解,这等价于

$$\Delta \hat{\boldsymbol{q}} = \underset{\Delta q \in Q(q)}{\mathrm{argmin}} \sum_{i=1}^{N} C_i(\boldsymbol{q}, \Delta \boldsymbol{q}) \qquad (4-4)$$

式中:$\Delta \hat{\boldsymbol{q}}$ 是含有最优关节增量的向量;N 是受控关节的个数;$\boldsymbol{q}$ 是包含当前关节位置的向量;$\Delta \boldsymbol{q}$ 是包含关节增量的向量;C_i 是基于上述 3 条准则的加权函数;$Q(q)$ 是当前位置的一系列符合约束的关节增量。通过将式(4-4)作为线性最小方差问题,$\boldsymbol{q}$ 的值可以使用优化。

这种夹具的实现方式确保了不会有导致机器人进入夹具的参数传送给机器人。这个问题随着计算能力的增加得到了显著解决,然而本方法的限制是要大量计算,且对一些约束不稳定。另外,控制焦点位置的主端设备是无力映射的,因此只有视觉反馈可以提供给用户。

4.4.6　参考方向夹具法

导纳控制机器人上的虚拟夹具需要机器人在遵守约束时有更多柔性,不遵守时有更少柔性。布尔格哈特(C. Burghart)等人提出一种原始方法,它通过放缩线性导纳函数得到的速度向量来生成各向异性的柔性。然而,黑格(Gregory D. Hager)等人对其提出改进,称为参考方向夹具法。

在本方法中,布尔格哈特等人提出的标量导纳增益由柔性矩阵替代,这将通过各向异性的方式加入使用者的力中。本方法的关键是确定基于"参考方向"的柔性矩阵。对于给定的时间和位置,所有可能的运动空间将划分为两个子空间:"期望的"(比如说虚拟夹具允许的方向)和"不期望的"(比如说那些虚拟夹具限制的方向)。其中一种子空间的分解实例如图 4-26 所示。

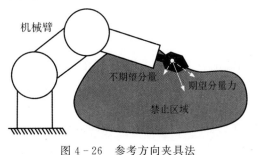

图 4-26　参考方向夹具法

4.4.7　机械式被动约束实现法

主动机器人的约束是研究的重点,然而也有人研究被动设备,它们使用物理上的机械装置限制末端执行器的位置。这些设备的核心理念是它们都是手持设备,且它们的驱动力直接来

自于用户。在每种情形中,控制结构只能限制和改变力的方向。这种方法的主要优点是它们更加安全,小的误差或故障不会导致有害的运动。

机械制动是泰勒(Russell H. Taylor)等人在开颅手术中提高骨骼放置精准度的被动操作辅助手段。它是配置在包含 6 个互相垂直的、解耦的、含有制动装置的轴的机械设备上的。将符合位置要求的轴的制动装置激活,手术就可以看成在某一时刻只在一个轴向上运动,这种方法会获得亚毫米级精确度。除机械制动外,还有机械离合、连续变量传动等其他方法。

4.4.8 不同虚拟夹具实现方式的比较分析

不同虚拟夹具实现方式的比较分析见表 4-2。

表 4-2 不同虚拟夹具实现方式的比较分析

具体方法		优 点	缺 点
简单函数法		实现简单	忽略末端执行器的路径,力突变致不稳定,控制不连续
代理点法	隐式力、修正阻尼法	具有平滑表面	需两个并行控制器
	虚拟机械法	通过机械结构模拟	模型复杂、多级模型
	伪导纳控制法	在阻抗设备使用	计算复杂
	势场法	避障性能好	操作者始终受到力反馈
非储能约束法	模拟弹性法	不储能、不需穿透	实现复杂
	连续冲力法	单步中产生冲击力	仍储存能量
约束关节优化法		关节空间进行优化	无力映射、计算量大、对某些约束不稳定
参考方向夹具法		具有柔性	接近目标时不稳定
机械式被动约束实现法		更加安全、小误差不会产生有害运动、高精度	操作时间较长

4.4.9 虚拟管道

虚拟管道作为一种典型的虚拟夹具,既能引导操作对象沿一定轨迹运动,又能通过视觉、力/触觉等感官回馈的方式阻止操作对象越过安全区域。当前虚拟夹具在单元拼接处过渡不平滑,从而导致操作对象运动至拼接处时反馈给操作者力觉感受不自然;虚拟夹具几何形状特定,一旦设计完成就不再更新,对环境信息动态变化的响应实时性差;远端操作对象对于环境中障碍物的规避,一般是将障碍物设置为禁止型虚拟夹具以产生阻力信息,通过路径规划的方式避障。

虚拟管道通过力、视觉反馈信息引导操作对象在“安全走廊”内运动,实现对障碍物快速、灵活的规避。构造虚拟管道的一般思路是,以所规划的路径为中轴曲线构造旋转体,由离散的路径点生成管道单元通过衔接而成。

4.5 基于力反馈的双边控制技术

4.5.1 双边控制遥操作技术

当前,空间遥操作主要存在大时延问题。天地间的距离以及通信环节的处理延迟等导致数据通信的时延非常大。一般来说,时延超过一定限制会使连续的闭环系统变得不稳定,导致整个系统紊乱,从而降低遥操作机器人的操纵性能和安全性能。另外,由于通信带宽有限,空间机器人不能及时把信息反馈给地面控制中心,从而限制了地面控制中心对空间环境进行准确的感知和判断。在实现对空间目标抓捕等在轨服务过程中,需要保证空间机器人系统的安全,防止与服务目标发生不必要的碰撞,造成系统失稳等情况。

在遥操作中,对时延的讨论最早可以追溯到 1965 年,由于当时并没有在遥操作中使用力反馈,因此时延对系统稳定性的影响并没有引起研究者的注意。1966 年,在时延遥操作系统中引入力反馈,系统变得不稳定,此时时延对遥操作系统的影响才开始得到研究者们的广泛关注。时延超过一定限制会使连续的闭环系统变得不稳定。这是因为经时延反馈得到的信息,其生成的控制指令到达空间机器人时,与正在发生的控制过程中的因果关系已经丧失,系统由一个有限维的系统变成一个无限维的系统,系统的稳定性无法得到保证,大大降低了遥操作机器人的操纵性能和安全性能。

费雷尔(W. R. Ferrell)采用“运动-等待”(work-wait)的策略解决反馈时延问题,但是这种方法具有很大局限性。当时遥操作系统多采用直接主从控制,也称木偶式控制。远程设备处在操作者完全控制下,操作者必须向其各个关节控制器发送运动控制指令、设定运动参数等,操作效率低下且容易造成操作者疲劳,操作者需具有相当的专业技术水平,熟悉远程设备的底层指令。

直到 20 世纪 80 年代末,安德森(R. J. Anderson)首先提出使用无源性和散射理论对遥操作双边控制系统的稳定性进行分析,重新开启了力反馈双边控制系统的分析和研究。在无源性方法提出之后,各国学者相继提出了各种力反馈双边控制系统的方法,对大时延双边遥操作系统的研究成为国内和国际研究的一个热点。

双边控制是一种重要且应用广泛的遥操作控制方法,应用于非结构化且未知的从端环境,具有对从端环境的自适应性。双边系统主手获取反馈力的方法通常有两种:一种是将从手控制器产生的真实控制力经通信环节直接传递给主手,形成主手力反馈;另一种是从手端向主手端传递位置信息,根据位置误差方法,在主手端形成“虚拟力”反馈,使操作者产生力觉临场感。这两种方式,前者是在从手端形成控制力,该力在作用于从手的同时,也反馈回主手端对主手产生作用;后者是在主手端形成控制力,只对主手产生作用。根据反馈力的形成位置的不同,对系统进行区分,前者称为全闭环双边控制系统,后者称为半闭环双边控制系统。

对于全闭环双边控制系统,由于反馈力是在从手端形成后再传回主手端,因此需要在从手端安装控制力/力矩传感器,同时对从手控制器设计的要求也较高。对于半闭环双边控制系统,从手端传回主手端的是位置信息,主手的力反馈根据位置差信息而形成的“虚拟”力反馈,而不是从手提供的真实力反馈,所以不需要从手端安装控制力/力矩传感器,同时主手和从手控制器的设计也较前者简单、灵活。

完整的双边控制系统包括操作者、主端、主端通信、从端通信、从端和空间环境等 6 个部分，其具体结构如图 4-27 所示。

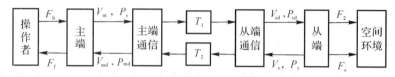

图 4-27　双边控制系统的一般结构

双边控制结构中，构成该系统的各环节之间的信息传递流程为：主端一般由力反馈设备或手控器构成，操作者以 F_h 的力操纵主端运动，主端运动信息（末端速度、位姿等）以遥控指令的形式，通过主端通信环节，经 T_1 时刻传递给从端通信环节，以力的形式最终传递给从端；从端在空间环境中按照遥控指令运动，空间环境对从端执行器表现为 F_e 的力，从端在控制指令和空间环境综合作用下，由从端通信环节输出从端执行器的运动信息（末端速度、位姿等），经 T_2 时刻传递至主端通信环节，以反馈力的形式通过主端反馈给操作者，使操作者产生临场感以引导操作者的操作行为。主、从手都在一个控制回路中，通过设计控制算法克服通信时延的影响。

1989 年，拉朱（R. Jagannath Raju）等人提出了双端口网络理论对遥操作机器人系统进行分析，并提出时延造成通信环节的有源性，继而使系统不稳定。此外，根据不同理论的控制方法或在不同的系统状态下，双边控制系统需要建立不同的数学模型，如根据现代控制理论的李雅普诺夫（Lyapunov）稳定性方法研究双边控制系统时，需要建立具有状态时延的连续系统模型；当在通信网络、计算机等实验条件下研究时，输入的时延随机，需要将系统进行分段描述而建立双边控制系统的离散模型；当遥操作系统中存在运动信息、力信息等连续系统信号，同时还有状态切换等离散信号时，需要建立混合系统模型进行分析。

4.5.2　双边控制系统数学模型

为研究双边控制，需建立各环节的模型。不失一般性建立主端及从端的单自由度模型，对双边控制系统进行分析。主端、从端模型以及满足双边控制要求的控制参数可推广至多自由度系统。

在双边控制系统中，由于只考虑主手末端和从手末端的运动状态，在建立模型分析时，可仅对主、从末端进行动力学建模。不失一般性地认为，主、从末端均为质量与阻尼模型。模型建立如下：
主手末端的模型为

$$F_h(t) - F_{md}(t) = M_m \dot{V}_m(t) + B_m V_m(t) \qquad (4-5)$$

从手末端的模型为

$$F_s(t) - F_e(t) = M_s \dot{V}_s(t) + B_s V_s(t) \qquad (4-6)$$

式中：M_m、M_s 分别为主手和从手的质量；V_m、V_s 分别为主手与从手的速度；B_m、B_s 分别为主手和从手的速度阻尼系数；F_h、F_e 分别为操作者施加的力和从手与环境的作用力；F_s 为从手控制器对应的力；F_{md} 为由从端信息生成的从端反馈力。

在双边控制系统中，对环境的认知十分重要。如果考虑环境的动力学特性和表面的形变，则环境的模型将十分复杂,为后续分析带来很大困难。一般情况下,由于操作者的操作速度、加速度等都较小,因此从手的速度、加速度等也很小(系统稳定的情况下)。环境的数学模型可近似等效为一个二阶的弹簧-振子模型,即

$$F_{e}=M_{e}\ddot{X}_{e}+B_{e}\dot{X}_{e}+C_{e}X_{e} \tag{4-7}$$

式中:M_{e}、B_{e} 和 C_{e} 分别为质量、阻尼和弹性系数。

理想情况下,主手和从手的运动处于稳定状态,从手完全跟踪主手的运动,操作者感受到的力等于从手与环境的作用力,同时从手的位置等于主手的位置。然而,在实际的情况下,主手和从手之间存在较大的通信时延。假设信号在传递过程中的前向时延为表示为 T_1,反向时延表示为 T_2,则带有时延的数学模型可以表示为

$$\left. \begin{array}{l} V_{sd}=V_{m}(t-T_1) \\ V_{md}=V_{s}(t-T_2) \end{array} \right\} \tag{4-8}$$

而 $F_{md}=G_{md}V_{md}$,G_{md} 为由 V_{md} 生成从端反馈力 F_{md} 的规则;$F_s=G_{sd}V_{sd}$,G_{sd} 为由 V_{sd} 生成从端运动力 F_s 的规则。

参考电学中的双端口网络模型,分别用力和速度等效电压和电流,可将双边控制系统设计为图 4-28 所示的结构。

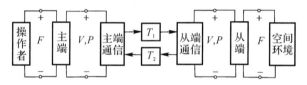

图 4-28 双边控制系统的双端口模型

按照双端口网络模型,列写双边控制系统的数学表达式为

$$\begin{bmatrix} F_{md} \\ F_s \end{bmatrix} = \begin{bmatrix} 0 & G_{md}e^{-sT_2} \\ G_{sd}e^{-sT_1} & 0 \end{bmatrix} \begin{bmatrix} V_m \\ V_s \end{bmatrix} = \boldsymbol{H}(s) \begin{bmatrix} V_m \\ V_s \end{bmatrix} \tag{4-9}$$

式中:$\boldsymbol{H}(s)$ 为双端口网络的混合矩阵。

双边控制的双端口网络数学表达形式也可以表示为其他形式,这并不影响系统的分析。本节中双边控制的算法研究是基于双端口网络的。

4.5.3 双边控制系统性能指标

在双边控制系统中,需要解决两个主要问题:一是保证系统稳定性并具有一定的鲁棒性;二是提高操作的快速性和精确性。以下将分别介绍双边控制系统的稳定性及判据准则、透明性及其指标度量函数,以及跟踪性与其指标度量函数。

4.5.3.1 稳定性

控制系统的稳定性是保证控制系统可用的基础与前提。带有时延的双边系统,由于时延的存在,主、从两端交互的信息会出现滞后、累积、获取混乱等现象,导致主、从两端无法获得对方当前准确的状态,破坏无时延时系统的稳定性,使得系统不稳定。因此,有时延双边控制系统的稳定性不仅取决于控制方法和控制参数,还与时延大小相关。双边控制方法及控制参数的选择要求控制系统具备更强的鲁棒性能,能够保证时延波动等外在干扰下系统的稳定性,其

与无时延控制系统的稳定性是具有本质区别的。本节对双边控制系统的分析和研究是基于双端口网络模型，因此在研究双边控制系统的稳定性时，首先介绍双端口网络模型的稳定性准则。

（1）无源性判据。无源性是指一个 n 端口网络，若任何初始时刻 t_0 和任何 $t \geqslant t_0$ 时刻，对于所有容许信号来说，在所有时刻 t 送到外部的能量不大于所存储的能量，则称该网络是无源网络。一个系统是无源的，则表示该系统不会对外产生能量，而是需要从外界吸收能量。由电子基础的理论可知，无源系统串联、并联或作为反馈模块，得到的系统仍是无源的。

对于本节所研究的双边控制系统，若保证主端的操作者、主端、从端、通信环节、时延模块和空间环境均为无源的，则构成的整个控制系统也是无源的。

以下引入雷斯贝克（Gordon Raisbeck）无源性判据，作为判断一个系统是否无源的准则。

雷斯贝克无源性判据：一个线性双端口网络 $\boldsymbol{Z} = \begin{bmatrix} z_{11} & z_{12} \\ z_{21} & z_{22} \end{bmatrix}$ 是无源的，当且仅当：

1）z_{11}、z_{12}、z_{21}、z_{22} 在复平面的右半平面没有极点。

2）z_{11}、z_{12}、z_{21}、z_{22} 在复平面虚轴上的极点都是单极点，并且这些极点对应的留数满足：

$$\left. \begin{array}{l} k_{11} \geqslant 0 \\ k_{22} \geqslant 0 \\ k_{11}k_{22} - k_{12}k_{21} \geqslant 0 \end{array} \right\} \qquad (4-10)$$

式中：k_{ij} 为 z_{ij} 对应的留数（$i,j = 1,2$）。

3）对于所有实数 ω，应有下式成立：

$$\left. \begin{array}{l} \mathrm{Re}[z_{11}(\mathrm{j}\omega)] \geqslant 0 \\ \mathrm{Re}[z_{22}(\mathrm{j}\omega)] \geqslant 0 \\ 4\mathrm{Re}[z_{11}(\mathrm{j}\omega)]\mathrm{Re}[z_{22}(\mathrm{j}\omega)] - \{\mathrm{Re}[z_{12}(\mathrm{j}\omega)] + \mathrm{Re}[z_{21}(\mathrm{j}\omega)]\}^2 - \\ \{\mathrm{Im}[z_{12}(\mathrm{j}\omega)] - \mathrm{Im}[z_{21}(\mathrm{j}\omega)]\}^2 \geqslant 0 \end{array} \right\} \qquad (4-11)$$

（2）绝对稳定性判据。绝对稳定性是指一个网络系统的传递函数，其固有频率限制在左半复平面内，那么在实轴单阶极点 $\mathrm{j}\omega_0$ 处有潜在稳定性；若存在两个单口阻纳（阻抗的倒数），当其接到某双端口网络的两个端口时，整个网络在 $\mathrm{j}\omega_0$ 处产生一个固有频率，则称此双端口网络在 $\mathrm{j}\omega_0$ 处是潜在不稳定的；反之，称该双端口网络是绝对稳定的。

可将上述定义推广至包含闭右半复频平面中的所有点，那么对于实际的物理系统来说，只要保证双端口网络在所有实频轴上的点都是绝对稳定的，该网络就是绝对稳定的。下面引入莱维林准则绝对稳定性判据。

一个线性时不变的双端口网络 $\boldsymbol{Z} = \begin{bmatrix} z_{11} & z_{12} \\ z_{21} & z_{22} \end{bmatrix}$ 是绝对稳定的，当且仅当满足以下条件：

1）$z_{11}(s)$ 和 $z_{22}(s)$ 在复平面的右半平面内没有极点；

2）$z_{11}(s)$ 和 $z_{22}(s)$ 在复平面虚轴上的极点都是单极点，且其对应的留数都为正实数；

3）$\mathrm{Re}[z_{11}(j\omega)] > 0$；

4）$\mathrm{Re}[z_{22}(j\omega)] > 0$；

5）$\dfrac{2\mathrm{Re}[z_{11}(j\omega)]\,\mathrm{Re}[z_{22}(j\omega)] - \mathrm{Re}[z_{12}(j\omega)z_{21}(j\omega)]}{|z_{12}(j\omega)z_{21}(j\omega)|} > 1$。

（3）无源性和绝对稳定性的关系。假设一个双端口网络模型 T_w 满足雷斯贝克无源性判据，那么：

1）z_{11}、z_{12}、z_{21}、z_{22} 应分别使无源性判据的条件 1）和条件 2）成立。绝对稳定性理论要求 z_{11} 和 z_{22} 满足在复平面的右半平面内没有极点，在复平面虚轴上的极点都是单极点，且其对应的留数都为正实数的条件。

2）绝对稳定性的条件要强于无源性理论；无源性判据条件 3）中的前两个约束与莱维林准则中的约束 3）和 4）一致。

3）根据无源性判据，应有

$$4\mathrm{Re}(z_{11})\mathrm{Re}(z_{22}) - [\mathrm{Re}(z_{12}) + \mathrm{Re}(z_{21})]^2 - [\mathrm{Im}(z_{12}) - \mathrm{Im}(z_{21})]^2 \geqslant 0$$

$$4\mathrm{Re}(z_{11})\mathrm{Re}(z_{22}) - [\mathrm{Re}(z_{12}) + \mathrm{Re}(z_{21})]^2 - [\mathrm{Im}(z_{12}) - \mathrm{Im}(z_{21})]^2 =$$

$$4\mathrm{Re}(z_{11})\mathrm{Re}(z_{22}) - \mathrm{Re}^2(z_{12}) - \mathrm{Re}^2(z_{21}) - 2\mathrm{Re}(z_{12})\mathrm{Re}(z_{12}) - \mathrm{Im}^2(z_{12}) - \mathrm{Im}^2(z_{21}) +$$

$$2\mathrm{Im}(z_{12})\mathrm{Im}(z_{21}) =$$

$$4\mathrm{Re}(z_{11})\mathrm{Re}(z_{22}) - |z_{12}|^2 - |z_{21}|^2 - 2\mathrm{Re}(z_{12})\mathrm{Re}(z_{21}) + 2\mathrm{Im}(z_{12})\mathrm{Im}(z_{21}) \geqslant 0 \qquad (4-12)$$

又知

$$|z_{12}|^2 + |z_{21}|^2 \geqslant 2|z_{12}z_{21}|$$

$$\mathrm{Re}(z_{12}z_{12}) = \mathrm{Re}(z_{12})\mathrm{Re}(z_{12}) - \mathrm{Im}(z_{12})\mathrm{Im}(z_{12})$$

则式（4-12）可变换为

$$4\mathrm{Re}(z_{11})\mathrm{Re}(z_{22}) - |z_{12}|^2 - |z_{21}|^2 - 2\mathrm{Re}(z_{12}z_{21}) \geqslant 0 \qquad (4-13)$$

进而有

$$4\mathrm{Re}(z_{11})\mathrm{Re}(z_{22}) - 2\mathrm{Re}(z_{12}z_{21}) \geqslant |z_{12}|^2 + |z_{21}|^2 \geqslant 2|z_{12}z_{21}| \qquad (4-14)$$

因此可得

$$\frac{2\mathrm{Re}(z_{11})\mathrm{Re}(z_{22}) - \mathrm{Re}(z_{12}z_{21})}{|z_{12}z_{21}|} \geqslant 1 \qquad (4-15)$$

式（4-15）为莱维林准则的约束 5），由无源性判据可以推导出莱维林准则，反之则不一定成立。那么，对一个双端口网络来说，绝对稳定性包含于无源性，无源性是更保守的稳定判据。本节所研究的双边控制算法的稳定性，选择绝对稳定性判据，使系统稳定性具有一定鲁棒性。

4.5.3.2 透明性

双边控制系统的透明性是指主端操作者操作系统与从端环境作用时感受到的阻抗与从端环境阻抗的相似程度。

在双边控制系统中，操作者操纵主端控制器运动，系统根据从端反馈的信息按照一定的控制方法生成从端模拟反馈力，通过主端控制器以力反馈的形式传递给操作者，使操作者尽可能真实地感受到从端的空间状态，获得良好的临场感。理想的临场感是要求操作者在主端的感受同他直接与从端环境作用时的感受完全一样，相当于双边控制系统完全透明。

可参照电路理论中的阻抗、导纳的概念，分别计算主端操作者感受到的阻抗和从端环境阻抗，对比二者间的关系来表示此双边控制系统的透明性。

操作者感受到的操作阻抗为

$$Z_h = \frac{F_h}{v_m} \qquad (4-16)$$

空间环境的阻抗为

$$Z_e = \frac{F_e}{v_s} \tag{4-17}$$

则描述双边控制系统透明性的度量函数为

$$L = \begin{cases} \left| \dfrac{Z_h - Z_e}{Z_e} \right| & (Z_e \neq 0) \\[3mm] |Z_h| & (Z_e = 0) \end{cases} \tag{4-18}$$

由式(4-18)可知,当与外界环境接触,$Z_e \neq 0$ 时,系统理想的透明性可使得 $Z_h = Z_e$,保证 $L = 0$;Z_h 过大或过小均会使 L 值变大,反映出系统较差的透明性。当与外界环境无接触,即 $Z_e = 0$ 时,只有当 $Z_h = 0$ 时系统的透明性才与从端一致;Z_h 的值越大,系统的透明性越差。

4.5.3.3 跟踪性

双边控制系统的跟踪性是指从端执行器对主手 T_1 时刻之前运动的跟踪精度。

跟踪性是双边控制系统的从端执行器,根据主端发送的遥测信息进行运动,对 T_1 时刻之前的主端的运动状态的反映程度。良好的跟踪性能够保证系统的从端执行器最大程度地受控于主端操作者的操作意愿。

当从端自由运动时,理想的跟踪性应满足从端执行器的运动状态与 T_1 时刻之前的主端末端的运动状态一致,或者从端执行器的实际运动状态与期望运动状态一致,则实际运动状态和期望运动状态偏差同实际运动的比值可反映系统的跟踪性能;当从端与外界环境发生接触时,由于环境的阻碍,不可避免地出现从端实际运动与期望运动的偏差。一般来说,相同控制条件下,从端自由运动时系统的跟踪性优于与环境接触时的系统跟踪性。

为了定量分析双边控制系统的跟踪性,引入数理统计中均差、方差等概念作为双边控制系统的跟踪性度量函数。

跟踪误差比为

$$M = \frac{\displaystyle\int |\lambda X_m(t - T_1) - X_s(t)| \, \mathrm{d}t}{\lambda \displaystyle\int |X_m(t - T_1)| \, \mathrm{d}t} \tag{4-19}$$

平均跟踪误差为

$$\overline{E} = \frac{\displaystyle\int |\lambda X_m(t - T_1) - X_s(t)| \, \mathrm{d}t}{t} \tag{4-20}$$

跟踪误差的分布方差为

$$\overline{D} = \frac{\displaystyle\int (|\lambda X_m(t - T_1) - X_s(t)| - \overline{E})^2 \, \mathrm{d}t}{t} \tag{4-21}$$

式中:λ 为主端与从端的运动系数;$\lambda X_m(t - T_1)$ 为从端执行器的期望运动状态;λ 在双边控制系统构成时便已确定。

双边控制系统跟踪性由上述三式共同描述;M 为一段仿真时间内的累积仿真误差绝对值与信号总量绝对值的比值,用于表示反映某种相同控制方法的某控制参数下系统的跟踪误差比;$\overline{E}$ 为仿真时间内系统从端受控对象末端对主端执行器的平均跟踪误差;$\overline{D}$ 为跟踪误差的方差,用于反映跟踪误差的分布。上述三个量的值越小,系统的跟踪性能越好;当 $M = 0$ 时,系统的跟踪性能达到最好,此时从端执行器的运动能够完全跟踪主端的控制。

4.5.4　双边 PD 控制算法

日本的伊田高志(Takashi Imaida)等在 ETS-Ⅶ的实验中,在单向 3 s 的时延下对基于位置信息的双边 PD 控制方法进行了研究分析,阐述了双边 PD 控制的一般结构,并按照绝对稳定性理论阐述了该方法控制下系统稳定所需满足的条件。本节在此基础上,对双边 PD 控制的稳定性、透明性和跟踪性进行分析研究。

4.5.4.1　算法结构

在实际的遥操作系统中,由于从端的成本、机构限制,以及主从两端的信息传递带宽有限,不能得到或准确得到从端与环境之间的作用力信息。操作者在操作主端运动时,无法感受到从端与环境之间的力信息,为操作者提供的临场感极差,会存在误操作的现象,严重时导致从端机械损坏等。为了实现主端对从端良好的控制,给操作者提供尽可能真实的临场感信息,根据主、从两端所传递的位置等信息,按照一定的虚拟力生成规则,对主端和从端分别进行控制,给操作者提供一定的反馈力信息,以引导操作者的操作行为。

双边 PD 控制是一种根据主从两端交互的位置、速度等,在主、从端加入 PD 控制,生成虚拟的力反馈信息,引导操作者操作行为的控制方法。双边 PD 控制结构如图 4 - 29 所示。

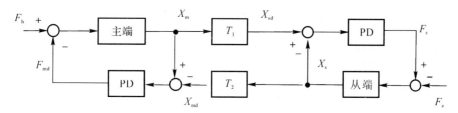

图 4 - 29　双边 PD 控制结构图

主手将自身的位置和速度信息经时延 T_1 传递到从端,从端的 PD 控制器获得输入后生成从端控制力 F_s,在与环境力 F_e 的共同作用下,控制从手的运动;从端将从手的位置和速度信息经时延 T_2 传递回主端,主端的 PD 控制器获得输入后生成主端反馈力 F_{md},通过手控器等力反馈设备反馈给操作者。

双边 PD 控制的数学描述如下:

主手和从手的动力学表达式分别为式(4 - 5)和式(4 - 6)。主手和从手的 PD 控制器采用的模型分别为

$$F_{md} = K_m \int (\dot{X}_m - \dot{X}_{md}) \, dt + D_m \dot{X}_m \tag{4-22}$$

$$F_s = K_s \int (\dot{X}_{sd} - \dot{X}_s) \, dt - D_s \dot{X}_s \tag{4-23}$$

主、从端的信号传输模型为

$$\dot{X}_{sd}(t) = \dot{X}_m(t - T_1) \tag{4-24}$$

$$\dot{X}_{md}(t) = \dot{X}_s(t - T_2) \tag{4-25}$$

将式(4 - 22)～ 式(4 - 23)代入式(4 - 5)和式(4 - 6),得到关于位置的 PD 控制表达式为

$$F_{\mathrm{h}} = K_{\mathrm{m}} [X_{\mathrm{m}}(t) - X_{\mathrm{s}}(t - T_2)] + D_{\mathrm{m}} \dot{X}_{\mathrm{m}}(t) + M_{\mathrm{m}} \ddot{X}_{\mathrm{m}}(t) + B_{\mathrm{m}} \dot{X}_{\mathrm{m}}(t) \quad (4-26)$$

$$F_{\mathrm{e}} = K_{\mathrm{s}} [X_{\mathrm{m}}(t - T_1) - X_{\mathrm{s}}(t)] - D_{\mathrm{s}} \dot{X}_{\mathrm{s}}(t) - [M_{\mathrm{s}} \ddot{X}_{\mathrm{s}}(t) + B_{\mathrm{s}} \dot{X}_{\mathrm{s}}(t)] \quad (4-27)$$

将主、从手的动力学模型及主、从控制器模型和传输模型写成双端口网络的形式,即

$$\begin{bmatrix} F_{\mathrm{h}} \\ F_{\mathrm{e}} \end{bmatrix} = \begin{bmatrix} \dfrac{K_{\mathrm{m}}}{s} + D_{\mathrm{m}} + B_{\mathrm{m}} + M_{\mathrm{m}}s & \dfrac{K_{\mathrm{m}}}{s} \mathrm{e}^{-T_2 s} \\[2mm] \dfrac{K_{\mathrm{s}}}{s} \mathrm{e}^{-T_1 s} & \dfrac{K_{\mathrm{s}}}{s} + D_{\mathrm{s}} + B_{\mathrm{s}} + M_{\mathrm{s}}s \end{bmatrix} \begin{bmatrix} \dot{X}_{\mathrm{m}} \\ -\dot{X}_{\mathrm{s}} \end{bmatrix}$$

$$\qquad\qquad (4-28)$$

$$= \begin{bmatrix} z_{11} & z_{12} \\ z_{21} & z_{22} \end{bmatrix} \begin{bmatrix} \dot{X}_{\mathrm{m}} \\ -\dot{X}_{\mathrm{s}} \end{bmatrix}$$

式中:M_{m}、M_{s} 分别为主、从端动力学的质量系数;B_{m}、B_{s} 分别为主、从端动力学的阻尼系数;K_{m}、K_{s} 分别为主、从端控制器的位置系数;D_{m}、D_{s} 分别为主、从端控制器的速度系数。

4.5.4.2　性能分析

(1) 稳定性。

按照 4.5.3 节所述的绝对稳定性判据,根据式(4-28),可得

$$z_{11} = \frac{K_{\mathrm{m}}}{s} + D_{\mathrm{m}} + B_{\mathrm{m}} + M_{\mathrm{m}}s, z_{22} = \frac{K_{\mathrm{s}}}{s} + D_{\mathrm{s}} + B_{\mathrm{s}} + M_{\mathrm{s}}s$$

极点均为 0,留数均为 0,满足莱维林准则:

$$\mathrm{Re}(z_{11}) = D_{\mathrm{m}} + B_{\mathrm{m}} > 0, \mathrm{Re}(z_{22}) = D_{\mathrm{s}} + B_{\mathrm{s}} > 0$$

$$\frac{2\mathrm{Re}(z_{11})\mathrm{Re}(z_{22}) - \mathrm{Re}(z_{12}z_{21})}{|z_{12}z_{21}|} = \frac{2(D_{\mathrm{m}}+B_{\mathrm{m}})(D_{\mathrm{s}}+B_{\mathrm{s}}) - \mathrm{Re}\left[\dfrac{K_{\mathrm{m}}K_{\mathrm{s}}}{s^2}\mathrm{e}^{-(T_1+T_2)s}\right]}{\left|\dfrac{K_{\mathrm{m}}K_{\mathrm{s}}}{\omega^2}\mathrm{e}^{-\mathrm{j}(T_1+T_2)\omega}\right|}$$

$$= \frac{2(D_{\mathrm{m}}+B_{\mathrm{m}})(D_{\mathrm{s}}+B_{\mathrm{s}}) - \mathrm{Re}\left[\dfrac{K_{\mathrm{m}}K_{\mathrm{s}}}{s^2}\mathrm{e}^{-(T_1+T_2)s}\right]}{\dfrac{K_{\mathrm{m}}K_{\mathrm{s}}}{\omega^2}}$$

$$= \frac{2(D_{\mathrm{m}}+B_{\mathrm{m}})(D_{\mathrm{s}}+B_{\mathrm{s}}) + \dfrac{K_{\mathrm{m}}K_{\mathrm{s}}}{\omega^2}\cos[(T_1+T_2)\omega]}{\dfrac{K_{\mathrm{m}}K_{\mathrm{s}}}{\omega^2}}$$

$$\qquad\qquad (4-29)$$

要求上式满足莱维林准则,则应有

$$(D_{\mathrm{m}}+B_{\mathrm{m}})(D_{\mathrm{s}}+B_{\mathrm{s}}) > \frac{K_{\mathrm{m}}K_{\mathrm{s}}}{2\omega^2}(1 - \cos[(T_1+T_2)\omega]) =$$

$$\frac{K_{\mathrm{m}}K_{\mathrm{s}}}{\omega^2}\sin^2\left[\frac{(T_1+T_2)\omega}{2}\right] \qquad (4-30)$$

$$\sin\left[\frac{(T_1+T_2)\omega}{2}\right] \leqslant \frac{T_1+T_2}{2}\omega$$

因此式(4-30)满足

$$(D_m + B_m)(D_s + B_s) > \frac{K_m K_s (T_1 + T_2)^2}{4} \qquad (4-31)$$

即可保证整个双边控制系统的稳定性。

（2）透明性。

由双边控制系统透明性定义式可知：主端操作者感受到的阻抗为 $Z_h = \dfrac{F_h}{V_m}$，环境阻抗为 $Z_e = \dfrac{F_e}{V_s}$，将其代入式(4-28)，可得

$$Z_h = z_{11} - \frac{z_{12} z_{21}}{Z_e + z_{22}} \qquad (4-32)$$

在式(4-28)中，令 z_m 和 z_s 分别为主手和从手的阻抗，$z_m = M_m s + B_m + D_m$，$z_s = M_s s + B_s + D_s$；z_{pm} 和 z_{sm} 分别为主手和从手 PD 控制器的阻抗，$z_{pm} = \dfrac{K_m}{s}$，$z_{sm} = \dfrac{K_s}{s}$。则

$$\boldsymbol{Z} = \begin{bmatrix} z_m + z_{pm} & z_{pm} e^{-sT_1} \\ z_{ps} e^{-sT_2} & z_s + z_{ps} \end{bmatrix}$$

代入式(4-32)，得

$$Z_h = z_m + z_{pm} - \frac{z_{pm} z_{ps} e^{-s(T_1 + T_2)}}{z_e + z_s + z_{ps}} \qquad (4-33)$$

根据透明性的度量函数可知：

1）当从端自由运动时，$Z_e = 0$，则有

$$L = |Z_h| =$$

$$\left| z_m + z_{pm} - \frac{z_{pm} z_{ps} e^{-s(T_1 + T_2)}}{z_s + z_{ps}} \right| =$$

$$\left| z_m + \frac{z_{pm} z_s + z_{pm} z_{ps}[1 - e^{-s(T_1 + T_2)}]}{z_s + z_{ps}} \right| \qquad (4-34)$$

由式(4-34)可知，此时 $L \neq 0$，因此无法实现完全透明，只能选择适当的控制参数，使 L 的值尽量小。同样由式(4-34)可以看出，L 大小与主端控制参数 K_m、D_m 正相关，与从端控制参数 K_s、D_s 负相关，因此为实现尽量好的透明性，应尽量选取小的主端控制参数，尽量选取大的从端控制参数。极限情况 $z_h \approx z_m$，即主端操作者通过双边控制系统操作从手运动时的感受如同操作者仅仅操作主手运动的感受。如果双边控制系统的主手和从手对称，操作者通过双边控制系统操作从手运动的感受如同操作者直接操作从手运动的感受。

2）当从端与环境有接触时，$Z_e \neq 0$，则有

$$L = \left| \frac{Z_h - Z_e}{Z_e} \right| = \left| \frac{z_m + z_{pm} - \dfrac{z_{pm} z_{ps} e^{-s(T_1 + T_2)}}{Z_e + z_s + z_{ps}} - Z_e}{Z_e} \right|$$

$$\approx \left| \frac{z_{pm}}{Z_e} - \frac{z_{pm} z_{ps} e^{-s(T_1 + T_2)}}{Z_e (Z_e + z_s + z_{ps})} - 1 \right| \qquad (4-35)$$

要保证系统完全透明,需要使 $Z_h = Z_e$,即主端感受阻抗与环境阻抗相同。由于空间环境是卫星壳体、太阳能帆板等硬接触环境,这里以硬接触为例,研究双边 PD 控制在与环境接触时的透明性。

当从端与空间环境发生接触时,$F_e \to \infty$,$V_s \to 0$,则 $Z_e \to \infty$,那么要实现完全透明性,需主端控制参数 $K_m \to \infty$,$D_m \to \infty$,从端控制参数 $K_s \to 0$,$D_s \to 0$。那么,控制参数 $K_m \to \infty$,$D_m \to \infty$ 时,操作者所感受到的主端反馈力增大,因为

$$F_{md} = K_m \int (\dot{X}_m - \dot{X}_{md}) \, \mathrm{d}t + D_m \dot{X}_m$$

然而,主端控制参数选取越大,操作者感受到的反馈力越大,则系统的可操作性就越小;从端控制参数选取越小,从端的驱动力就越小,则系统的可操作性也就越小。

以上推导出的参数约束条件和实际情况相符。当从手自由运动时,z_{ps} 大,使得从手的运动能跟踪主手的运动;z_{pm} 小,使得主端操作者感受到的反馈力小,操作者感受到的阻抗接近环境阻抗,系统的透明性好。当从手与环境硬接触时,z_{ps} 小,使得从手与环境的作用力小,可以避免从手抖动;z_{pm} 大,使得主端操作者感受到的反馈力大,操作者感受到的阻抗接近环境阻抗,系统的透明性好。

(3)跟踪性。

不失一般性地假设主端与从端的运动系数 $\lambda = 1$。由双边控制系统跟踪性定义可知,跟踪误差比为

$$M = \frac{\int |\lambda X_m(t - T_1) - X_s(t)| \, \mathrm{d}t}{\lambda \int |X_m(t - T_1)| \, \mathrm{d}t}$$

任意取跟踪误差比积分函数中的一个元素 $M_i = \dfrac{|X_m(t - T_1) - X_s(t)|}{|X_m(t - T_1)|}$ 进行分析,其中 $|X_m(t - T_1)| \neq 0$。由式(4-6)和式(4-23)可得

$$X_m = \left[\frac{M_s s^2 + (B_s + D_s) s}{K_s} + 1 \right] X_s e^{sT_1} + \frac{F_e}{K_s} e^{sT_1} \tag{4-36}$$

在频域里分析,则

$$M_i = \left| 1 - \frac{X_s}{X_m e^{-sT_1}} \right| = \left| 1 - \frac{X_s}{\left[\dfrac{M_s s^2 + (B_s + D_s) s}{K_s} + 1 \right] X_s + \dfrac{F_e}{K_s}} \right| \tag{4-37}$$

为了保证系统具有良好的跟踪性能,要求 $M_i \to 0$,由式(4-37)推出 $K_s \to \infty$。实际控制中,K_s 不可能无限大。但由前面透明性的讨论可知,当从手与环境硬接触时,K_s 应尽可能小。即在从手与环境接触时,透明性和跟踪性是两个互相矛盾的性能指标,一个性能的提高以牺牲另一个性能为代价。在从手与环境硬接触的情况下,透明性对系统操作性能的影响更大,在选取控制参数时应以透明性参数约束条件为主进行考虑。

第5章　遥科学地面验证技术

航天器的发展经历了由简单到复杂、由单一功能到多功能的过程，其间各种技术的突破都经历了简单或者复杂的地面物理实验和测试。

为了配合航天技术的发展，20世纪60年代，美国国家航空航天局(NASA)在刘易斯研究中心(NASA John H. Glenn Research Centerat Lewis Field)相继建立了两座落塔(井)，专门用于研究微重力环境下各种仪器设备的运行。1968年，美国国家航空航天局在马歇尔航天飞行中心建造了第一个中性浮力模拟系统，即三自由度气浮仿真系统，用于模拟空间微重力环境，在当时的航天器研制和航天员训练中完成了大量的试验。

20世纪70年代以后到90年代，各种地面物理仿真系统发展非常迅速，气浮平台、中性浮力水池等地面微重力模拟设施完成了大量实物测试和仿真以及相应关键技术攻关成果的验证，同时也为故障航天器的修复提供了程序验证。例如1973年，美国发射天空实验室后，太阳帆板出现故障不能展开，导致电能供应不足，使舱温升高。美国国家航空航天局下达紧急任务，利用中性浮力模拟器开展地面模拟试验，制定出航天员出舱活动程序，再让飞行中航天员按此程序及时出舱修理，排除故障，保证了正常运行。1987年，苏联量子号舱与和平号空间站对接故障的排除试验，采用了中性浮力模拟试验与空间修理操作同步进行的方式，顺利地排除了故障，实现成功对接。

针对具体任务目标的新型航天器的研制，需要提出具体战术技术性能指标，在这些指标的约束下进行设计和研制。在设计和研制过程中，要求判断总系统和各分系统的性能是否满足要求，诸如：

(1)任务执行程序是否合理？

(2)总体方案是否合理？

(3)失重环境下新型航天器的外形、质量分布、结构设计是否合理？

(4)失重环境下新型航天器的内部布局是否合理？

(5)不同结构、不同方案对性能的影响程度如何？

(6)航天器综合效能如何？

这就需要能够完成以上性能评估和实验的地面实验系统。这种实验系统需要提供与航天器真实运行环境相近的环境。

空间操作是复杂的空间任务实施过程，充分的地面实验不仅是必要的而且是必须的。微重力实验的主要任务有：

(1)检验操作任务的可实现性。综合验证操作过程的动力学、控制、推进等协同性，验证交会、加注、维修等操作任务的可实现性。

（2）验证空间机动的快速性、机动性、可达性，包括各种设计轨道的合理性、可实现性、机动的敏捷性和精准性、GNC 系统的有效性。

（3）验证强控制力作用下非开普勒运动的可实现性，包括拼接轨道的合理性、多体运动的协同性、姿/轨耦合控制的最优性、漂浮基座复合运动的精准可控性等。

（4）验证操作活动的有效性，包括相对运动的可控性、空间机构设计的合理性（考虑天地差异性）、活动部件表面磨擦、滑动特性等。

可以看出，空间机器人遥操作过程具有高复杂性，同时要求万无一失的安全性和可靠性，而计算机仿真过程中近似处理以及没有考虑到的因素都可能造成空间机器人任务的失败，甚至会损害机器人，因此必须对遥操作过程进行地面验证。

国内外在遥操作地面验证方面进行了大量研究和实践，实验方法主要包括气浮、水浮、悬吊及混合方式。STVF（SPDM Task Verification Facility）为验证空间站的各种维修操作，采用了硬件在闭环中的方式，并且提出了评判测试结果有效性的定量准则。日本为 ETS-Ⅶ 专门开发了地面遥操作验证系统，用以模拟运动、时延通信和光照条件。国内一些高校也对空间机器人地面实验进行了研究。

5.1   地面验证原理

考虑到航天器运行环境的特殊性，通常要求地面实验必须考虑空间的环境特点，通过在地面模拟不同空间环境，完成航天器及其设备在该环境中的性能测试和运行情况的检验，确保航天器在轨真实环境中的正常运行，构建微重力环境效应是开展地面验证工作的重中之重。

5.1.1   气浮及水浮实验系统

5.1.1.1   气浮台物理仿真原理

转动气浮装置是最早出现的一类仿真气浮装置。这类装置通常以一个基座为支撑，置于水平台面上，可绕垂直于支撑面的轴作 360°的旋转。基座本身不能移动，其通过气浮轴承与台体相连，台体部分用以模拟航天器本体。根据台体运动维度的不同，转动气浮台可以分为单轴和三轴两类，分别如图 5-1 和图 5-2 所示。

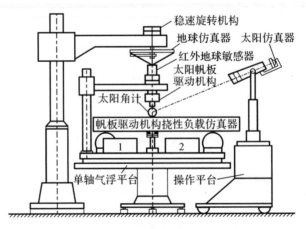

图 5-1   单轴气浮台全物理仿真系统配置示意图

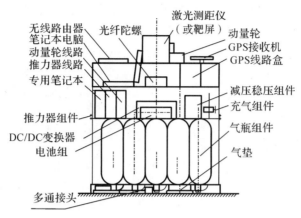

图 5-2　三轴气浮台仿真实验系统组成示意图

气浮台依靠压缩空气在气浮轴承与轴承座之间形成的气膜,使得模拟台体浮起,从而实现失重和无摩擦的相对运动条件,以模拟航天器在外层空间所受扰动力矩很小的力学环境。气浮台是一种全物理仿真,与航天器控制系统半物理仿真相比,其不需要仿真计算机,航天器动力学可完全由气浮台来模拟。航天器全物理仿真采用航天器控制系统部分或全部实物部件组成控制系统,并置于气浮台上,组成与航天器控制系统相类似的仿真回路,使用实际控制规律、实际运行软件。

机构产生的控制力矩直接作用于气浮台上,因此只要气浮台与航天器具有相同的转动惯量,或者两者的惯量与实验时执行机构与实际航天器执行机构控制力矩比例相同,使两者的角加速度相一致,则全物理仿真就相当于航天器实际物理模型的飞行实验。这样,航天器在空间的动力学、动量交换、动量耦合即可通过全物理仿真在地面上真实地模拟,而且还可能发现实际模型中存在的问题。

5.1.1.2　中性水浮实验原理

中性浮力是指一种状态:当物体处于液体中时,若物体密度与液体密度相同,则物体可在液体中任意一点悬浮。所以,中性浮力模拟方法也叫作液体浮力平衡重力方法,即利用液体对物体的浮力抵消物体的重力,使物体处于悬浮状态。实验过程中将试件或者受训航天员浸没在水中,利用精确调整配重或漂浮体,使其所受的浮力等于重力,平衡于水中任何点,以实现模拟微重力环境效应的目的。这种方法并没有消除重力对于物体及其组织的作用,因此,不同于真实的失重环境,只是对失重效应的模拟。

目前,中性浮力水槽训练已成功应用于:

(1)航天员训练。美国和俄罗斯(苏联)的航天员在载人航天飞行前均在中性浮力模拟失重训练设备中,经受过多次训练,以体会失重情况下的漂浮感,掌握在失重情况下穿航天服的人体运动的协调性、姿态控制方法,以及掌握出舱活动、空间操作、运送货物和修理航天器的技能,如图 5-3 所示。

(2)实施任务支援。对于载人航天飞行期间发生的意外故障,可在中性浮力水槽内研究解决的对策与故障排除程序。

(3)对接和组装大型空间结构。利用中性浮力模拟实验设备可进行大型空间结构的对接和组装实验,从而保证了空间结构和组装程序的安全可靠,并培训航天员在轨操作的技能。

（4）评价硬件设计。利用中性浮力水槽可评价载人航天器采用的各种机构和可伸展的轻质柔性构件等在失重状态下的设计是否合理、性能是否可靠，以及验证它们的运动特性等。

图 5-3　俄罗斯（左）及美国（右）开展的水浮实验

中性浮力实验设施主要由水池、水系统、安全系统、浮力配置系统、照明系统、监测系统等组成。实验时，首先，对试件进行重力配平，一般来说配平要满足两个条件，一是浮力、重力相平衡，二是浮心、重心相重合；其次，测试和调整整个系统的精度，这里主要指传感器的测量精度、微重力模拟水平精度和重心与浮心重合度；再次，指定实验步骤及相关控制策略，对软、硬件系统进行设置，因为不同的实验对象和实验目的，实验步骤也不尽相同，一般应分析实验模型的特性和实验目的与要求，结合实际情况进行流程与步骤的设计；最后，在中性浮力模拟环境下完成相关实验。

5.1.2　吊丝配重实验系统

吊丝系统是指通过滑轮组及吊丝将实验目标与重力补偿装置连接起来，利用重力补偿装置抵消实验目标的重力使其获得地面模拟微重力环境效应的实验系统。基本原理是利用重力补偿装置补偿实验目标向下的重力，它一般由吊丝、滑轮、滑动小车、导轨等组成，通过随动控制方法使吊丝保持竖直，并控制向上的拉力始终等于实验目标的重力，如图 5-4 所示。

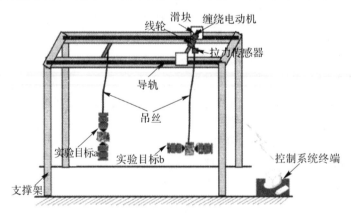

图 5-4　吊丝配重系统示意图

这样的系统包括了克服重力的补偿系统和可跟踪实验目标运动的水平移动系统，其中，重力补偿系统包括配置机构伸缩杆和一系列滑轮。补偿系统有主动重力补偿和被动重力补偿两种形式。两种形式的不同之处在于是否有可控的电动机提供拉力以抵消重力。主动式是通过控制电动机使拉力保持恒定的,吊丝在控制系统作用下上、下伸缩,实验目标受外力作用,其自身重力也不影响它的运动,故而主动式在控制吊丝随实验目标伸缩时能保持恒定的张力。被动式则是主要通过配重块被动克服实验目标的重力,保持吊丝恒张力,实验装置相对简单得多,但控制精度也有所损失。

吊丝系统是一个复杂的涉及机械、电气及控制的综合系统。根据不同任务需求,有不同结构的吊丝系统。吊丝系统是一种模拟空间微重力环境的半实物仿真实验系统,实验过程涉及软、硬件分系统之间的协调工作,在实验之前首先需要明确硬件分系统(包括吊丝机械装置、控制系统硬件部分等)及软件分系统(控制系统软件部分等)的原理及工作过程,然后进行实验研究。

吊丝系统的实验方法:首先,标定吊丝系统相关传感器,如位移传感器、角度传感器等;其次,测试整个系统的精度,主要指传感器的测量精度、重力补偿精度等,根据实验目标调整系统的精度使之满足预定实验精度要求,根据预定实验目标制定实验步骤及相关控制策略,根据指定的实验流程对吊丝系统软件系统和硬件系统进行设置;最后,进行模拟空间微重力条件下的相关实验。

5.1.3　失重飞机及落塔实验系统

5.1.3.1　失重飞机实验

根据动力学原理,在地球引力范围内,只有当物体加速或者减速过程中所受的惯性力和地球引力相抵消时,才能使得物体处于真实的失重状态,也称为表观重力为零。这为失重飞行提供了基本原理。因此,当飞机在地球引力场内飞行时,通过特定的操作可以在短时间产生类似自由落体的状态,形成一种失重环境。能够完成这种失重飞行的飞机称为失重飞机,如图 5-5 所示。现有的飞机通过改装便可作为失重飞机进行失重飞行,每个架次可以连续进行多次抛物线飞行,从而实现对失重环境的模拟。整个物理过程非常简单,首先飞机沿抛物线轨迹飞行到特定位置,之后引擎推力减小,一直到零,此时飞机及其载荷便进入了自由落体状态,也就是说飞机及其载荷的表观重力为零。因为在此期间要经历爬升加速、失重飞行及俯冲改出(即以一定俯冲角飞行到抛物线最低处,再以一定的法向过载值拉起改出),从而出现"超重—失重—超重"交替的变化,这是失重飞机实验的一大特点。

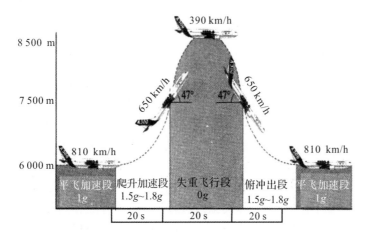

图 5-5　失重飞机的抛物线飞行示意图

失重飞机搭载的科学实验与常规地面科学实验不同,最大的区别在于失重飞机搭载的实验装置要求具有很高的安全性和可靠性。对于每个实验单元,禁止使用易燃材料,对于易碎、易泄的材料或工质也必须作相应处理,在飞行过程中不可产生任何漂浮物,电源要采取熔断保护,机壳必须可靠地与飞机相连。

5.1.3.2 落塔实验

落塔法是通过在微重力塔(井)中执行自由落体运动,从而产生微重力实验环境的一种方法,图5-6所示为NASA位于俄亥俄州克利夫兰路易斯区约翰·H·格伦研究中心的落塔及落塔实验载台。一般通过在地面上建造高塔或者挖深井来实施落塔实验。

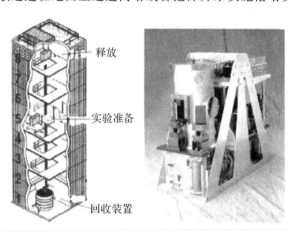

释放

实验准备

回收装置

图5-6 约翰·H·格伦研究中心落塔示意图(左)及落塔实验载台(右)

因为要模拟空间的微重力环境,所以需要保证实验过程的抗干扰、抗震和精密测试等要求,故而对落塔的建筑和质量提出了特殊要求,这不可避免地导致设施的建设费用高昂。然而,它能提供可靠、重复的地面实验,从长期来看,相对于卫星、航天飞机乃至失重飞机,仍然是高效而经济的。

落塔一经建成,便可以提供低费用的实验,实验时间选择和实验次数也不受过多的限制,实验重复性好,有利于实验结果的分析。而且,落塔微重力水平高,初始条件易于保障,数据采集方便,易于操作且干扰小,但其最大的缺点是失重时间短。

5.1.4 混合实验系统

上述介绍的微重力环境模拟方法各有其不足之处。例如:气浮台系统不具垂直方向运动的自由度;水浮实验可控性太差且存在水动力的干扰;吊丝配重系统精度不高且受随动系统性能的影响很大,结构机构也相对复杂,而失重飞机和落塔时间又太短。为了构建能提供时间长、可模拟三维微重力效应、具有大范围六自由度运动空间,并且能任意调节悬浮高度的微重力实验环境,人们提出了混合实验系统。

基于液体浮力并且结合某些非接触力特性形成混合悬浮力,共同作用于物体上,达到完全克服物体重力的效果,从而实现空间微重力效应的模拟。混合浮力作用过程中,液体浮力占总浮力的大部分,而非接触悬浮力只占小部分(但它补充了液体浮力可控性差的不足)。

可选用非接触悬浮方法包括气浮台、电磁悬浮、声悬浮、静电悬浮、光悬浮、粒子束悬浮等。

5.2　典型地面验证系统

5.2.1　载人航天器人工控制系统地面验证系统

载人航天器除配备自动控制系统外还配备了人工控制系统(简称"人控系统"),可由人参与完成对航天器的控制,其典型应用为人控交会对接,即航天员在航天器上对航天器的轨道和姿态进行观测,并实施人工控制,完成两航天器交会对接。

载人航天器人控系统地面验证平台的设计方案如图 5-7 所示。

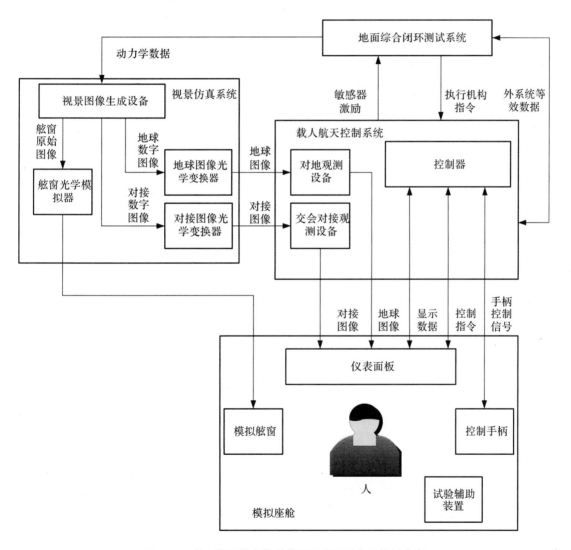

图 5-7　载人航天器人控系统地面验证平台的设计方案

模拟座舱参照真实载人航天器设计,在实施人工控制时可提供接近真实的人机操作界面。舱内设置了仪表面板、控制手柄等真实设备,还配有模拟舷窗、模拟操作座椅以及其他实验辅助装置,而设备间相对位置也与真实航天器状态一致。

视景仿真系统利用虚拟现实技术设计。该系统能够实时接收动力学数据,并驱动视景仿真软件生成模拟太空以及地球的图像,还可以在交会对接时模拟目标图像,同时根据在轨环境下各种图像的视线角特点设计相应的光学变换器。这样,各种图像通过光学变换器变换为更加接近真实的模拟图像,供人眼或人控系统专用设备观察、采集。

地面综合闭环系统是参照星/船自动控制系统的地面实验系统设计的。其包含动力学仿真计算机、各种敏感器激励源以及各种外系统的等效模拟器,具备完整的控制系统测试功能和完整的信息流体系。该系统能够实现系统级仿真模拟,确保对人控系统设备及系统功能的测试有效性。

实验时地面综合闭环测试系统进行动力学仿真计算,同时驱动各种传感器、模拟器及视景仿真系统。视景仿真系统生成各种模拟图像后按相应通道送出,并最终显示在舱内仪表面板,操作者根据各种模拟图像及状态参数判断航天器姿态和位置,并操纵控制手柄以及仪表面板对航天器实施控制,系统控制器接收各种敏感器信号以及操作者的控制指令,计算并输出执行机构控制指令及各种状态参数。

5.2.2　SPDM 任务检验装置(STVF)

具有特殊效用的灵巧操作器(Special Purpose Dexterous Manipulator,SPDM)是 MDR(MacDonald Dettwiler Robotics)公司为加拿大太空署(Canadian Space Agency,CSA)设计的专用灵巧臂双臂机器人,用于执行国际空间站上的维护工作。单纯的计算机软件仿真的精度,严重依赖所用数学模型的准确度,然而要对这样一个复杂空间机器人的硬件系统及其工作环境进行精确建模是极其困难的,因为有很多非线性和不确定因素存在其中,这里的碰撞动力学验证尤其困难。SPDM 任务检验装置(SPDM Task Verification Facility,STVF)是一种基于数学模型和真实硬件的半实物仿真系统,其基本目的是为了验证 SPDM 在空间站上的任务执行,尤其是任务中的一些接触动力学问题。软件和硬件构成闭环,将物理测得的接触力信息反馈到软件模拟器中,软件仿真基于 SPDM 的硬件和控制软件的数学模型,硬件仿真如图 5-8所示。应用一个高强度的液压地面机器人,该机器人由软件仿真驱动,通过使用真实的载荷和工作台以模拟 SPDM 任务状态。其实物图如图 5-9 所示。

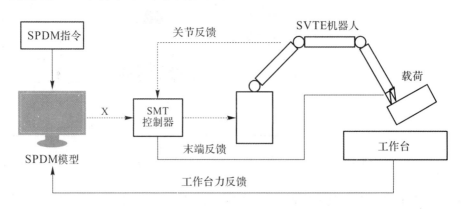

图 5-8　SVTF 硬件模拟系统框图

为了确保 STVF 能够模拟空间机器人进行各种精细接触任务,许多先进机器人技术(如力矩控制伺服系统、鲁棒控制、高带宽且精确的力传感器,以及高精度的运动传感器等)都在系统中得到了应用。

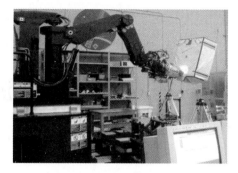

图 5 - 9　SVTF 系统实物图

5.2.3　ETS-Ⅶ地面遥操作验证系统

在 ETS-Ⅶ遥操作系统设计中,为了验证所提出的方法能否无误工作,专门开发了地面遥操作验证系统。该系统包括装有机械臂的模拟卫星、地面操作系统以及空间通信模块,如图 5 - 10 所示。

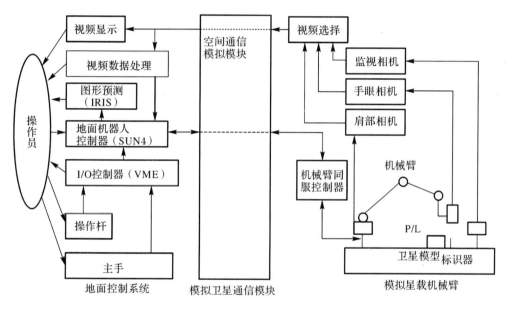

图 5 - 10　ETS-Ⅶ地面遥操作验证系统框图

机械臂系统用来模拟星载载荷与光源,光源模拟太阳直射以及地球反射光,地球反射光是指由地球表面和大气层漫反射的太阳光,正因为这是漫反射,所以不会在物体后留下明显的阴影。模拟卫星通信模块则是用以模拟实际天地通信链路的时延和数据传输能力的。

使用此地面验证系统进行了以下实验:

(1)验证对星载机械臂遥操作所需传输视频图像的数据码率。系统通过实验决定摄像机数量以获取遥操作所需视频图像,验证遥操作中图片的最小传输速率,确定了视频图像的分辨率和采用何种光照获得的数据最佳。通过实验也确定了采用手眼相机和肩部相机最佳。

(2)验证在时延环境下遥操作的可行性,评估为克服时延所采取手段的有效性。

(3)决定何种设备在遥操作中控制机械臂最好。

(4)对比主手和操作杆两种设备的优劣。

第6章 航天测控技术及航天测控网

6.1 航天测控技术概述

1957 年 10 月 4 日,苏联发射了第一颗人造地球卫星,人类从此开始了航天飞行。1961 年 4 月 12 日,苏联实现了首次载人航天。美国于 1969 年 7 月 21 日实现了人类首次载人登月。到目前为止,数千颗科学实验卫星和应用卫星在太空中为居住在地球上的人类服务,各种宇宙探测器在飞向金星、火星,在飞出太阳系,人类对宇宙的观测范围已达到 150 亿光年。

航天器从发射到入轨,从太阳帆板展开、初步建立运行姿态到在轨测试完毕,从正常运行、应用到在轨维持,宇宙探测器从地球轨道到飞向太阳系深处,返回式航天器从返回制动到着陆回收,所有航天飞行阶段均离不开航天测控网的支持,所以航天测控网是航天工程重要的组成部分。

航天测控网是指对航天器进行测量控制的专用网络,其主要任务是:对上升段运载器进行测量,对故障火箭实施安全控制;对航天器轨道和姿态进行测量和控制,对航天器遥测进行接收处理,对航天器进行遥控;接收载人航天器图像,进行上下话音通信;为有效载荷提供相关参数等。

航天测控系统作为航天工程的重要组成部分,其作用主要体现在:航天测控系统是天地联系的唯一通道,通过测控站建立地面与航天器之间的天地无线电链路,完成对航天器的跟踪测轨、遥测、遥控和天地通信、数据传输业务;航天测控系统是综合状态监视、综合技术分析和控制决策的中枢,全面负责飞行任务的组织指挥和调度,为各相关系统提供分析和应用处理所需基准信息。

航天测控系统按其测控的航天器类型不同,大体上可分为卫星测控系统、载人航天测控系统和深空测控系统 3 种。这 3 种系统既有共性又有其各自的特殊性。

卫星测控系统完成各种应用卫星、科学实验卫星及技术实验卫星的测控任务,是现今各国建造数量最多的一类航天测控系统。

由于载人飞行的特殊性,载人航天测控系统要比卫星测控系统的要求更高。这主要表现在轨道覆盖率高、下行数据传输率高、安全控制的可靠性高、测控与跟踪目标多而功能全、与航天员之间通信保持时间长等。载人航天测控网应该具备如下功能:

(1)对载人航天器提供全轨道、全天候的跟踪、测轨、测姿和控制;

(2)提供实时的通信联络,包括电话、电报、电视和图像,并具有应急通信和呼救的能力;

(3)对航天器内的工作环境和状态、航天员身体与工作状态提供实时或延时监测,并具有指令干预的能力；

(4)提供多个飞行目标的监控,如交会、对接、变轨、分离,以及人出舱活动的测量、跟踪、通信和干预；

(5)提供载人飞行时的地空观测、科学实验和空间生产等各种数据、指令传送和技术支援。

深空测控系统是为了对执行月球、行星和行星际探测任务的航天器进行跟踪、导航与通信而建立的测控系统,可以提供双向通信链路,对航天器进行指挥控制、跟踪测量、遥测,以及接收图像和科学数据等。

6.1.1　航天测控技术的发展

航天测控的诞生已逾半个多世纪,在航天工程的牵引和电子信息技术的推动下,已获得了长足的发展。按照测控体制发展中的 3 个里程牌,可将其划分为下述 3 个发展阶段。

6.1.1.1　分离测控体制发展阶段

测控系统最初是由相互分离的跟踪测轨设备、遥测设备、遥控设备组合而成的,因而称为分离测控系统。起初,测控设备仅用于对导弹作安全控制,通常利用单台雷达来测量角度和距离。但后来要测量导弹制导系统的精度和分离制导元件误差时,这种方法的测量精度就不能满足要求,因而在 20 世纪 50 年代中期出现了中等精度的被动式基线干涉仪,使测量精度获得了改进。50 年代末,人造卫星问世时,用来跟踪人造卫星的就是这种干涉仪,对 500 km 高度的卫星,定位误差约 100 m。当时还采用双频多普勒测速和距离变化率系统来跟踪卫星,其测速误差约为 0.1 m/s,相应的卫星位置测量误差为数十米到数百米。60 年代,又将干涉仪和距离变化率测量设备联合组成测控系统配合使用,并结合最佳弹道估算方法,使弹道测量精度得到了进一步提高。但随着卫星高度的升高,上述两种测量方法的精度已不能满足要求,因此又研制了适用于跟踪高轨卫星的距离和距离变化率系统,如 20 世纪 60 年代出现的美国哥达德距离和距离变化率系统(The Goddard Range and Range Rate System,GRARR),其性能又有进一步的提高。在这一发展时期中,由于军事竞争的推动,美国的测控技术走在世界的前列。在 1957 年前后建成美国第一个卫星跟踪网(Minimum Trackable Satellite,Minitrack),在 1962 年又扩大为卫星跟踪和数据获取网(Spacecraft Tracking and Data Acquisition Network,STADAN),1958—1971 年建造了载人航天测控网(Manned Space Flight Network,MSFN)。

6.1.1.2　统一载波测控体制发展阶段

测控系统的一个阶跃性突破发生在 1966 年,当时用于"阿波罗"登月的"统一 S 波段"(Unified S-Band,USB)测控系统将跟踪测轨、遥控、遥测综合为一体。它是测控技术发展史上的一个里程碑。美国提出"统一 S 波段"测控系统的目的是解决 20 世纪 60 年代初的"水星"和"双子星座"载人航天测控网的两大缺陷:一是该网采用多种波段的设备,从而导致飞船上设备复杂、负荷过重、电磁兼容性差,二是它的作用距离达不到月球。因此,在 20 世纪 60 年代初,美国 JPL 就展开了对统一测控系统的研究,提出了 USB 系统,它包括四个主要的技术要素。

(1)统一载波:即把跟踪测轨、遥测、遥控信号通过多个副载波调制在一个载波上,因而称为"统一波段测控系统"。它简化了飞船上的设备,减轻了负荷重量,避免了由多个分离设备所带来的电磁兼容问题,并简化了地面设备的操作、维护、使用。

（2）采用 S 波段：这有利于增大作用距离和提高测量精度，也有利于电磁兼容和满足多副载波调制时的宽频带要求。

（3）锁相技术：窄带锁相环跟踪滤波技术是 JPL 在 20 世纪 50 年代为其深空测控网开发的关键技术，是测控系统接收部分的技术核心，这一成果被成功地用于 USB 系统中。

（4）伪随机码测距：解决了至月球的远距离无模糊测距问题。

由约 20 个上述测控站组成的 USB 测控网的建成，有力地支持了美国"阿波罗"载人航天计划的完成。在此之后，美国又将 STADAN 和 MSFN 合并为航天跟踪和数据网（Spaceflight Tracking and Data Network，STDN），地面测控网中，除 STDN 外，美国还建有深空网（Deep Space Network，DSN）和空军卫星测控网（Air Force Satellite Control Network，AFSCN）。

自统一波段测控系统问世以后，它就在空间技术领域迅速地得到广泛应用，应用领域涉及各种火箭、卫星、飞船、空间站的测控，深空跟踪，导弹实验的安全控制，以及航空飞行器的测控。到 1979 年，世界无线电管理会议决定以 S 波段作为空间业务波段，更促进了 USB 的进一步发展。到了 20 世纪 80 年代，USB 又纳入国际空间数据系统咨询委员会（The Consultative Committee for Space Data Systems Communications，CCSDS）标准，并已为世界上多数国家共同接受，为有利于开展国际合作，世界上许多国家都按此建造统一 S 波段系统，使 USB 得到了进一步推广和发展。世界上各航天国家如中国、美国、苏联、法国、日本、德国、巴西、印度以及国际航天组织（如欧洲空间局、阿拉伯卫星通信组织、亚州卫星通信组织）都相继建立了自己的 USB 和 UCB（统一 C 波段）测控系统。

6.1.1.3 天基测控阶段

近代航天技术的一个重大发展是载人航天，载人航天的一个重要特点是飞船载人"生命攸关"，这就要求提高测控的覆盖率。苏联自 20 世纪 60 年代起，利用其辽阔的领土优势，从东到西设立 7 大测控站，建立了自己的"陆基"测控网，并建立了"海基"测量船队；美国则在 60 年代就发展了由 20 多个 USB 测控站组成的"陆基"测控网和"海基"测量船队、"空基"测量飞机，在世界各地广泛设立测控站以增大测控通信的覆盖率，但单靠陆、海、空基测控网不能解决中、低轨航天器覆盖问题，就以美国的覆盖率最高的耗资达 6 亿美元的载人航天网而论，在执行"阿波罗"任务时，对最有利的条件也只能覆盖 30% 以下的地球轨道时间。如何解决高覆率测控，1963 年美国就有人提出了这样一种设想：能否将测控站搬到天上，从上向下俯视低轨航天器，从而实现高的覆盖率。这种"天基"的设计思想从根本上解决了测控的高覆盖率，开创了测控发展的新纪元。早在 20 世纪 60 年代，美国在执行"阿波罗"登月计划时期，就在发展 USB 系统的同时，着手制定从位于地球同步轨道的跟踪与数据中继卫星（Tracking and Data Relay Satellites，TDRS）对中低轨航天器进行测控的方案，整个系统称为"跟踪与数据中继卫星系统"（Tracking and Data Relay Satellite System，TDRSS）。1966 年美国"哥达德"航天中心和 JPL 就 TDRSS 方案进行了一系列初步研究，1971 年完成可行性研究，1973 年完成技术设计阶段工作，1974 年进行了"跟踪与数据中继实验"，并于 1983 年 4 月 4 日成功发射 TDRS-1 卫星升空，它标志着一个测控新时代的出现。之后又连续地发射了 6 颗卫星（其中 1 颗失败），现在有 6 颗 TDRS 在同步轨道上工作，对中低轨航天器的覆盖率达到 100%。TDRSS 完全投入运行以后，美国关闭了 STDN 的大多数地面站，使测控网向一个新的结构体系过渡，并且每年可节省 3 500 万美元的操作维护费用。目前美国正在发展第三代 TDRSS，它包括 TDRSH、TDRSI、TDRSJ 3 颗卫星，系统又有了进一步的改进。

苏联也从 1985 年起相继发射了两颗"波束号"跟踪与数据中继卫星系统来解决测控通信的覆盖率问题,并于 20 世纪 90 年代初建成,它的建成使地基测控站和测量船的数目大为减少。欧洲和日本也在大力研究开发自己的数据中继卫星系统,并在这方面协商同美国联网,用以支持自己的航天计划。

6.1.2　主要协议和标准

与测控技术发展类似,国际航天测控与通信标准的发展也经历了三个阶段:第一阶段是 20 世纪 60 年代初美军的靶场仪器组(Inter Range Instrumentation Group, IRIG)标准;第二阶段是 70 年代末欧洲空间局(ESA)的遥测、遥控及跟踪标准——ESA 标准,该标准主要为卫星测控服务,是在 IRIG 的脉冲编码调制/调频(Pulse Code Modulation-Frequency Modulation, PCM-FM,)遥测标准的基础上发展而成的 USB 标准,它将遥测、遥控、通信、测角、测距、测速统一到一个载波上来完成,但不能适应高速数据通信;第三阶段是 80 年代发展起来以国际交互支援与空间数据实时分层动态调控为特色的 CCSDS 标准。

6.1.2.1　IRIG 标准

IRIG 是美国靶场司令委员会(Range Commanders Council,RCC)下属机构,成立于 1951 年 8 月,其常设机构在美国白沙导弹靶场。其所制定的时间码标准,成为国际通用时间码标准。

IRIG 标准是由美国军方数个靶场联合制定的,其内容主要包括遥测基带格式、时统、磁记录、调制体制及射频四方面,主要适用于导弹及火箭的飞行实验及运载火箭发射航天器时的主动段测量。

IRIG 标准主要是遥测标准,为导弹、运载火箭及初期的卫星遥测服务。除基带数据格式标准外,主要是频分 FM/FM 遥测及数字调制 PCM/FM 遥测标准。

6.1.2.2　ESA 标准

ESA 标准是航天器的第一代工程遥测、工程遥控和轨道跟踪标准,适合于航天器在轨运行段的测控,不包括远程通信和数据传输。

航天器测控与运载器测控相比内容要丰富得多,结构也复杂得多。ESA 标准在调制波段上规定采用 S 波段。为了节约设备和波段,采用遥测、遥控同跟踪(测角、测距、测速)共用载波,即 USB 体制,采用脉冲编码调制–差分移相键控–调相(PCM-DPSK-PM)调制体制,又称残余载波调制体制。信道分上、下行,且上、下行载波相干,便于双向多普勒测速。

ESA 遥控载波为多次断续传送,与下行遥测连续传送不同,为了便于星上及早捕获载波,通信前先发射 500～1 000 ms 无调载波,且必须具备反馈信道,对命令的正确性进行检查。航天器入轨后,轨道参数变化不大,外测参数主要用于轨道改进及预报。不需全程测量,只需间歇测量,因为不完整的数据也可用于轨道拟合。对大多数航天器来说,对轨道测量精度要求不高,可采用单站多圈测轨体制,简化设备。

6.1.2.3　CCSDS 标准

CCSDS 是以美国 NASA 和欧洲 ESA 为主体,由多国空间组织共同组成的国际性标准化组织,自 1982 年成立至今,已经制定了近百个标准。其目的是使未来的空间任务中能以标准化的方式进行数据交换与处理,以更为经济、有效的方式满足各类用户的业务需求;同时,加速空间数据系统的开发,促进国际间的相互支持、合作与交流。

CCSDS 的主要技术特点如下:

(1)常规在轨系统(COS)的遥控遥测和高级在轨系统(Advanced Orbiting System,AOS)的基带数据结构都采用分包格式,即按一个应用进程产生的业务数据单元(SDU)为单位来进行传输,只有完整的应用进程数据才有使用价值。

(2)它是一种可多层次进入、多层次输出的开放式系统互联(OSI)模型系统,适合于商业经营、业务多样化的要求,用户有广泛的选择余地。

(3)具备话音和图像所要求的等时传输能力。

(4)低速率遥测和遥控采用统一载波调制体制,载波频谱允许由 S 波段扩充到 X、Ku 及 Ka 等残余载波调制体制;高速数据采用四相相移键控/正交相移键控(Quad-Phase Shift Keyed,QPSK)抑制载波调制体制。

(5)轨道测量为模拟部分,与 ESA 标准相比无重大变化,仍采用 A、E、R、R' 为测量元素,测距采用侧音方式。

(6)各种待传参数频响增加 6~10 个数量级,不能再采用多维交换子串,按超倍或低倍取样方法来解决。

(7)引入虚拟信道(Virtual Channel,VC)概念,VC 是一种不满足取样定律的时分复用模式(Time-Division Multiplexing,TDM),帧长字数可变,不是地址固定分配的 TDM,类似地址随机分配的按需分配多路寻址-时分多址(Demand Assigned Multiple Access/Time Division Multiple Access,DAMA-TDMA)。

我国现行航天测控标准主要源于 IRIG 标准和 ESA 标准。我国靶场技术标准基本参照 IRIG 标准,该标准适用于各种导弹、运载火箭等航天飞行器,技术条文明确、成熟,在靶场遥测上预计会长期使用。

我国航天测控和数据管理技术标准大部分参照 ESA 标准,载人航天工程的现行测控体制是 ESA 标准的多副载波与残余载波跟踪的单站定轨测控体制,上下行载波调相,双向侧音测距与相干载波多普勒测速,残余载波多通道单脉冲测角,也基本符合 CCSDS 推荐采用的残余载波与载波抑制并存的多载波混合体制。

6.1.3 国外航天测控概述

6.1.3.1 美国航天测控网

美国的航天计划耗资巨大、种类繁多,且分属于不同部门,加上这些航天任务的性质、目的、对测控通信网的要求各不相同,因而构造了多种航天测控通信网。例如,NASA 建造和管理过三大测控通信网(STADAN、MSFN 和 DSN),空军则有卫星测控网(AFSCN),其他许多实用航天系统也建有不同规模的专用卫星测控通信网。此外,还有一个专门探测空间人造物体的 SPADTS 网。

美国 NASA 负责执行非军事航天计划,这些计划绝大多数属于科学和技术研究项目,实用航天计划一般由经营部门自己组建专门测控通信网,负责长期运行阶段的例行测控管理。

(1)卫星跟踪与数据获取网(STADAN)。

为执行美国第一颗人造卫星——"先锋"号计划,美国于 1957 年开始建造由甚高频(Very High Frequency,VHF,108 MHz,1960 年改为 186 MHz)干涉仪测角设备为主要跟踪设备和

VHF 遥测接收设备组成的 MINITRACK 网。这种干涉仪以基线两端天线接收星载遥测信号,通过测量载波信号相位差来测定地面至卫星的方向线,不需要在卫星上增加应答机之类的部件。由两条基线获得两个方向线,由多副天线解相位模糊。实践证明,这种干涉仪的测角精度可达 0.1 mrad,完全满足当时的定轨精度的要求。为可靠地捕获小倾角卫星,沿经度 75°~80°从哥达德航天中心至智利圣地亚哥建立了 7~8 个站,形成南北警戒线;为了捕获高倾角卫星,在南北纬 35°内,从圣迭戈到澳大利亚建立 4~5 个站,形成东西警戒线。这种测角系统的定轨精度随着卫星高度的增加而迅速降低。此外,随着实用卫星数量的增加、星上载荷下行数据的逐渐增大以及卫星的遥控要求的提高,NASA 在 MINITRACK 网中增加了利用侧音进行距离和距离变化率测量的设备,还增加了大容量 VHF 遥测系统,增加了遥控能力,并调整了测控站,形成了能为各种倾角、不同高度卫星服务的全球测控通信网(STADAN,1972 年共有 10 个站)。随着应用卫星的增加,卫星测控网的任务从以跟踪任务为主转变成以数据获取为主,为此,遥测工作波段逐渐提高到 S 波段,地面接收站采用大口径抛物面跟踪天线。

(2)载人航天网(MSFN)。

载人航天活动给测控通信界带来了巨大挑战。在载人航天器发射过程中要随时判断其是否安全入轨,在轨运行时要随时掌握航天员的生理、环境变化,并经常与之通话,故给测控通信网提出了每圈轨道至少跟踪 10 min,两次通话之间间隔时间不大于 10 min 的苛刻要求,而且要随时准备好航天员应急返回着陆。为了满足实时跟踪、高轨道覆盖率、大信息量传输(话音、航天员生理参数、飞船遥测,甚至电视信号)和高可靠性等特殊要求,只得另建载人航天网。随着美国载人航天计划的发展,该网相应经历了"水星"网、"双子星"网和"阿波罗"网三个阶段。

"水星"计划是美国第一项载人航天计划。1958 年至 1961 年 7 月,NASA 花费了 1.25 亿美元组建"水星"测控通信网。该网大量使用了美国各靶场的测控设备(C、S 波段雷达),以满足实时快速的弹道测量要求,并增加了 VHF 和 HF 天地通信设备,由 16 个全球地面站和 2 艘测量船组成测控通信网。开始时在百慕大设立备用指挥中心,并在若干重要站指派有关专家实时监视和决策,后来在加强了测控通信站与肯尼迪角指挥中心之间的通信能力且证明其可靠性后,撤销了备用中心和海外站专家。

"双子星"计划有两名航天员同时在空间工作,还要进行飞船在空间的交会对接,为此在若干地面站增加了第二套设备。遥测和遥控实现了数字化,并增加了站计算机,实现了部分遥测数据的实时处理,将重要信息实时送往指挥中心。因载人航天任务越来越复杂,于是在休斯顿建立了新的专用载人航天指挥中心。从 1965 年 8 月 GT - 5 任务起,该中心正式接管载人航天的指挥控制任务,负责从火箭起飞至航天员安全返回的一切指挥控制,该测控通信网共有 19 个地面站和 3 艘测量船。

"阿波罗"登月计划是迄今最大的航天工程,载人飞船要经历近地轨道、渡月轨道、月球轨道、登月和返回几个重要阶段,任务后还要继续接收留月仪器发回的大量数据。1962 年,NASA 开始规划"阿波罗"测控通信网。远距离跟踪必须采用 26 m 大口径天线、测距测速体制,通信信息量大,必须提高工作波段。前两个测控通信网在飞船上安装了多个波段的测控设备,质量和功耗大,相互干扰严重,可靠性也差。经充分论证,决定将 JPL 用于深空探测任务的 S 波段综合测控体制(USB),利用伪码进行测距测速,全面改造测控通信网。后来,这种设备成了各国航天测控通信网的通用设备。"阿波罗"测控通信网除新部署的 USB 设备以外,还利用了靶场测控通信设备和深空网的测控通信设备。1966 年 9 月正式建成的"阿波罗"载人航天网拥有 17 个地面站、5 艘测量船和 8 架测量飞机。

随着"阿波罗"号任务的结束,庞大的 MSFN 就要闲置下来,同时卫星的发展也提出了高数据速率的传输要求,甚至提出了准实时控制的要求。另外,NASA 难以承受经营两大测控通信网的巨大维持费用,迫使其采取有效措施缩减开支。于是在 1975 年后 NASA 着手两网合并,将 USB 增加测距侧音,在 GRARR 上增加伪码测距并改为在统一的 S 波段工作,使两者充分兼容,调整和合并了若干测控通信站。至 1979 年,合并后的航天跟踪与数据网拥有 15 个地面站、1 艘测量船和 8 架测量飞机。

(3)深空网(DSN)。

1983—1989 年,美国 NASA 跟踪与数据中继卫星系统建成之后,用于在轨运行段测控通信的地面站大部分被取消,只保留了用于航天飞机发射监视的 Mila 站和百慕大站,少量保障高轨航天器的测控通信站并入深空网。

深空网为月球和星际空间探测器提供测控通信服务。1958 年初建时,设备工作于 10^8 MHz,后来逐渐提高,从 L 波段到 S 波段再至 X 波段,目前准备向 Ka 波段和激光波段发展。最初在全球设有 5 个站,现调整为大致相隔 120 经度的三个站(戈尔德顿站、马德里站和堪培拉站)。每站现有 1 个 70 m、2 个 34 m 和 1 个 26 m 口径的大天线,以满足深空探测的超远程测控。该网由 JPL 建设、操作和管理。随着深空探测器越飞越远(已达 46 亿千米),该网不断改造,不断采用最尖端的技术,遥测数传速率提高了 10^{10} 倍,定位精度提高了 10^6 倍,技术水平总处于测控通信领域的最前沿。

在 20 世纪末,根据深空探测的需求提出了行星际因特网(Inter Planetary Internet,IPN)。美国 DARPA 资助 NASA 的 JPL 进行 IPN 计划的研究,在 21 世纪初,IPN 转而由 JPL 牵头的 IPN 架构核心团队和一些大学、因特网协会下属的 IPN 专门兴趣组(Inter Planetary Internet Special Interest Group,IPNSIG)及 CCSDS 等租住和机构,进行广泛的研究和讨论。IPN 的基本设想是:在低延时的遥远环境中部署标准的因特网,建立适应常延时空间环境的 IPN 骨干网来连接这些分布的因特网,创建低延时与高延时环境的中继网关。

(4)空军卫星控制网(AFSCN)。

空军卫星控制网由空军于 1956 年开始组建,当时采用分立式体制的测控设备,这些设备随卫星的不同而异。该网专门负责国防部发射卫星的发射入轨和运行管理,其特点是保密性强、生存能力强、自动化程度高、可用性高。该网主要包括桑尼维尔卫星实验中心、科罗拉多州斯普林斯综合航天指挥控制中心(负责卫星和航天飞机的军事任务)和全球分布的 9 个远方站。这些远方站大多数为双套站,目前所用设备是福特公司于 20 世纪 80 年代初生产的 10 m天线 S 波段综合测控设备。这种车载型系统自动化程度高,而且从测控通信站直接向中心传送宽带视频数据,遥测数据链路有 5 条,每条码速率达 5 Mbps,设计寿命 20 年,平均无故障时间达8 700 h,测距测速随机误差为厘米级,由中心直接远程完成设备配置和工作状态设置。该网保障卫星种类繁多(如侦察卫星、国防通信卫星、预警卫星等)、数量大。此外,该网还为战略防御计划(Strategic Defense Initiative,SDI,也称星球大战计划)、航天飞机等任务提供测控服务。

6.1.3.2 俄罗斯航天测控网

俄罗斯的航天任务大都带有军事性质,由军方负责,所以其发射和运行测控通信由统一的测控通信负责。载人航天任务、卫星任务和深空任务的指挥控制由加里宁格勒的航天指挥控制中心负责,而军事卫星由耶夫帕托里亚深空控制中心负责。

俄罗斯的国土辽阔,地处高纬度,这为航天测控通信网的建设带来极大好处,可以合理布置大量地面站。为弥补地基站不足,俄罗斯曾保持了 11 艘庞大测量船队,还配有少量测量飞机。

俄罗斯航天事业发展初期,在测控网中大量利用 HF(High Frequency)、VHF 无线电设备和光学设备,从 1964 年开始对航天测控通信网进行较大改造,配备精度更高、可靠性更好的兼容性测控系统,使遥测遥控信道容址增加了数十倍,但是仍以分立式体制为主,至今还在使用类似 MINITRACK 的干涉仪测角系统。目前,载人航天网使用 9 套 UHF(Ultra-High Frequency)多功能测控设备。

自 1959 年 1 月向月球发射第一个月球探测器以来,俄罗斯(苏联)一直保持着对月球、行星际空间的浓厚兴趣,不断发射深空探测器,并对月球进行勘探。为保障这种深空探测任务,建有两个大型跟踪站:一个是 1961 年建造的位于西部克里米亚地区的耶夫帕托里亚(也是备用控制中心);另一个建于 1967 年,位于远东乌苏里斯克。这两个深空站分布在北纬 45° 的两边,经度相隔近 100°。前者使用 70 m 抛物面收发天线和 32 m 的发射天线,工作在 C 波段和 L 波段;后者使用一个 70 m 收发天线、一个 32 m 接收天线和一个 25 m 备用天线。20 世纪 90 年代,70 m 天线站增加了 S 波段和 X 波段接收能力,32 m 天线具备收、发能力以提高遥测信息接收速率。

6.1.3.3　日本航天测控网

日本宇宙事业开发事业团(National Space Development Agency of Japan,NASDA)建有独立的航天测控通信网,但由于受地理条件限制,规模不大。该网的操作中心和卫星控制中心位于筑波航天中心,测控网还包括胜浦(桂)站、增田站、冲绳岛站及用于初轨阶段的圣诞岛、小笠原机动站,必要时请求 NASA 提供测控支持。1966 年开始建造的测控通信网使用 VHF 多普勒测量设备,近来发展成为 S 波段测控通信网,每站两副 S 波段测控设备的天线直径分别为 10 m 和 18 m,这种设备允许三站同时对某一卫星进行距离和距离变化率的测量。

该网对日本宇宙事业开发事业团和宇宙科学研究所(Institute of Space and Aeronautical Science,ISAS)发射的一切卫星进行跟踪测轨,而数据获取由用户部门和测控通信网同时进行。定点通信卫星则由该网负责发射测控、初轨测试和检验,然后移交卫星公司,由它们负责监视。

为应对国际空间站计划的日本载人舱入轨运行,日本积极研究了中继卫星系统(Data Relay Test Satellite,DRTS)。1984 年 10 月,日本宇宙科学研究所在位于北纬 36°7′、东经 138°21′、海拔 1 456 m 的日本长野县的臼田(Usuda)建成一座深空站。臼田站与深空探测器之间的通信使用了 NASA 提供的 S 波段线路,还可接收美国 NASAICE 卫星的信号,每天可以跟踪 3 颗卫星,期待将来与国际联网。

6.1.3.4　欧洲空间局测控网

欧洲空间局测控通信网于 1968 年 5 月开始运行,早期测控通信网使用 VHF 设备,主要对近地大倾角卫星进行测控通信,包括阿拉斯加的费尔班斯克、挪威的斯比茨勃根、福克兰群岛的斯坦利港和比利时的雷杜站,卫星测控通信中心位于德国的达姆斯塔特。为保障地球同步卫星发射任务,又增加了库鲁、马林迪、卡那封站。1986 年后,该网利用 S 波段测控系统,包括维拉弗朗卡、库鲁、马林迪、卡那封和一个机动站,固定站的天线直径为 15 m。此外,还有用于地球同步卫星定点运行测控的维拉弗朗卡、福其诺、茨城站以及用于其他卫星的基律那、奥登瓦尔德等站。虽然该网根据任务随时启用和增设一些测控站,但总的规模并不大,根据实际需要常常请求 NASA、法国 CNES 和其他国家提供测控支持。

为满足国际空间站计划欧洲舱需要,欧洲从 20 世纪 90 年代中期开始部署在轨基础设施,其主要组成是各种哥伦布极轨平台(服务于各种对地观测任务),对接在"自由号"空间站上哥伦布固连实验室、尤里卡和 SPOT - 4。该在轨基础设施的一个重要组成部分是数据中继系统,由两颗同步定点工作卫星(位于西经 44°和东经 59°上空)组成,其任务是完成低地球轨道航天器和地面之间的通信。

6.1.4　国内航天测控概述

6.1.4.1　中国航天测控网发展历程

中国航天测控网主要由 5 个中心、若干个固定与机动测控站、7 艘航天测量船组成。5 个中心分别是北京航天指挥控制中心、西安卫星测控中心、酒泉卫星发射控制中心、西昌卫星发射控制中心、太原卫星发射控制中心;测控站有厦门、渭南、南宁、喀什、青岛以及国外的卡拉奇、纳米比亚等站;机动站有第一、第二活动测控站和回收测量站;航天测量船分别命名"远望一号"到"远望七号"。另外,随着天链卫星实现了全球组网运行后,中国航天测控网家族又添新成员,中继卫星系统使得我国航天测控覆盖率可以达到近 100%。中国航天测控网可对多场区、多射向、多类型的航天器及运载火箭进行轨道测量、遥测监视、飞行控制、信息传输与处理等。

中国航天测控网是在导弹测控系统和卫星观测网的基础上发展起来的。导弹测控系统和卫星观测网分别创建于 20 世纪 50 年代末到 60 年代中期。我国早期航天测控网的发展基本上依赖于型号任务的发展,往往是每实验一种型号就要研制一种相应的测控设备。由于测量系统的研制不可能与型号研制同步,造成了测量系统赶不上型号飞行实验的被动局面。

1973 年 9 月,钱学森提出:"要总结经验,从总结经验中形成一个概念,这就是'测控网',要在全国建立一个测控网"。钱学森提出的测控网的概念,是指测控设备的布局能适应多场区、多射向、多弹道飞行实验的特点和不同发射倾角、不同运行轨道卫星的测控要求。

在总体规划的基础上,结合实验任务分阶段组织实施,我国先后完成了整个测控网的规划论证和总体设计,对以酒泉、太原、西昌三个发射场为中心的主动段测量航区、卫星测控网、综合回收区、远洋测量船队、测控中心、数据处理系统等测控通信建设方案进行了技术论证,提出了无线电外测、遥测、遥控、计算机、通信、光学等设备研制任务,实施了系统集成和联调工作,并针对航天测控波段的划分、计算机与指控显示系统、信息传递格式与要求、数据处理规范、地面遥测参数记录,以及定时校频、高中精度测控系统、精度鉴定、电磁兼容、C 波段微波统一系统等关键技术,进行了大量调研论证和实验研究工作,加快了我国导弹航天测控网建设。1984 年 4 月,我国地球同步通信卫星发射并定点成功,标志着我国航天测控网已初步建成。

进入 20 世纪 90 年代后,为适应我国航天技术的发展,针对新一代科学应用卫星发射的需求,我国航天测控网在执行测控任务的同时,进行了系统的优化和完善,注重提高综合应用能力,积极探索和研究新的测控途径和测控体制,完成了国际 C 波段卫星测控网建设和 S 波段航天测控网的总体规划、论证设计。

为满足载人航天任务的特殊需求,从 1993 年开始,我国航天测控网进行了多项技术改造和技术更新,建立了陆、海基统一 S 波段测控网以及 USB 远程监控系统,新建了酒泉发射指控中心和北京航天指挥控制中心,改造了西安卫星测控中心,进行了测量船和各测控站的遥测和外测设备、计算机、监控显示系统和通信设施的适应性改造,新研制了小型实况记录仪和光电望远镜。通过调整、改造、充实、提高,优化了测控站(船)的布局和功能,实现了调度指挥现代化、数据交换标准化、设备操作自动化,建立了以数字程控交换为核心,以卫星通信、光纤通信为主干信道的集话音、数据、图像传输于一体的大型科研实验通信专用网,提高了测控通信能力,使测控网的可靠性更高,适应性更强。2003 年 10 月 15—16 日,我国成功完成了首次载人航天飞行的测控任务,使我国成为继苏联、美国之后第三个独立进行载人航天的国家。2005年 10 月 12—17 日,在"神舟六号"飞船上成功进行了使用船载海事终端进行全球测控的实验。

中国航天测控网的主要特点是:固定与机动相结合,各车载、船载站可以根据需要灵活配置,机动使用;站点少、效益高;测控网中各固定站可以根据需要合理组合、综合利用;数据格式及接口实现了标准化、规范化。目前,我国已形成了以运载高精度外测和卫星测控网交叉兼容、以测控中心和多种通信手段相连接的具有中国特色的航天测控网。该网具备国际联网条件,能为各种卫星发射实验提供测控支持,先后完成了我国历次卫星发射实验及在轨卫星的测控任务。2005 年 2 月,中法两国航天测控网成功地对一颗法国实验卫星进行了联合测控。利用国际测控网资源,实现测控资源共享,是各国扩展航天测控网功能、弥补测控网覆盖率不足的有效途径。

在过去 50 多年的时间内,我国航天测控系统经历了从无到有、从弱到强的发展历程,逐步形成了符合我国国情的航天测控系统,具备了对载人飞船和各类不同轨道的应用卫星的发射及在轨运行以及返回式卫星提供测控支持的能力。

目前我国在用的航天测控网主要包括统一 C 波段航天测控网、统一 S 波段地基航天测控网,以及全天候、全球覆盖的天基测控网,初步建成了深空测控通信网。

(1)C 波段航天测控网。

统一 C 波段航天测控网由西安卫星测控中心和 2 套全功能固定站、1 套船载站、若干限动站和遥测单收站组成,主要完成 C 波段地球静止轨道卫星转移轨道段和定点后长期管理的测控任务。全功能站主要完成卫星发射转移轨道段测控支持,限动站和遥测单收站主要完成卫星定点后长期管理的测控任务。在地球同步卫星长期管理段已形成了"1 套限动站、3 套单收站共同支持 3～4 颗定点卫星"的多星测控管理模式。C 波段航天测控网为我国 C 波段地球静止轨道卫星的发射和定点管理提供了有效的测控操作。

(2)S 波段航天测控网。

统一 S 波段航天测控网包括两个航天指挥控制中心(北京航天指挥控制中心和西安卫星测控中心)、国内 6 个固定站、2 个活动站和 4 艘远望号测量船,此外还进行了国外建站(卡拉奇站和纳米比亚站)和国际联网(HBK 站和马林迪站)。这些测控中心、测控站(船)通过两种数据传输手段(地面传输网和卫星通信网)有机结合、协调工作,共同完成对载人航天、中低轨卫星和部分地球同步卫星的测控通信任务。同时,由于其主要技术性能与国际渐趋兼容,因此具备与国际联网进行国际测控合作的能力。

(3)天基测控网。

目前我国的天基测控网主要由天链系列卫星组成。截至 2021 年 12 月,我国相继成功发射了 7 颗天链系列卫星并顺利组网(分别为天链一号 01～05 星,天链二号 01～02 星),如图

6-1所示。天链系列中继卫星系统主要用于为飞船、空间站等载人航天器提供数据中继和测控服务,为中低轨道遥感、测绘、气象等卫星提供数据中继和测控服务,为航天器发射提供测控支持。因此,这些中继卫星又被称为"卫星的卫星",主要是由于它从根本上解决了中低轨航天器长弧段测控与通信的难题,中继卫星作为"太空基站"链接地面站与航天器,可以实现地面站对地基测控不可见用户的建链,完成两者间的信息传输,极大地延伸了地基测控的覆盖范围,成为转发地球站的跟踪、测控信息,以及转发航天器回地面信息的通信卫星。

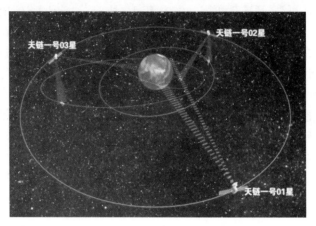

图 6-1　天链中继卫星测控网示意图

自 2008 年 4 月 25 日成功发射天链一号 01 星以来,经过多年的发展,我国天链中继卫星系统已经形成了两代中继卫星相互兼容、在轨协同组网工作的局面。

同样的技术,我国还用在嫦娥四号任务上,因为有中继卫星"鹊桥"的协助,嫦娥四号创造了月球背面着陆的奇迹和人类探索月球的里程碑纪录。

(4)测控网络管理。

网管中心设在西安卫星测控中心,具备对测控设备的远程监视能力和一定的控制功能,负责整个测控网的日常管理。随着测控资源的自动化调度水平逐渐提高,能够实现中心对航天器的透明操作。

6.1.4.2　中国未来的航天测控需求

根据我国航天活动中长期发展规划,在卫星应用与科学探测领域,将继续发展环境与灾害监测、地球资源探测、气象探测、海洋探测、卫星通信等系列卫星,辅以各类科学实验和空间科学探测卫星;在载人航天领域,已经实现航天员出舱活动、无人交会对接和载人交会对接实验,建设了我国的空间实验室和"天宫一号"空间站等;在月球与深空探测领域已经逐步实施了绕月探测、月面软着陆与月面巡视勘察、自动采样返回,以及火星、小行星等深空探测计划。航天活动的持续发展给航天测控系统带来了新的挑战和发展机遇。新的测控需求突出表现在以下几方面。

(1)高的轨道覆盖率。航天员出舱活动和空间交会对接要求高轨道覆盖率;为提高传输型卫星的利用率和探测信息的时效性,要求高轨道覆盖率;亚轨道飞行器的轨道机动具有变轨时间突发性和变轨位置的随意性,要求高轨道覆盖率;在月球探测的转移轨道段,要求全程几乎连续的轨道覆盖。

（2）更高的轨道精度。在对地观测卫星和海洋卫星等近地轨道卫星、导航卫星、绕月探测卫星等提出高精度的航天器轨道测量和定位精度的同时，空间交会对接、卫星星座、月球着陆探测还提出了对航天器间相对位置精度的更高要求。

（3）更高的数据传输速率。随着对地观察类卫星的大量应用，测控网需要高速率的数据传输能力，测控通信业务传输速率将突破 300 Mbps。

（4）更多的测控目标和更复杂的测控任务。随着航天技术的发展，卫星应用领域不断扩展，未来一段时间内将有大量军事卫星和民用卫星发射入轨，由多颗卫星组成的卫星星座的应用使得卫星在轨数量激增。同时，在传统单颗卫星的测控任务外，对多星的同时测控支持、多星及星座在轨运行管理等增加了航天测控网的负担和操作复杂性。

（5）更远的测控距离。我国确定开展以月球探测为主的深空探测任务，使得航天测控的距离拓展至 40 万千米的月球。遥远的距离带来了巨大的时延，使信号微弱，并限制了深空数据传输速率，这些困难使得测控系统必须尽可能地采用最先进的技术，不断提高通信链路和测控精度。

（6）更低的测控成本。随着航天测控网规模的日益庞大，长期使用的维护费用占的比例很大，航天器在轨寿命的延长使得运行控制费用不断累积，这些都使降低航天测控任务的总费用成为国际航天界的重要课题。

6.2　航天测控网

航天测控网的主要功能是对航天器的飞行轨道、姿态及其上的设备工作状态进行跟踪测量、监视与控制，以保证航天器能够按照预计的轨道和姿态运行，完成规定的航天任务。简单地说，航天测控系统至少包括跟踪（Tracking）、遥测（Telemetry）和遥控（Command）三大基本功能，一般国际上将其简称为 TT&C。其中，跟踪是指对航天器运行轨迹的观测，获得其相对于地面的运动信息，以便了解和预报航天器的轨道；遥测是利用各种传感器获取航天器内部的工程技术参数，以便了解航天器各部分的工作状态；遥控是对航天器进行必要的控制，这种控制通常是利用指令来完成的，根据任务需要改变航天器的轨迹、姿态或安全控制等。

航天测控网侧重于对航天器平台的控制、管理。按照所支持航天器类型的不同，可以分为近地空间航天器测控网，深空、行星际空间航天器测控网和星座专用测控网。本书主要讨论近地空间航天器测控网。

近地空间航天器测控网面向地球同步轨道及其以下高度的航天器，由于电波传播的直线性和地球曲率的制约，对航天器进行间断式跟踪。每一个测控站，对近地轨道航天器的跟踪弧段为 4～7 min，对中高度轨道航天器的跟踪弧段为 15 min 左右，对转移轨道航天器的跟踪弧段为 6～7 h。测控波段为 L 波段、S 波段和 C 波段，微波天线的口径最大为 10 m。这类测控网一般是"一网多用"，适应各种近地空间航天器的需求。

6.2.1　时间统一系统

时间统一系统是为特定的电子设备或系统提供标准时间信号和标准频率信号的设备组合。靶场时间统一系统是同步于国家或国际标准时间发播系统，为导弹、运载火箭和航天器发射、运行及测控系统提供标准时间信号和标准频率信号的设备组合，是航天测控系统的重要组成部分。

时间统一系统的主要作用是使航天测控系统中的各电子设备在统一的时间尺度下、在确定的精度下同步运行。发射起飞时间、各级火箭发动机的点火关机时间、分离时间、数据注入时间、星箭分离时间、航天器入轨时间、回收制动点火时间等，都需要时间统一系统提供准确的时刻。时间统一系统提供的标准时间与标准频率是航天测控系统设备工作必需的基本要素，时间统一系统连续可靠、稳定的运行，是测量系统正常工作的前提。其性能直接影响整个航天测控系统的测量精度和测量体制。

6.2.2 时间统一系统的基本原理

时间统一系统的工作原理根据时频信号的传输方向可划分为双向时间同步和单向时间同步。双向时间同步又称主动式时间同步，即位于两地的时统设备互相发送各自的时频信号，接收对方的时频信号，彼此交换时间相位测量数据进行误差修正，从而实现两地间时间统一。双向时间同步具有较高的同步精度。但设备复杂程度和价格也比较高。单向时间同步又称被动式时间同步，即本地的时统设备接收异地的时频基准发送的时频信号，扣除路径传播时延等误差因素以实现两地间的时间统一。单向时间同步主要应用在中低同步精度的场合。同步精度越高，考虑的误差因素越多。对于纳秒量级的时间同步，需要引入相对论效应和多普勒效应。

时间统一系统的时频信号必须通过特定的通信信道进行传输。按传输信道的特点可划分为有线传输和无线传输。有线传输的种类有电缆、光纤。无线传输的种类有长波、短波、超短波、微波、卫星通信等。并不是所有的通信系统、通信体制和通信信道都能用来传输时频信号，衡量通信系统（或信道）是否能够用来传输时频信号的标准之一是：该通信系统（或信道）的群时延特性、可靠稳定性、环境特性等能否满足特定的系统时间同步精度要求。

时频信号与一般数字和模拟信号的区别在于它的相位特殊性，即标志着时刻。时频信号从时频基准发播、传输、分配到用户接收使用，每个环节都需要精心设计和考虑，每个环节的性能和误差必须经过测试或验证，最终对用户得到的时间同步精度必须进行考核。由于时间统一系统的信号发播、传输、分配等主要工作一般在通信系统内完成，接收处理应用等最终工作在测控设备处完成，因此时间统一系统在业务惯例上归属为航天通信网的一个子系统，其同步精度成为测控系统测量精度中不可缺少的一部分。

6.2.2.1 时间统一系统的主要技术要求

（1）时间同步精度。时间同步精度又称时间同步误差，分为绝对时间同步精度（即用户设备的时间与时间基准之差）和相对时间同步精度（即各用户设备彼此之间的时间同步误差）。航天测控系统从测量机理来分析，影响测量误差的主要是相对时间同步精度。但由于其系统庞大，测控设备遍布全球，时间同步手段必须建立在某个时间基准及其发播系统之上，各用户设备的时间必须溯源于某个时间基准，因此航天测控系统对其时间统一系统的时间同步精度要求一般不再区分绝对和相对。

时间统一系统的时间同步精度主要根据航天测控系统实际应用的需求来确定。其种类大致可划分为秒量级（s）、毫秒量级（10^{-3} s）、微秒量级（10^{-6} s）和纳秒量级（10^{-9} s）。导弹实验任务需根据其运行轨迹来分离制导误差，而且轨迹的测量往往是一次性的，因此对时间同步精度的要求较高，一般为 $10^{-4} \sim 10^{-5}$ s 量级。某些特殊的精确测量设备对时间同步精度的要求高达 10^{-8} s 量级。卫星实验任务中轨道的测量可多次进行，因此对时间同步精度的要求相对较低,一般为 10^{-3} ~ 10^{-4} s 量级。

(2)频率准确度。某些测量设备的本振频率需要用时间统一系统的频率标准来校准,一般的频率准确度要比被校准设备的频率准确度高 1~2 个量级。航天测控系统对频率准确度的要求一般为 10^{-8} ~ 10^{-12} s 量级。

(3)时域与频域的稳定性。某些以多普勒频移原理进行测量的系统除对设备间频率准确度提出要求外,也对频率信号在时域与频域的稳定性提出了要求。对时域的稳定性要求反映在信号周期抖动上,测速设备对信号周期抖动的要求一般为 10^{-8} ~ 10^{-9} s 量级。对频域的稳定性要求反映在频率稳定度上,测速设备对频率稳定度的要求通常为:平均时间为 1~10 s 的稳定度为 10^{-11} ~ 10^{-12} 量级,平均时间为 10^{-1} ~ 10^{-2} s 的稳定度为 10^{-9} ~ 10^{-11} 量级。

6.2.2.2　时间计量体系

(1)世界时。世界时(UT)是基于地球自转的时间体系,又称地球自转时。由于人们生活在地球上,日常生活和生产活动与地球自转密切相关,因此地球自转自然成为最早用来作为计量时间的标准。人们最早是以真太阳日的周日视来计量时间的,称真太阳时。之后引人假想的参考点平太阳作为参考点来规定时间,称平太阳时。以平子夜作为零时开始的格林尼治平太阳时,称为世界时。UT 加上极移修正值后,代号 UT1。UT1 加上季节性变化修正值后,代号 UT2。航天测控系统的光学测量设备对 UT1 时间有一定的需求。

(2)历书时。历书时是基于地球公转的时间体系,代号 ET。历书时的基本单位是 1900 年 1 月 0 日历书时 12 h 开始的回归年。世界时和历书时以天文观测获得,并常用于天文观测、大地测量、宇宙飞行定位。

(3)原子时。原子时(AT)是基于原子跃迁的最稳定、最精密的时间体系。原子时秒长定义为:位于海平面上的铯 133(Cs)原子基态两个超精细能级间在零磁场跃迁辐射振荡 9 192 631 770 周所持续的时间。原子时起始为 1958 年 1 月 1 日 0 h UT。

(4)协调世界时。协调世界时是由 1960 年国际无线电咨询委员会和 1961 年国际天文学联合会讨论确定,以原子时秒长为基础,在时刻上尽量接近世界时(UT)的一种时间计量系统,代号 UTC。目前协调世界时在国际上广泛采用。

世界大国根据国家利益,以性能优异的原子钟组建立并保持着本国的时间体系,构成国家时间基准,与 UTC 仅有细微的修正值,并参与 UTC 的维持与调整。GPS 时间是美国的一种时间基准,GLONASS 时间是俄罗斯的一种时间基准。北京时是我国的主要时间基准,由位于陕西临潼的国家授时中心维持和发播。各国的时间基准通过 UTC 可以互相比较,由于它们之间的差距很小(10^{-7} ~ 10^{-9} s 量级),对航天测控系统的测量精度影响可以忽略,因此时间统一系统广泛采用多个时间基准互为备份,择优选用。

6.2.2.3　时频信号发播系统

时频信号发播系统的作用是将时间基准传递或传输到远距离的用户,主要解决覆盖范围和同步精度的问题,目前多采用无线电波传送方式。航天测控系统目前应用的时频信号发播系统如下。

(1)GPS。地面和星座上的每颗卫星配有原子钟组,每颗卫星在 L1、L2 波段以码分多址方式发播导航信息和 GPS 时间,覆盖全球。定时精度在 10^{-6} ~ 10^{-8} s 量级,接收简便,应用普及程度较高,但接受区域和接收性能可受美国军方控制。

(2)GLONASS。地面和星座上的每颗卫星配有原子钟组,每颗卫星在 L 波段以频分多址方式发播导航信息和 GLONASS 时间,覆盖全球。目前星座不够健全,定时性能略低于 GPS,应用普及程度较低。

(3)北斗卫星导航系统(BeiDou Navigation Satellite System,BDS)。我国自行研制的全球卫星导航系统,是联合国卫星导航委员会已认定的供应商。全球范围内授时精度优于 2×10^{-8} s;在亚太地区,授时精度优于 1×10^{-8} s。北斗卫星导航系统特有双向授时模式。

(4)BPL,BPM 长短波授时系统。我国授时中心发播的北京时间,发播系统有长波授时系统(BPL)和短波授时系统(BPM)。BPL 每天发播 8 h,其信号形式为调制在 100 kHz 载波频率上的脉冲信号组,主台每组有 9 个脉冲,副台每组有 8 个脉冲,脉冲信号组重复周期为 60 ms。BPM 每天发播 24 h,采用 2.5 MHz、5.0 MHz、10 MHz、15 MHz 频点交替发播,并根据季节变化在任一时间都选两个以上频点发播。

BPL 的天波覆盖半径近 3 000 km。BPM 可覆盖我国本土和东南沿海。BPL、BPM 的电波传输主要依靠电离层的反射进行,因此信号接收质量相对 GPS 较差,接收较复杂。

6.2.3 测控网的功能

测控网的功能与所支持的航天器类型、数量和航天器对测控网的需求相关。卫星运行时,在测控网覆盖范围内,卫星和测控网是由上行无线信道和下行无线信道连接的闭环系统。

测控网的功能,一般都是面向多类型、多数量航天器设计的,并由配置在测控网节点中的测控通信系统和测控软件有机地结合起来实现。针对各类近地空间航天器对测控网的需求,测控网的功能包括轨道测量、遥测信息接受以及上行控制。

6.2.3.1 轨道测量

航天器进入测控站测量范围时,利用无线电跟踪测量设备获取航天器的运动参数,以确定或改进航天器的轨道。

(1)入轨段测量。入轨段是指航天器与运载器分离前后的轨道段。这段轨道的特点是:分离点前为有运载器动力的主动段发射轨道,分离点后为航天器的运行轨道。发射轨道的测量是由发射场的测量站完成的。分离后对航天器的测量由测控网入轨段的测控站完成。由于测量弧段较短(2~3 min),因此对航天器入轨前后的测量要确保连续不间断。

(2)转移轨道段测量。转移轨道段是指从航天器进入转移轨道起至进入准同步轨道止的轨道段。转移轨道通常作为发射地球同步卫星的中间轨道。测控网通常使用 2 个或 3 个测控站/测控船按测控计划对卫星轨道进行测量。

(3)运行段测量。运行段是指航天器在摄动力作用下处于工作状态的轨道段。在运行段上航天器处于应用状态。为精确测定航天器的轨道参数,测控网中的所有测控站/测控船按测控计划对航天器进行长期跟踪测量。

(4)轨道机动段测量。轨道机动段是指利用航天器本身的推进动力将控前轨道转换为目标轨道的过程。轨道机动过程一般在 1 个或 2 个测控站/测控船的跟踪与控制范围内,机动过程确保不丢失目标。

6.2.3.2 遥测信息接收

航天器进入测控站测量范围时,利用独立的遥测设备或统一测控系统接收航天器发送的遥测信息,以确定航天器的工作状态。遥测信息包括卫星工程参数和姿态参数。

近地空间航天器的遥测系统通常由实时编码遥测系统和延时编码遥测系统组成。卫星过站时实时编码遥测和延时编码遥测系统同时接收。

地球同步卫星的遥测系统为实时编码遥测系统,但遥测帧的格式分为常规格式和检测格式。帧格式改变由遥控指令控制。

自旋稳定地球同步轨道卫星还设有模拟遥测通道,用于实时传送太阳和地球敏感器测量的卫星姿态信息。其他类型航天器(包括三轴稳定地球同步卫星)的姿态数据都是通过编码遥测通道传送的。

6.2.3.3　上行控制

航天器进入测控站测量范围时,利用独立的遥控设备或统一测控系统向航天器发送遥控信息,以控制航天器。上行控制功能因航天器而异。

(1)轨道机动控制。测控网利用测控设备的上行信道事先注入轨道机动信息或在测控站覆盖范围内按预定时刻向航天器发送一系列遥控指令,利用航天器提供的推力使航天器实现轨道机动。轨道机动控制括轨道捕获、轨道保持、变轨和再入大气层控制等。

(2)姿态控制。测控网利用测控设备的上行信道,在测控站覆盖范围内事先注入姿态机动信息或按预定时刻向航天器发送一系列遥控指令,利用航天器提供的外力矩实现姿态机动。

姿态控制包括为轨道机动而进行的姿态控制和为建立卫星有关工作模式(巡航模式、地指模式、正常模式等)而进行的姿态控制。

(3)仪器、设备工作状态控制。测控网利用测控设备的指令通道,在测控站覆盖范围内按预定时刻向航天器发送一系列遥控指令,控制其仪器、设备的工作状态。这类控制也称为航天器的工况管理,一般属于例行控制。这类控制包括对航天器的仪器、设备加电/断电(开机/关机)、加热器通/断、A 机/B 机切换、遥测格式转换以及转发器衰减器档位控制等。

(4)数据注入和星钟校正。数据注入是指利用测控站遥控设备的数据通道向航天器传送数字信息的过程。依据航天器的类型,注入的数据有航天器的飞行程序控制参数、航天器的轨道参数、航天器的计算机程序修改内容等。

星钟校正是指用测控站遥控设备的指令通道,校正星钟与测控网标准钟的时差(集中校正)和修改星钟的秒定义(均匀校正)。

6.2.4　测控网的设计

航天测控网由测控中心、测控站、测控船、通信链路和测控软件等组成,从系统结构的角度来看,航天测控网是由航天测控中心和若干布局合理的航天测控站构成的网络,测控中心和若干在不同地域分布的测控站通过通信系统和时统系统连接构成一个有机的整体,形成信息沟通、时间统一的航天测控网。根据主要测控站空间位置的不同,航天测控网可分为地基测控网和天基测控网,本节的论述是以地基测控网为背景的。

航天测控网的建立不是为了满足某种任务的需求,而是为了尽可能地适应各种航天器跟踪测量控制的需求。在网络中各要素具备的条件下,根据任务需求对结构中的要素进行组合链接,从而形成不同的任务结构。航天测控网处于多任务工作状态,同一测控站通过配置不同的测控设备、不同的测控体制等手段完成同时或分时测控任务。

不考虑被测对象的差异,从整体上看,当航天器在测控网的覆盖范围内,被相关的测控设备捕获和跟踪,此时,航天器和测控网就组成了由上行和下行通信信道连接的闭环系统,完成对航天器的跟踪、遥测、遥控和数传通信等功能。

航天测控网设计要根据航天器飞行任务的需求充分利用设备的跟踪性能,合理布站,既要满足测控覆盖率要求,又要尽可能减少航天测控站数量。在航天测控网总体设计时通常重点论证以下内容:

(1)关键飞行事件的覆盖要求。对航天器入轨、姿态轨道控制和返回再入等关键事件一定要有有效的测控覆盖。为确保测控的安全可靠,还要考虑有适当的备份。

(2)测定轨道精度要求。为了满足测轨精度应部署相应体制的测控设备,提供满足精度要求的观测资料,还需要多站多圈次跟踪测量。

(3)兼顾多种型号航天器的测控。航天测控网中的测控站的地理经度分布应尽量均匀,以实现较高的测控覆盖率。在地理纬度上要尽量兼顾多种型号航天器的轨道特点,如大倾角的中低轨道卫星。高纬度测控站观测条件比较有利,其轨道覆盖能力要比低纬度站高。

(4)尽可能提高测控网的自动化程度,缩短跟踪多目标重新设置的时间,测控事件和测控资源进行有效的计划调度,提高设备的利用率。

6.2.5 测控网的结构

为了使航天测控网内信息传输直接、快速,航天测控网通常采用星形拓扑结构。各测控站是网络中的各个节点分布在不同的地域,中心与测控站之间用多种通信链路,以中心到节点的方式连接为一个星形的远程通信网络。测控网中各节点以及中心高精度地同步工作在统一的时间坐标下,这是航天测控网有别于一般网络的主要特征。

测控网的拓扑结构是指测控网的结构要素总和及链接形式。由于各个国家或国际组织设计测控网的任务背景不同,因此其测控网的具体结构也不同。我国航天测控网基本的拓扑结构如图6-2所示。

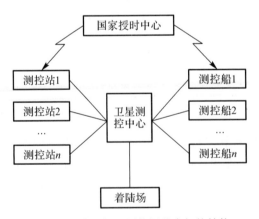

图6-2 我国航天测控网基本拓扑结构

在执行任务时,可视任务需要对结构要素进行组合、链接,组成任务结构。同一测控站测控不同航天器:对近地轨道航天器和地球同步卫星而言,是通过配置不同的测控设备实现同时测控的;对同类卫星而言,是通过同一测控系统转换不同的测控体制进行分时测控的;对卫星和飞船飞行任务而言,也是通过配置不同的测控设备实现同时测控的。因此,航天测控站处于多飞行任务状态时,用于近地轨道卫星、地球同步卫星和飞船的测控系统要同时段运行。

为了提高测控网的覆盖率和减少测控船、测控站数量,采用跟踪数据中继卫星是必然选择。从原理来讲,对于近地轨道航天器,除发射轨道段、入轨段和再入大气层段的轨道测量外,各段的遥测、遥控任务及运行段跟踪测量任务均可由跟踪数据中继卫星完成。由于中继卫星处于地球同步轨道上,即使配置 1 颗中继卫星,若其射频系统天线波束宽度大于 17.37°,其对近地卫星的覆盖率也可达到 50% 以上。中继卫星射频天线波束宽度确定的条件下,在中继卫星天线波束覆盖范围内随着航天器轨道的增高覆盖率将提高,当航天器的轨道高度超过中继卫星天线波束覆盖范围时,覆盖率将降低。目前,还没有一个国家的陆基、海基测控网有如此高的覆盖率,这也是发达国家积极发展中继卫星系统的主要原因。跟踪数据中继卫星在美国、俄罗斯、日本测控网中已成功使用。

6.2.6 测控网的特点

测控网的拓扑结构与其他网络结构不同,有其本身的特点:

(1)星形拓扑结构。不管测控网的通信链路的路由如何选择,其拓扑结构一般都是采用星形结构。这是由其结构要素的功能和性质决定的。卫星测控中心或飞船指控中心与设在异地的各个节点,用多种通信链路,分别以中心到节点的方式连接为一个星形远程通信网络。测控站/测控船节点间不进行信息交换。

(2)测控网中各节点在时间上严格同步。对于测控网中各节点,仅在空间上将它们与中心连接起来还不能成为一个测控网络,还须采用"时间统一系统",将网内节点高精度地同步在 UTC 时间坐标上,以保证轨道测量元素有统一的时间标志,各节点测量的是同一条轨道以及遥测参数时间标记统一,这样测控网才能构成一个在空间上有一定覆盖率、时间上统一同步的整体结构。这是测控网与一般网络的最大不同。

(3)节点的空间位置约束。测控网的各测控站/测控船的空间位置不是随意设定的,它必须在满足卫星和测控站/测控船观测几何条件下按一定规则在局域或全球布设,即测控站/测控船布局问题,而其他网络无此限制。

(4)测控网的功能特征。建造测控网不是为了网内、网际信息交换,而是用于对航天器的测量与控制。

(5)测控网的运行条件。测控网只有在航天器—测控网系统模拟或实施航天飞行任务时,依据测控计划运行。无上述条件时,它是个"死网"。

(6)通信链路连接方式和通信方式。测控节点至中心节点的连接方式为固定式,一般不采用临时申请链路的选择连接方式,测控节点至中心节点的通信方式为全双工通信方式,即节点至中心两个方向可同时进行数据发送和接收。

6.2.7 航天测控中心

航天测控中心是航天测控网的核心,它集数据处理中心、网内通信中心和任务指挥协调中心为一体,管理、控制测控网的任务结构和工作状态,计算、监视和控制航天器的运行状态。由于历史的和技术的原因,国际上航天测控网的测控中心在具体结构上没有统一的模式。如在计算机系统的选型和组织配置及任务区分、对测控站测控设备的远程操作能力、测轨操作以及对航天器的操作模式等方面差别较大,但中心的基本功能大同小异。

有的航天测控网不设通信中心,如法国 CNES 的 2GH 网,但数据处理和任务操作分工细致,设有多任务计算中心、网操作中心、测轨操作中心、卫星操作中心和有效载荷管理(专用)中心等。

有载人航天能力的测控网一般分设两个中心,测控网的节点与两个中心复连,分别承担载人航天与非载人航天任务,如美国和中国都采用测控节点与两个中心复连方式。

用于星座(如导航卫星、铱星)的计算控制中心是航天测控中心的一种类型。它仅面向一种类型卫星。

航天测控中心的任务,通常按其面向的对象进行区分。测控中心面向两类对象,包括各类航天器和测控网节点。以下是面向各类近地空间航天器的任务总和:

(1)航天器入轨过程监视。

(2)确定航天器的初始轨道。

(3)轨道改进、摄动星历计算和测控站/测控船跟踪预报。

(4)生成航天器轨道机动策略。

(5)计算航天器的姿控量、轨控量及其有关参数。

(6)监视姿轨控过程预示及过程。

(7)返回舱再入过程预示及返回过程监视。

(8)按航天器、按舱段、按系统实时处理航天器遥测数据。

(9)自动判断航天器各系统是否正常(包括航天员)。

(10)对航天器的工况、轨道和姿态进行控制(透明方式时)。

(11)注入参数计算、注入实施与监视(透明方式时)。

(12)星钟时间校正量计算、校正实施与监视(透明方式时)。

(13)模拟航天器的运行轨道、姿态及轨道、姿态机动过程,模拟航天器的工况等。

以下任务是面向测控网节点的共性任务:

(1)组织、沟通网内/网际各测控节点的数据、语音和电传/电报链路。

(2)汇集各测控节点获取的航天器轨道测量信息和全波道遥测信息,或汇集跟踪数据中继卫星获取的信息,汇集各测控节点的测控系统状态信息。

(3)接收发射场传送的运载器发射轨道信息和运载器遥测信息。

(4)生成测控计划并向工作节点传送(包括跟踪预报)。

(5)依据测控计划向测控节点传送控制参数(非透明方式时)。

(6)对测控节点的测控系统远程监视与操作(垂直直接指挥时)。

(7)组织、协调网内/网际测控节点执行任务(测控网分级指挥时)。

(8)模拟航天器-测控网运行。

(9)向应用系统的中心提供航天器平台信息等。

6.2.8 航天测控站

测控站系统作为天地大回路的重要组成部分,承担着对航天器进行跟踪测量、监视控制和信息交换的任务。地面系统资源主要包括陆基航天测控网和各类型卫星的数据接收和传输网络。这些地面站资源在一定条件下可以提供的服务容量是有限的。

6.2.8.1 测控站的组成

为了实现航天测控系统的跟踪、遥测、遥控和数传通信功能,建立测控站,一个航天测控站除包括完成上述功能的 4 个分系统外,还有数据处理、监控显示、地面通信和时间系统等相关的辅助支持分系统,如图 6-3 所示。

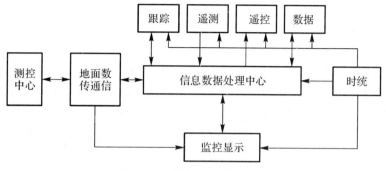

图 6-3　测控站组成示意图

(1)跟踪分系统:航天测控的首要功能是跟踪测轨,只有将天线指向航天器并能随航天器运动而调整天线的角度,才能保证后续其他分系统的正常工作。跟踪分系统可以测量出航天器的飞行轨道参数,如坐标、速度、加速度等,通常称为外弹道测量(简称外测),具体而言,外测通常分为测角、测距和测速。

(2)遥测分系统:它利用各种技术手段测量航天器内部的工作状态、工作参数、航天员的生理参数、各种工程参数、侦查参数和环境参数,然后将这些参数转换成无线电信号,传输到地面测控站的接收设备,再进行分析、处理,与跟踪分系统相对应,这种测量称为内弹道测量,简称内测。

(3)遥控分系统:对航天器进行远距离实时控制。按照不同用途遥控可以分成两类:一类是一次性控制,如在飞行器实验中发生故障,可以依据地面发出的控制指令修复,称为安全控制,简称安控;另一类是对航天器的运行进行指令控制,使航天器上的仪器设备改变工作状态,如开机、关机等规定的操作。对于遥控分系统而言,待传输的指令数据量很小,但是对可靠性的要求相当高,通常航天器对接收到的指令要进行多次比对和校验确保指令的正确性后才予以执行。

(4)天地数传通信分系统:主要完成航天器和地面之间的语音、电视、图像和特殊数据的传输,数传分系统在载人航天和卫星测控等任务中作用显著。

(5)信息数据处理分系统:进行测量数据的加工、计算、分析,产生控制指令、注入数据,完成信息的交换和对测控设备进行管理。

(6)监控显示分系统:将数据处理系统处理后的关键数据,即指挥控制人员最为关注的信息,进行汇集、加工和显示,为分析决策和指挥控制提供依据。

(7)地面通信分系统:连接测控站和测控中心以及其他测控站,用以传递数据、语音和图像等信息。

(8)时统分系统:为测控系统提供统一的标准时间信号和标准频率信号。

一个测控站可以根据规定的程序独立地直接对航天器进行跟踪测量、遥测、遥控和通信,但是单一测控站的能力总是有限的,因此需要根据不同的航天任务需求,综合规划建设航天测控网,在航天指挥控制中心的指挥控制下,各测控站、船、星协同工作,更好地完成航天任务。

6.2.8.2　测控站的任务

运行阶段测控站对近地轨道卫星的测控任务主要是:接收和处理卫星数据,监视卫星工作状态;测定和改进卫星轨道并进行轨道精度分析,作出轨道预报;测定和控制卫星姿态;完成指令发送和数据注入等工作。

(1)轨道测量和计算。各测控站将实时跟踪测量的数据传至测控中心,由测控中心对各测控站的测量数据进行处理,计算出轨道根数。对有轨道控制任务的卫星,在任务执行前后要进行不少于一天的连续测轨。

(2)数据接收和处理。近地卫星的遥测分为实时遥测和延时遥测。实时遥测是在卫星采集测量数据的同时向地面站传输,延时遥测是卫星在测控站系统覆盖范围外采集数据后存储在卫星上,当卫星进入测控站系统覆盖范围后向地面站传输。测控站对接收的实时遥测数据,实时向测控中心传送;接收的延时遥测数据全部存储,在跟踪结束后送往测控中心,由测控中心对延时遥测数据进行处理。

(3)遥控指令发送。地面站实施遥控时一般要求卫星进站仰角大于 $5°$,出站仰角大于 $7°$。对于两个地面站都可见的圈次,一般在卫星进入第一个站时发开机指令,在满足观测仰角条件时间内发送指令;第二个作为备用站,并在卫星飞出第二个站观测区时发送关机指令。

(4)数据注入。数据注入是利用遥控上行通道由地面站对卫星上的计算机进行数据注入。在安排测控站数据注入任务时,需满足卫星可视仰角大于 $10°$ 的跟踪弧段不小于 $120\ s$。如果当圈未完成全部数据注入任务,则在卫星出站仰角等于 $10°$ 时发送"数传门关"指令。

(5)轨道控制。轨道控制由测控站向卫星注入轨道控制数据,由星上计算机控制实现。

测控任务对测控站的要求主要为:测控频率不要太低,相邻两次测控任务时间间隔不要太长,这样测控站可以及时发现卫星各种特性的变化,并能进行实时的控制和调整;每次测控保持尽可能长的时间,测控时间越长,则测控精度越高;测控间隔有圈次要求,即测控站每圈对卫星至少进行若干次测控任务,这项要求和第一项要求类似,均是要保证对卫星控制的及时性。站数要求,要求卫星每运行一圈至少有若干地面站为其提供测控服务。

6.2.8.3 测控站的分布

近地卫星一般是指运行在距地球表面 $200\sim3\ 000\ km$ 高度轨道上的人造地球卫星。近地卫星的轨道特性决定了近地卫星的测控任务有以下特点:

(1)近地卫星轨道高度低,运行周期短,卫星飞经测控站上空时相对速度高。

(2)测控站对近地卫星的可跟踪弧段短,一次经过测控站上空一般仅有数分钟至十几分钟可观测时间,卫星上存储的数据只能在测控站的可视区内传回地面。

由于各种因素的局限,我国近地卫星测控站系统只能在局部范围布站,所以测控站系统只能在整个卫星轨道的部分升轨段和降轨段上对卫星进行跟踪测量。

近地卫星除少量自主控制功能外,测控站系统还要对卫星进行轨道控制以及对卫星注入数据,这就要求测控站系统具有较高的实时性和控制可靠性。

正常情况下,近地卫星测控站采取轮流值班的工作方式,值班组的组合要考虑对被管理卫星有足够的测控圈次和测控弧段。因此,值班组的编排要考虑:测控站的地理位置、测控能力和任务负荷等方面;尽可能多地覆盖卫星飞经测控站圈次;要求卫星进、出国境至少各有一个测控站参加测控;尽量兼用分布在南、北方的测控站,有效延长同一测控圈次的测控弧段;当被管理卫星出现故障或测控目标较多时,则根据需要增加测控站和测控圈次,以扩大测控能力,完成应急管理任务。

中国卫星测控网由西安卫星测控中心和若干测控站以及远洋测量船组成。西安卫星测控中心是中国卫星测控网的通信枢纽、指挥控制中枢和数据处理中心。由于西安卫星测控中心是中国卫星测控网的管理机构,因此通常也以西安卫星测控中心泛指中国卫星测控网。根据实验任务需求,我国数据接收站一般采用大三角布局,即分别选取一个东北部地面站、一个西北部地面站和一个南部地面站,同时另选取一地面站作为系统备份。地面站跟踪系统覆盖范围如图 6-4 所示。

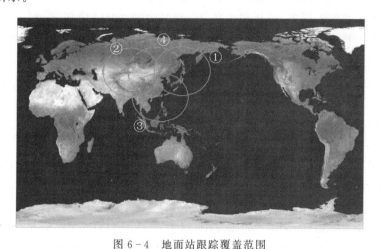

图 6-4　地面站跟踪覆盖范围

1—东部地区跟踪覆盖范围;2—西部地区跟踪覆盖范围;3—南部地区跟踪覆盖范围;4—中部地区跟踪覆盖范围

参 考 文 献

[1] 黄攀峰,刘正雄.空间遥操作技术[M].北京:国防工业出版社,2015.

[2] 谭铁牛.人工智能的历史、现状和未来[J].智慧中国,2019(增刊1):87-91.

[3] 程承坪.人工智能的工作机理及其局限性[J].学术界,2021(1):189-196.

[4] 熊友军.基于增强现实的遥操作关键技术研究[D].武汉:华中科技大学,2005.

[5] 宋爱国.力觉临场感遥操作机器人(1):技术发展与现状[J].南京信息工程大学学报,2013,5(1):1-19.

[6] 宋爱国,倪得晶.力觉临场感遥操作机器人(4):系统的操作性能评价[J].南京信息工程大学学报,2014(3):211-220.

[7] 赵迪,李世其,朱文革,等.基于虚拟现实的空间机器人遥操作在维护作业中的应用[J].航天器工程,2010,19(4):92-98.

[8] 陈启宏.遥操作机器人系统的智能控制研究[D].南京:东南大学,2003.

[9] HIRZINGER G,BRUNNER B,DIETRICH J,et al. ROTEX-the first remotely controlled robot in space[C]//Proceedings of the 1994 IEEE International Conference on Robotics and Automation,1994,V3:2604-2611.

[10] REINTSEMA D,LANDZETTEL K,HIRZINGER G. DLR's advanced telerobotic concepts and experiments for on-orbit servicing,advances in telerobotics[M]. Berlin:Springer,2007.

[11] SCHÄFER B,LANDZETTEL K,HIRZINGER G. ROKVISS:Orbital testbed for telepresence experiments,novel robotic components and dynamics models verification[C]//8th ESA Workshop on Advanced Space Technologies for Robotics and Automation,2004.

[12] ODA M. Space robot experiments on NASDA's ETS-Ⅶ satellite-preliminary overview of the experiment results[C]//Proceedings of 1999 IEEE International Conference on Robotics and Automation,1999,1390-1395.

[13] ODA M. Experiences and lessons learned from the ETS-Ⅶ robot satellite[C]//Symposia Proceedings of IEEE International Conference on Robotics and Automation. 2000:914-919.

[14] IMAIDA T,YOKOKOHJI Y,DOI T,et al. Ground-space bilateral teleoperation of ETS-Ⅶ robot arm by direct bilateral coupling under 7s time delay condition[J]. IEEE Transactions on Robotics and Automation,2004,20(3):499-511.

[15] MITSUISHI M,TOMISAKI S,YOSHIDOME T,et al. Tele-micro-surgery system with intelligent user interface[C]//Symposia Proceedings of IEEE International Conference on Robotics and Automation. 2000:1607-1614.

[16] ANDERSON R J,SPONG M. W. Bilateral control of teleoperators with time delay[J]. IEEE Transactions on Automatic Control,1989,34(5):494-501.

[17] LAWRENCE D A. Stability and transparency in bilateral teleoperation[J]. IEEE Transactions on Robotics and Automation,1993,9(5):624-637.

[18] 陈小前,袁建平,姚雯,等.航天器在轨服务技术[M].北京:中国宇航出版社,2009.

[19] 丑武胜,孟偲,王田苗.基于多通道增强现实的机器人遥操作技术研究[J].高技术通信,2004,14(10):49-52.

[20] 冯健翔,卢昱,周志勇,等.遥科学初步研究[C]//全国第七届遥感遥测遥控学术研讨会.郑州:中国电子学遥感遥测遥控分会,1999:109-116.

[21] 冯健翔.遥科学概念研究[R].北京:国防科工委指挥技术学院,1998.

[22] 黄玉明,李庚田.遥科学探秘[J].百科知识,1996(2):4-5.

[23] 张珩,李庚田.遥科学的概念、应用与发展[J].中国航天,1997(11):5.

[24] 赵猛.空间目标遥操作系统建模、预报与修正方法[D].北京:中国科学院力学研究所,2007.

[25] 刘霞.遥操作系统的控制结构与控制方法综述[J].兵工自动化,2013,32(8):57-63.

[26] 邓启文.空间机器人遥操作双边控制技术研究[D].长沙:国防科技大学,2006.

[27] 王清阳,席宁,王越超.基于谓词不变性的状态反馈控制在机器人遥操作中的应用[J].机器人,2003,25(5):428-431.

[28] 王清阳,席宁,王越超.利用混杂petri网对基于事件的机器人遥操作系统建模研究[J].机器人,2002,24(5):399-403.

[29] HIRZINGER G,BRUNNER B,DIETRICH J,et al. Sensor-based space robotics-ROTEX and its telerobotic features[J]. IEEE Transactions on Robotics and Automation,1993,9(5):649-663.

[30] YOON W K,GOSHOZONO T,KAWABE H,et al. Model-based space robot teleoperation of ETS-Ⅶ manipulator[J]. IEEE Transactions on Robotics & Automation,2004,20(3):602-612.

[31] CLARKE S M,SCHILLHUBER G,ZAEH M F,et al. Prediction-based methods for tele-operation across delayed networks[J]. Multimedia Systems,2008,13(4):253-261.

[32] RAJU G J. Design issues in 2-port network models of bilateral remote manipulation[C]// IEEE International Conference on Robotics & Automation. IEEE,1989:1316-1321.

[33] 雷振伍.大时延遥操作的三维预测显示及力反馈控制研究[D].长春:吉林大学,2004.

[34] 李会军.空间遥操作机器人虚拟预测环境建模技术研究[D].南京:东南大学,2005.

[35] 埃里克森.实时碰撞检测算法技术[M].刘天慧,译.北京:清华大学出版社,2010.

[36] 梁斌,刘良栋,李庚田,等.空间机器人的动力学等价机械臂[J].自动化学报,1998,24(6):761-767.

[37] 吴家铸.视景仿真技术及应用[M].西安:西安电子科技大学出版社,2001.

[38] SHERIDAN T B. Space teleoperation through time delay:review and prognosis[J]. IEEE Transactions on Robotics & Automation,1993,9(5):592-606.

[39] BEJCZY A K,KIM W S. Predictive displays and shared compliance control for time-delayed

manipulation[C]// Proceedings of Intelligent Robots and Systems'90. Towards a New Frontier of Applications. IEEE,1990:407 – 412.

[40] BEJCZY A K,KIM W S,VENEMA S. The phantom robot:Predictive display for teleoperation with time delay[J]. Proceedings of IEEE International Conference on Robotics & Automation,1990,1:546 – 551.

[41] BURDEA G,Coiffet P. Virtual Reality Technology[J]. Presence,2003,12(6):663 – 664.

[42] VAFA Z. On the dynamics of manipulators in space using the virtual manipulator approach[C]// IEEE International Conference on Robotics & Automation. IEEE,2003.

[43] VAFA Z,DUBOWSKY S. On the dynamics of space manipulators using the virtual manipulator,with applications to path planning[J]. Journal of the Astronautical Sciences,1990,38(4):441 – 472.

[44] NOYES M V. A novel predictor for telemanipulation through a time delay[C]// Proceedings of the 9th Annual Conference on Manual Control,1984.

[45] 孟祥旭,李学庆. 人机交互技术:原理与应用[M].北京:清华大学出版社,2004.

[46] 孟祥旭. 人机交互基础教程[M]. 3 版. 北京:清华大学出版社,2016.

[47] 刘伟. 人机界面设计[M]. 北京:北京邮电大学出版社,2011.

[48] 俸文. 多通道人机交互技术的研究[D]. 南京:南京理工大学,2004.

[49] 李善青. 基于穿戴视觉的人机交互技术[D]. 北京:北京理工大学,2010.

[50] 迟健男,王志良,谢秀贞,等. 多点触摸人机交互技术综述[J]. 智能系统学报,2011,6(1):28 – 37.

[51] 任海兵,祝远新,徐光祐,等. 基于视觉手势识别的研究综述[J]. 电子学报,2000,28(2):118 – 121.

[52] 安宏雷. 双边遥操作力反馈手控器研制[D]. 长沙:国防科学技术大学,2008.

[53] 邓启文. 空间机器人遥操作双边控制技术研究[D]. 长沙:国防科学技术大学,2006.

[54] ROSENBERG L. Virtual fixtures:Perceptual tools for telerobotic manipulation[C]// Proceedings of IEEE Virtual Reality Annual International Symposium,IEEE,1993:76 – 82.

[55] PRADA R,PAYANDEH S. On study of design and implementation of virtual fixtures[J]. Virtual Reality,2009,13(2):117 – 129.

[56] REN J,PATEL R V,MCISAAC K A,et al. Dynamic 3 – D virtual fixtures for minimally invasive beating heart procedures[J]. IEEE Transactions on Medical Imaging,2008,27(8):1061 – 1070.

[57] ABBOTT J J,OKAMURA A M. Virtual fixture architectures for telemanipulation[C]//2003 IEEE International Conference on Robotics and Automation,IEEE,2003.

[58] BETTINI A,MARAYONG P,LANG S,et al. Vision-assisted control for manipulation using virtual fixtures[J]. IEEE Transactions on Robotics,2005,20(6):953 – 966.

[59] WATCHARIN P N. Adaptive four-channel neuro-fuzzy control of a master-slave robot[J]. International Journal of Advanced Robotic Systems,2013,10(3):1 – 8.

[60] FERRELL W R. Delayed force feedback[J]. Human Factors,1966,8(5):449 – 455.

[61] HUBBARD P M. Collision detection for interactive graphics applications[J]. IEEE Trans Visualization & Computer Graphics,1995,1(3):218 – 230.

[62] KLOSOWSKI J T,HELD M,MITCHELL J,et al. Efficient collision detection using bounding volume hierarchies of k-DOPs[J]. IEEE Transactions on Visualization & Computer Graphics,1997,4(1):21 – 36.

[63] MARTIN E,DOYON M,GAUDREAU D,et al. On the validation of the STVF facility for ground verification of dextre tasks[C]//55th International Astronautical Congress of the International Astronautical Federation,the International Academy of Astronautics,and the International Institute of Space Law,2004.

[64] MA O,WANG J,MISRA S,et al. On the validation of SPDM task verification facility [J]. Journal of Robotic Systems,2004,21(5):219 – 235.

[65] ODA M. System engineering approach in designing the teleoperation system of the ETS – Ⅶ robot experiment satellite[C]//Robotics and Automation,proceedings. IEEE International Conference on. IEEE,1997,4:3054 – 3061.

[66] 朱战霞,袁建平,等.航天器操作的微重力环境构建[M].北京:中国宇航出版社,2013.

[67] 刘良栋.卫星控制系统仿真技术[M]. 北京:中国宇航出版社,2003.

[68] 成致祥. 中性浮力微重力环境模拟技术[J].航天器环境工程,2000(1):1 – 6.

[69] 徐文福,梁斌,李成,等. 空间机器人微重力模拟实验系统研究综述[J].机器人,2009, 31(1):88 – 96.

[70] 齐乃明,张文辉,高九州,等. 空间微重力环境地面模拟试验方法综述[J]. 航天控制, 2011,29(3):95 – 100.

[71] 屈斌,王启,王海平,等. 失重飞机飞行方法研究[J].飞行力学,2007,25(2):65 – 70.

[72] 刘春辉. 微重力落塔试验设备[J].强度与环境,1993(4):41 – 52

[73] 任焜,李彬,李志宇."人在回路"的载人航天器控制系统地面验证平台设计[J].空间控制技术与应用,2010,36(4):50 – 53.

[74] NILSSON J. Real-time control systems with delays[D]. Lund:Lund Institute of Technology,1998.

[75] 夏南银.航天测控系统[M].北京:国防工业出版社,2002.

[76] 刘嘉兴. 航天测控技术的过去,现在和未来[J].电讯技术,1999,39(2):1 – 8.

[77] 饶启龙. 航天测控技术及其发展方向[J].信息通信技术,2011,5(3):77 – 83.

[78] 杨宜康. CCSDS 高级在轨系统协议的应用研究与工程实践[R].北京:中国科学院空间科学与应用研究中心,2005.

[79] 张兵山.天地通信技术[M].北京:国防工业出版社,2002.

[80] 王刚,武小悦. 美国航天测控系统的构成及发展[J].国防科技,2010(5):87 – 91.

[81] 赵军,术雷鸣. 中国航天测控网的发展[J].现代军事,2003(2):24 – 26.

[82] 王凤春,杨淑丽,吴雨翔. 提高 GEO 卫星测控覆盖区域的技术途径研究[J].航天器工程,2011,20(4):45 – 49.

[83] 张帆.天地一体化测控网的性能分析与评估[D].西安:西安电子科技大学,2012.

[84] 曲卫,贾鑫. 我国航天测控系统体制与技术现状以及发展[J].科技信息,2010(14)：481-482.

[85] 于志坚.航天测控系统工程[M].北京:国防工业出版社,2008.

[86] 郝岩. 航天测控网[M].北京:国防工业出版社,2004.

[87] 李冰,缪敬军.卫星地面站的现状与发展[J]. 科技信息,2009(11)：444,455.

[88] 常飞. 卫星地面站系统资源能力评估方法研究[D].长沙:国防科技大学,2005.

[89] 周辉.空间通信技术[M].北京:国防工业出版社,2010.

[90] 张守信.GPS卫星测量定位理论与应用[M].长沙:国防科技大学出版社,1996.

[91] 刘嘉兴.深空测控通信的特点和主要技术问题[J].飞行器测控学报,2005,24(6)：1-8.